航空工程力学

主　编　郭谆钦　王承文

副主编　文　韬　吴云锋　黄　鹏

参　编　沈宇锋　吴光辉　孙孝文

主　审　朱国军

北京理工大学出版社

BEIJING INSTITUTE OF TECHNOLOGY PRESS

内 容 简 介

本书融入力学在飞机结构设计中应用的基础知识，并结合编者长期从事力学课程教学及实践的经验编写而成。本书主要内容包括飞行器静力学基础、平面力系、空间力系、运动学、动力学、材料力学简介、轴向拉伸与压缩、剪切与挤压、圆轴扭转、梁的弯曲、组合变形、材料力学在飞机结构设计中的应用。

本书可作为高等院校机械类及近机类专业的教材，也可作为从事相关工作人员的参考书。

版权专有　侵权必究

图书在版编目（CIP）数据

航空工程力学 / 郭谆钦，王承文主编 .-- 北京：
北京理工大学出版社，2022.4
ISBN 978-7-5763-1212-6

Ⅰ.①航⋯　Ⅱ.①郭⋯②王⋯　Ⅲ.①航空学－工程
力学－高等学校－教材　Ⅳ.① V21

中国版本图书馆 CIP 数据核字（2022）第 053316 号

出版发行 / 北京理工大学出版社有限责任公司

社　　址 / 北京市海淀区中关村南大街 5 号

邮　　编 / 100081

电　　话 / （010）68914775（总编室）
　　　　　　（010）82562903（教材售后服务热线）
　　　　　　（010）68944723（其他图书服务热线）

网　　址 / http://www.bitpress.com.cn

经　　销 / 全国各地新华书店

印　　刷 / 河北鑫彩博图印刷有限公司

开　　本 / 787 毫米 ×1092 毫米　1/16

印　　张 / 16　　　　　　　　　　　　　　　责任编辑 / 阎少华

字　　数 / 384 千字　　　　　　　　　　　　文案编辑 / 阎少华

版　　次 / 2022 年 4 月第 1 版　2022 年 4 月第 1 次印刷　　责任校对 / 周瑞红

定　　价 / 79.00 元　　　　　　　　　　　　责任印制 / 边心超

前　言

　　为适应高等教育发展形势的需要，根据高等教育机械类专业力学课程教学基本要求，融入力学在飞机结构设计中应用的基础知识，并结合编者长期从事力学课程教学及实践的经验，充分吸收高等教育力学课程改革的成果，我们编写了本书。

　　本书的编写立意：注重与高校学生的知识、能力结构相适应，体现以应用为目的，以理论知识必需、够用为度，尽量与生产、生活实践相结合，突出对学生分析、解决实际问题的能力和工程意识的培养。在编写过程中，力求做到用浅显的语言描述复杂的问题，尽可能将国内外与力学相关的新知识、成果或经验引入教材，在专业术语及名词的表述上力求规范、统一。每个项目配有充足的典型例题与习题，力求达到让学生学以致用的目的。

　　航空工程力学不仅涵盖了传统工程力学课程的基本要求，还结合了飞机结构设计中的材料力学知识，作为机械类及航空类专业教育中重要的技术基础课，是系统引导学生结合工程实际应用知识的一门理论课程，在学生能力和素质培养中占有重要地位。本书共12个项目，其中，前5个项目属于"理论力学"，又分为静力学、运动学和动力学三部分。其中"静力学"部分包括静力学基础、平面力系、空间力系和重心。"运动学和动力学"部分包括质点的运动学、刚体的基本运动、质点的复合运动和刚体平面运动、质点动力学基础、刚体动力学基础、动静法、动能定理。后7个项目属于"材料力学"部分，包括材料力学简介、轴向拉伸与压缩、剪切和挤压、圆轴扭转、梁的弯曲、组合变形及材料力学在飞机结构设计中的应用。

　　本书内容较多，涉及面广，各章节内容安排相对独立，在教学中可根据不同专业、不同学时的实际需要取舍教学内容。

　　本书由长沙航空职业技术学院、娄底职业技术学院完成主要内容的编写；由湖南湘潭电机集团有限公司提供实践素材，在此表示衷心的感谢。

　　由于编者水平有限，书中缺点和不足之处在所难免，恳请读者批评指正。

编　者

目 录 Contents

飞行器静力学基础

能力目标

能运用静力学知识进行受力分析，绘制受力图并解决实际问题。

知识目标

(1)掌握静力学的基本概念及力的性质。

(2)掌握力矩的概念、计算方法及应用。

(3)掌握力偶的概念、计算方法及应用。

(4)掌握物体的受力分析及绘制受力图。

(5)掌握飞行器的受力分析及绘制受力图。

素质目标

培养严谨、细心、全面、追求高效、精益求精的职业素质；沟通协调能力和团队合作精神、敬业精神。

⊞ 下达任务

阅读任务，在工作手册中完成任务。

分析飞机起落架的受力，并绘制整体及各分离体受力图。

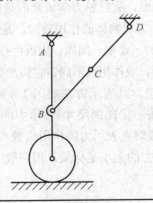

理论学习

1.1 静力学的基本概念

静力学是研究物体在力系作用下平衡规律的一门科学。本处主要介绍静力学的基础知识，包括力的基本概念、基本公理、运算以及物体受力图的绘制等。我们把静力学中所研究的物体看成刚体。所谓刚体是指在力的作用下，大小和形状始终保持不变的物体。

■ 1.1.1 力的基本概念

1. 力的概念

（1）力的定义。人们对力的感受产生于人类的生活及所从事的生产劳动之中。当人们用手握、拉、掷及举起物体时，由于肌肉紧张而感受到力的作用，这种作用广泛存在于人与物及物与物之间。例如，奔腾的水流能推动水轮机旋转，锤子的敲打会使烧红的铁块变形等。如图 1-1 所示，人给小车一个推力 F，小车就会给人一个反作用力 F'。

图 1-1　力的定义

综上所述，在静力学的范畴内，力可定义为物体间的相互（机械）作用，这种作用将引起物体的机械运动状态发生变化。

（2）力的效应。力作用于物体将产生两种效果：一种是使物体机械运动状态发生变化，称为力的外效应；另一种是使物体产生变形，称为力的内效应。

理论力学研究对象的模型为刚体，不涉及变形，故理论力学研究的是外效应。

材料力学主要研究物体的变形，故材料力学研究的是内效应。

（3）力的三要素。实践证明，力对物体的作用效应，是由力的大小、方向和作用点的位置所决定的，这三个因素称为力的三要素。例如，用扳手拧螺母时，作用在扳手上的力 F_A、F_B、F_C 因大小不同，或方向不同，或作用点不同，它们产生的效果就不一样（图 1-2）。

（4）力的表示方法。力是矢量，其表示方法如图 1-3 所示，即用一个带有箭头的直线线段来表示。线段 AB 的长度（按一定比例尺寸）表示力的大小，线段的方位和箭头（由 A 指向 B）表示力的方向，其起点或终点表示力的作用位置。此线段的延伸称为力的作用线。力矢量用黑体字母表示，如 F，力的大小是标量，用一般字母表示，如 F。

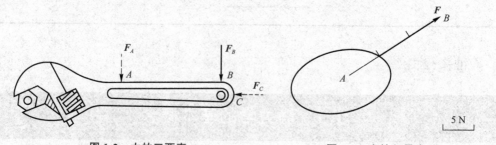

图 1-2　力的三要素　　　　　　图 1-3　力的矢量表示

（5）力的单位。按照国际单位制的规定，力的单位为牛顿（N）或千牛顿（kN），在工程

2

单位制中，力的常用单位为千克力，记作 kgf。两种单位之间的换算关系为

$$1 \text{ kgf} = 9.806\ 65 \text{ N}$$

2. 力的投影

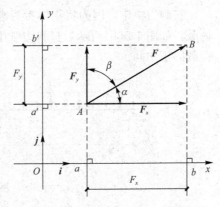

图 1-4　力在直角坐标轴上的投影

力 F 在坐标轴上的投影的定义：过 F 两端向坐标轴引垂线分别得垂足 a、b 和 a'、b'（图 1-4）。线段 ab 和 $a'b'$ 分别为力 F 在 x 和 y 轴上投影的大小。

投影的正负规定：将从 a 到 b（或 a' 到 b'）的指向与坐标轴的正向进行比较，相同为正，相反为负。力 F 在 x、y 轴上的投影分别用 F_x 和 F_y 表示。

若已知力 F 的大小及其与 x 轴所夹的锐角 α，则有

$$\begin{cases} F_x = \pm F\cos\alpha \\ F_y = \pm F\sin\alpha \end{cases} \tag{1-1}$$

力的矢量表达式为

$$F = F_x \boldsymbol{i} + F_y \boldsymbol{j} \tag{1-2}$$

图 1-4 中，力 F 的投影分别为

$$\begin{cases} F_x = F\cos\alpha \\ F_y = F\sin\alpha \end{cases}$$

若已知投影 F_x 和 F_y，则可求出力 F 的大小和方向，即

$$\begin{cases} F = \sqrt{F_x^2 + F_y^2} \\ \tan\alpha = |F_y/F_x| \end{cases} \tag{1-3}$$

一个力沿着互相垂直的两个方向分解为两个正交分力，这种分解称为正交分解。

3. 力系的概念

力系是指作用于同一物体上的一组力。

平衡力系：如果刚体在一个力系作用下处于平衡状态，则称该力系为平衡力系。

等效力系：若两力系分别作用同一物体而效应相同，则两者互称等效力系。

所谓力系的简化就是用简单的力系等效替代复杂的力系；若力系与一个力等效，则称此力为该力系的合力，该力系中各力称为该合力的分力或分量，求合力的过程称为力系的合成。

力系按作用线分布情况可分为平面力系和空间力系。

平面力系：力系所有的作用线在同一平面内，按作用线相互位置不同又分为平面汇交力系、平面平行力系和平面任意力系。

空间力系：力系所有的作用线不在同一平面内，同样按作用线相互位置不同也分为空间汇交力系、空间平行力系和空间任意力系。

4. 均布荷载

当力作用于物体上一个点时称为集中力或集中荷载，而当力均匀分布在一段直线上时，称为均布力或均布荷载。均布荷载的作用强度用单位长度上力的大小 $q(\text{N/m})$ 来度量，称为荷载集度，如图 1-5（a）所示。

在静力学中，因为将物体看为刚体，不考虑其变形，故可将均布荷载等效为一个集中荷载，如图 1-5(b) 所示。材料力学中不能如此处理。集中力的大小为 ql，作用点位于均布荷载的正中间。

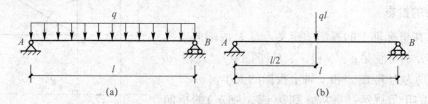

图 1-5　均布荷载及等效

(a) 均布荷载；(b) 均布荷载的等效

5. 分布荷载

分布荷载是指作用于一个面积或长度上的荷载，如图 1-6 所示为飞行器机翼所受空气动力分布荷载和机翼重力分布荷载。此时因为荷载属于非均匀分布，所以不能简单地看成一个集中力作用在中心，其合力必须通过对作用面或作用线积分得到。

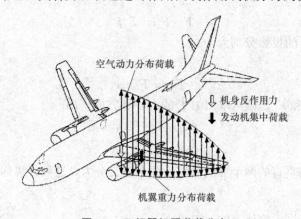

图 1-6　飞行器机翼荷载分布

如果分布荷载的作用面积相对较小，可以把它近似看作集中荷载，如发动机的重力可以看作通过发动机重心的集中荷载，机身给机翼的反作用力可以看作通过机翼刚心的集中荷载。

1.1.2　静力学基本公理

静力学公理是人们从反复实践中总结出来的客观规律，是静力学的基础。

1. 公理 1　二力平衡公理

作用于同一刚体上的两个力，使刚体处于平衡状态的必要与充分条件：此两力必须大小相等、方向相反，且作用在同一直线上（等值、反向、共线）。

由二力平衡公理可知，当一刚体仅受两个力作用，处于平衡状态时，则这两个力一定是等值、反向、共线，该力系是平衡力系，这两个力称为一对平衡力。

仅受两个力作用且处于平衡状态的构件称为二力构件。如图 1-7 所示，它所受的两个力的作用线必定沿两作用点的连线。

4

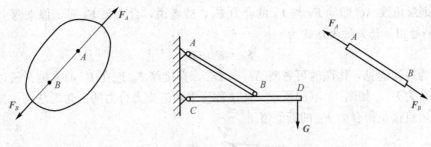

图 1-7　二力构件

2. 公理 2　加减平衡力系原理

在作用于刚体上的已知力系中加上或减去任意的平衡力系，不会改变原力系对刚体的作用效应。

推论 1　力的可传性原理

作用于刚体上的力，可沿其作用线滑移到任何位置而不改变此力对刚体的作用效应。

此推论可证明如下：

设力 F 作用于刚体上的 A 点，如图 1-8 所示，在其作用线上任取一点 B，并在 B 点加上一平衡力系（F_1、F_2），且 $F_2 = F = -F_1$。根据二力平衡公理和加减平衡力系公理可知，力 F 与力系（F、F_1、F_2）等效。同理，在力系（F、F_1、F_2）中减去平衡力系（F_1、F）效果也不变。即力 F 与 F_2 等效，由图可知，力 F 相当于等效移至其作用线上的任一点 B。

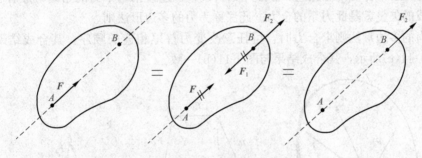

图 1-8　力的可传性

比如，水平推车与拉车的效果是相同的，如图 1-9 所示。由此可见，作用于刚体上的力是滑移矢量，它可沿作用线滑移，但不能偏离作用线。

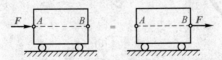

图 1-9　水平推力与拉力对小车的作用效果

需要指出的是，力的可传性仅仅适用刚体，对于变形体则不适用。

3. 公理 3　力的平行四边形法则

作用于物体上同一点的两个力，可以合成为一个合力。其合力也作用于该点，合力的大小和方向，由以这两个力为邻边所构成的平行四边形的对角线来确定。

如图 1-10(a)所示，F_1、F_2 为作用于 A 点的两个力，以这两个力为邻边作平行四边形

$ABCD$，则对角线 AC 即为 F_1 与 F_2 的合力 F_R，或者说，合力矢 F_R 等于原来两个力矢 F_1 与 F_2 的矢量和，其矢量表达式为

$$F_R = F_1 + F_2 \tag{1-4}$$

有时为简便起见，作图时可省略 AD 与 DC，直接将 F_2 连在 F_1 的末端，通过 $\triangle ABC$ 即可求得合力 F_R，如图 1-10(b) 所示。此法称为求两汇交力合力的三角形法则。按一定比例作图，可直接量得合力 F_R 的近似值。

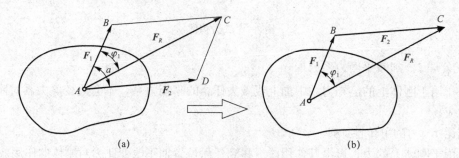

图 1-10 力的合成

(a)力的平行四边形法则；(b)力的三角形法则

力的平行四边形法则常用于两个力的合成，当物体受到多个力作用时，依次采用平行四边形法则进行合成比较麻烦，通常采用力的多边形法则进行合成。其合成方法如图 1-11(b) 所示，即将力系中各力首尾相连，形成一条折线，再连接第一个力的始端与最后一个力的末端，形成的矢量就是此力系的合力。此法称为力的多边形法则。

利用力的多边形法则求合力时，可任意改变力首尾相连的顺序，其合成结果不会改变。如图 1-11(c) 所示，其合成结果与图 1-11(b) 一致。

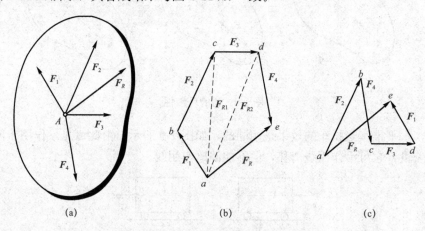

图 1-11 力的多边形法则

(a)作用于一点的多个力；(b)多边形合成；(c)改变力的顺序合成

力的平行四边形法则、三角形法则和多边形法则都属于几何法求合力，优点是简单易用，缺点是精度不高。如果要获得高精度的合力必须采用解析法。

推论 2　三力平衡汇交定理

当刚体受到共面而又互不平行的三个力作用而平衡时，则此三个力的作用线必汇交于一点。

6

证明：刚体上 A_1、A_2、A_3 三点，分别作用着使该刚体平衡的三个力 F_1、F_2、F_3，它们的作用线都在一个平面内但不平行，F_1、F_2 的作用线交于 O 点。根据力的可传性原理，将此两个力分别移至 O 点，则此两个力的合力 F_R 必定在此平面内且其作用线通过 O 点，而 F_R 必须和 F_3 平衡，由二力平衡的条件可知，F_3 与 F_R 必共线，所以 F_3 的作用线亦必过 F_1、F_2 的交点 O，即三个力的作用线汇交于一点，如图 1-12 所示。

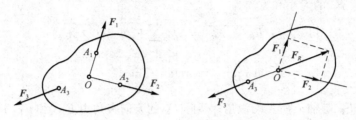

图 1-12　三力平衡汇交原理

4. 公理 4　作用和反作用公理

作用与反作用力总是同时存在的，两个力的大小相等、方向相反，沿着同一直线分别作用在两个相互作用的物体上。

该公理概括了物体相互作用的关系，表明力总是成对出现的。但应注意作用力和反作用力虽然也是等值、反向、共线关系，但并不构成一对平衡力。因为作用力与反作用力是分别作用在两个物体上的，而一对平衡力是作用在同一个物体上的。借助于此原理，我们能从一个物体的受力分析过渡到相邻物体的受力分析。

有时我们考察的对象是物系，物系外的物体与物系间的作用力称为外力，而物系内部物体间的相互作用力称为内力。内力总是成对出现且呈等值、反向、共线的特点，所以就物系而言，内力的合力总是为零。因此，内力不会改变物系的运动状态。但内力与外力的划分又与所取物系的范围有关，随着所取对象范围的不同，内力与外力又是可以相互转化的。

5. 解析法求解汇交力系合力

(1)合力投影定理。如图 1-13 所示，合力在 x 轴的投影等于各分力在 x 轴上投影的代数和。即

$$F_{Rx} = F_{1x} + F_{2x}$$

同理

$$F_{Ry} = F_{1y} + F_{2y}$$

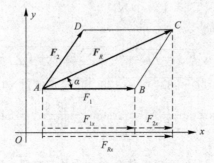

图 1-13　合力与分力投影的关系

若有多个力 $\boldsymbol{F}_1$、$\boldsymbol{F}_2$、$\cdots$、$\boldsymbol{F}_n$ 汇交于一点，则有

$$
\begin{cases}
F_{Rx} = F_{1x} + F_{2x} + \cdots + F_{nx} = \sum F_x \\
F_{Ry} = F_{1y} + F_{2y} + \cdots + F_{ny} = \sum F_y
\end{cases}
\tag{1-5}
$$

即合力在任一轴上的投影，等于各分力在同一轴上投影的代数和，称为合力投影定理。

（2）解析法。F_R 的大小和方向为

$$
\begin{cases}
F_R = \sqrt{F_{Rx}^2 + F_{Ry}^2} = \sqrt{\left(\sum F_x\right)^2 + \left(\sum F_y\right)^2} \\
\alpha = \arctan\left|\dfrac{F_{Ry}}{F_{Rx}}\right| = \arctan\left|\dfrac{\sum F_y}{\sum F_x}\right|
\end{cases}
\tag{1-6}
$$

式中，α 为合力 F_R 与轴 x 所夹的锐角；实际 F_R 的方向夹角由 F_{Rx} 和 F_{Ry} 决定。

【例1-1】 已知物体的 O 点作用着平面汇交力系（$\boldsymbol{F}_1$，$\boldsymbol{F}_2$，$\boldsymbol{F}_3$，$\boldsymbol{F}_4$），其中 $F_1 = F_2 = 100\ \text{N}$，$F_3 = 150\ \text{N}$，$F_4 = 200\ \text{N}$，各力的方向如图1-14(a)所示，求此力系合力的大小和方向。

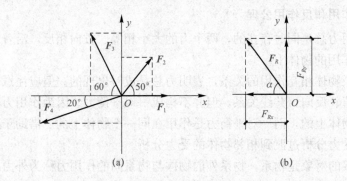

图1-14 合力与分力投影的关系

(a)各力的方向；(b)合力

解：（1）建立平面直角坐标系 Oxy，分别确定各力与 x 轴所夹的锐角。

（2）由合力投影定理分别求两合力的投影。

$$
\begin{aligned}
F_{Rx} &= \sum F_x = F_{1x} + F_{2x} + F_{3x} + F_{4x} \\
&= 100 + 100\cos50° - 150\cos60° - 200\cos20° \\
&= -98.7\,(\text{N}) \\
F_{Ry} &= \sum F_y = F_{1y} + F_{2y} + F_{3y} + F_{4y} \\
&= 0 + 100\sin50° + 150\sin60° - 200\sin20° \\
&= 138.1\,(\text{N})
\end{aligned}
$$

（3）求合力的大小和夹角。

$$
\begin{aligned}
F_R &= \sqrt{F_{Rx}^2 + F_{Ry}^2} = \sqrt{\left(\sum F_x\right)^2 + \left(\sum F_y\right)^2} \\
&= \sqrt{(-98.7)^2 + (138.1)^2} = 169.7\,(\text{N}) \\
\alpha &= \arctan\left|\dfrac{F_{Ry}}{F_{Rx}}\right| = \arctan\left|\dfrac{138.1}{-98.7}\right| = 54.4°
\end{aligned}
$$

（4）求合力的方向。

由 F_{Rx} 为"$-$"和 F_{Ry} 为"$+$"，可确定该合力位于第二象限，如图1-14(b)所示。

1.2　力矩

1.2.1　力矩的概念

人们从生产实践中得知，力不仅有使物体沿着某一方向移动的平动效应，还具有使物体绕某点转动的转动效应。如在生产劳动中，人们通过杠杆、滑轮、鼓轮等简单机械移动和提升物体时，都能体会到力对物体转动效应的存在。必须指出，一个力不可能只使物体产生绕质心转动效应（如用单桨划船时，船不可能在原处旋转），但如果力作用在有固定支点的物体上时，就可以使该物体产生绕固定支点转动的效应。

当用扳手拧紧螺母时（图 1-15），若作用力为 F，转动中心 O（称为矩心）到力作用线的垂直距离为 d（称为力臂），由经验可知，扳动螺母的转动效应不仅与力 F 的大小和方向有关，且与力臂 d 的大小有关，故力 F 对物体转动效应的大小可用两者的乘积 Fd 来度量。当然，若力 F 对物体的转动方向不同，其效果也不相同。表示力使物体绕某点转动效应的量称为力对点之矩，简称力矩。

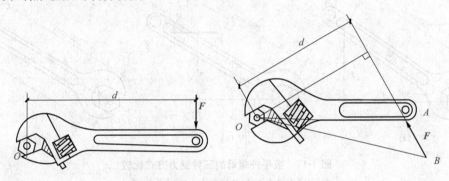

图 1-15　力对点之矩

力矩为一个代数量，它的大小为力 F 的大小与力臂 d 的乘积，它的正负号表示力矩在平面上的转向。

$$M_O(\boldsymbol{F})=\pm Fd \tag{1-7}$$

一般规定，力使物体绕矩心逆时针旋转为正，顺时针为负。力矩的单位为 N·m（牛·米）。

由力矩的定义公式（1-7）可知：

（1）当力的作用线通过矩心时，力臂值为零，力矩值也必定为零。

（2）力沿其作用线滑移时，不会改变力矩的值，因为此时并未改变力、力臂的大小及力矩的转向。

1.2.2　飞行器机翼上的力矩

飞行中作用于机翼的外部荷载有空气动力、机翼结构质量力和部件的质量力等。机翼在外部荷载作用下，类似固定在机身上的悬臂梁。因为外荷载的作用线不一定通过机翼的刚心，所以会产生水平弯矩、垂直弯矩和扭矩等多个力矩，如图 1-16 所示。

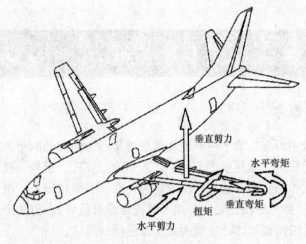

图 1-16　飞机机翼上的力矩

【例 1-2】　如图 1-17 所示，数值相同的三个力按不同方式分别施加在同一扳手的 A 端。若 $F=100$ N，试求三种不同情况下力对点 O 之矩。

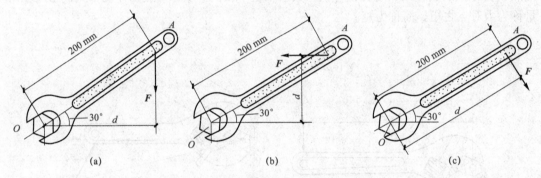

图 1-17　扳手拧螺母的三种受力方式比较
(a)竖直受力；(b)水平受力；(c)垂直力臂

解：图示的三种情况下，虽然力的大小、作用点和矩心均相同，但力的作用线各异，致使力臂均不相同，因而三种情况下，力对点 O 之矩不同；在图 1-17(a)中 $d=200\times10^{-3}\times\cos30°$ m，在图 1-17(b)中 $d=200\times10^{-3}\times\sin30°$ m。根据力矩的定义式(1-7)可求出力 F 对点 O 之矩分别为

图(a)：$M_O(F)=-Fd=-100\times200\times10^{-3}\times\cos30°=-17.32$ (N·m)

图(b)：$M_O(F)=Fd=100\times200\times10^{-3}\times\sin30°=10$ (N·m)

图(c)：$M_O(F)=-Fd=-100\times200\times10^{-3}=-20$ (N·m)

由计算结果可见：第三种情况（力臂最大）下，力矩值为最大，这与我们的实际体会是一致的。

1.2.3　合力矩定理

合力矩定理：平面力系的合力对平面上任一点之矩，等于所有各分力对同一点力矩的代数和。

即 $$M_O(\boldsymbol{F}_R)=M_O(\boldsymbol{F}_1)+M_O(\boldsymbol{F}_2)+\cdots+M_O(\boldsymbol{F}_n)=\sum M_O(\boldsymbol{F}) \tag{1-8}$$

上述合力矩定理不仅适用平面力系，对于空间力系也都同样成立。

在计算力矩时，有时力臂值未在图上直接标出，计算也烦琐。应用这个定理，可将力沿图上标注尺寸的方向作正交分解，分别计算各分力的力矩，然后相加得出原力对该点之矩。

【例1-3】 一齿轮受到啮合力 $\boldsymbol{F}_n$ 的作用，$\boldsymbol{F}_n=1\,000\ \text{N}$，齿轮的压力角(啮合力与齿轮节圆切线间的夹角)$\alpha=20°$，节圆直径 $D=0.16\ \text{m}$，求啮合力 $\boldsymbol{F}_n$ 对轮心 O 之矩(图1-18)。

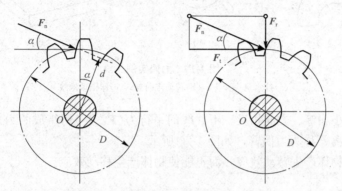

图1-18　齿轮啮合时的受力分析
(a)应用力矩计算公式；(b)利用合力矩定理

解：解法一　应用力矩计算公式

如图1-18(a)所示，此时力臂 d 为 $\dfrac{D}{2}\cos\alpha$，于是力矩为

$$M_O(\boldsymbol{F})=-F_n d=-F_n\frac{D}{2}\cos\alpha=-1\,000\times\frac{160\times10^{-3}}{2}\cos20°=-75.2\ (\text{N}\cdot\text{m})$$

解法二　利用合力矩定理

将合力 $\boldsymbol{F}_n$ 在齿轮啮合点处分解为圆周力 $\boldsymbol{F}_t$ 和径向力 $\boldsymbol{F}_r$，如图1-18(b)所示。则 $F_t=F_n\cos\alpha$，$F_r=F_n\sin\alpha$，由合力矩定理得

$$M_O(\boldsymbol{F})=M_O(\boldsymbol{F}_t)+M_O(\boldsymbol{F}_r)=-F_t\frac{D}{2}+0=-(F_n\cos\alpha)\frac{D}{2}$$

$$=-1\,000\times\frac{160\times10^{-3}}{2}\cos20°=-75.2\ (\text{N}\cdot\text{m})$$

由上述分析可知，两种解法的计算结果是一致的。

1.3　力偶

1.3.1　力偶的定义

在日常生活和生产实践中，常见到物体受到一对大小相等、方向相反、作用线互相平行的两个力作用而使物体产生转动效应的情况。如图1-19所示，用手拧水龙头开关

[图 1-19(a)]、司机用双手转动方向盘[图 1-19(b)]、用丝锥攻螺纹[图 1-19(c)]等都是力偶实例。

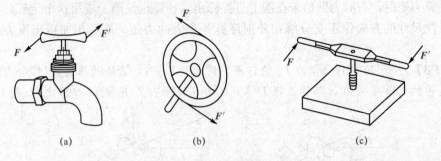

图 1-19　力偶实例

(a)拧水龙头开头；(b)转动方向盘；(c)丝锥攻螺纹

　　这样一对大小相等、方向相反、不共线的平行力(F，F')所组成的力系称为力偶。两力之间的垂直距离 d 称为力偶臂，如图 1-20 所示。

　　力偶只能对物体产生转动效应，而不能使物体产生移动效应。

■ 1.3.2　力偶矩

　　由实例可知，在力偶的作用面内，力偶对物体的转动效应，取决于组成力偶两反向平行力的大小 F、力偶臂 d 的大小以及力偶的转向。

　　在力学中，我们以 F 与 d 的乘积并加以适当的正负号作为量度力偶在其作用面内对物体转动效应的物理量，称为力偶矩，用 M 表示。

即

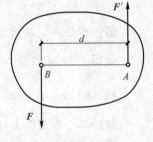

$$M = \pm Fd \tag{1-9}$$

图 1-20　力偶

式中，正负号表示力偶的转向，逆时针转动取正号，顺时针转动取负号。

　　力偶矩的单位是 N·m(牛·米)或 kN·m(千牛·米)。

■ 1.3.3　力偶的三要素

　　力偶对物体的转动效应取决于下列三要素：

　　(1)力偶矩的大小。

　　(2)力偶的转向。

　　(3)力偶的作用面——它的方位表征作用面在空间的位置及旋转轴的方向；作用面方位由垂直于作用面的垂线指向来表征。凡空间相互平行的平面，它们的方位均相同。

　　凡三要素相同的力偶彼此等效，即它们可以相互置换。

■ 1.3.4　力偶的性质

　　性质一　力偶在任意轴上投影的代数和为零，如图 1-21 所示。故力偶无合力，力偶对物体的平移运动不产生任何影响。力与力偶相互不能代替，力偶不能与一个力等效，也不能用一个力平衡。因此，力与力偶是静力学的两种基本要素。

性质二 力偶对其作用面内任意点的矩恒等于此力偶的力偶矩，而与矩心的位置无关。

证明：如图 1-22 所示，设有一力偶($\boldsymbol{F}$，$\boldsymbol{F}'$)，力偶臂为 d，在其内任选一点 O 作为矩心。设点 O 到 $\boldsymbol{F}$、$\boldsymbol{F}'$ 之间的垂直距离分别为 $d+x$ 和 x，则组成力偶的两力对点 O 的矩之和为

$$M_O(\boldsymbol{F})+M_O(\boldsymbol{F}')=F(d+x)-F'x=Fd=M$$

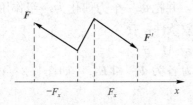

图 1-21 力偶的投影

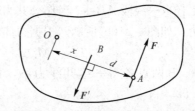

图 1-22 力偶对其平面内任意点之矩

由于所取的矩心是任意的，因此力偶对力偶面内任一点的矩只与力偶中力的大小、力偶臂有关，而与矩心位置无关。

性质三 保持力偶的转向和力偶矩的大小不变，力偶可在其作用面内任意移动和转动，而不会改变它对刚体的作用效应。

力偶的这一性质说明力偶对物体的作用与力偶在作用面内的位置无关。需要指出的是，这一性质只适用刚体而不适用变形体。

性质四 只要保持力偶的转向和力偶矩大小不变，可以任意改变力偶中力的大小和力偶臂的长短，而不会改变力偶对刚体的转动效应，如图 1-23 所示。

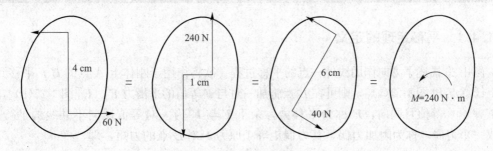

图 1-23 力偶的等效

力偶的这一性质说明力偶中力或力偶臂都不是力偶的特征量，只有力偶矩才是力偶作用的度量。因此，力偶可以用一段带箭头的弧线表示，其中弧线所在平面表示力偶的作用面，箭头指向表示力偶的转向，再标注力偶矩的大小。图 1-23 表示力偶矩为 M 的一个力偶，四种表示方法等效。

■1.3.5 平面力偶系的合成

设在刚体某平面上有两个力偶 M_1 和 M_2 的作用，如图 1-24(a)所示，现求其合成的结果。

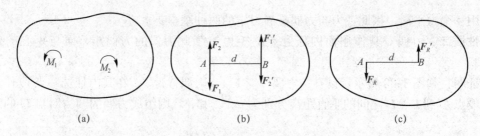

图 1-24　力偶的合成

在平面上任取一线段 $AB=d$ 当作公共力偶臂，并把每一个力偶化为一组作用在两点的反向平行力，如图 1-24(b)所示。根据力偶的等效条件，有

$$F_1 = M_1/d \qquad F_2 = M_2/d$$

于是，A、B 两点各得一组共线力系，其合力各为 $\boldsymbol{F}_R$ 和 $\boldsymbol{F}_R{}'$，如图 1-24(c)所示，且有

$$\boldsymbol{F}_R = \boldsymbol{F}_1 + \boldsymbol{F}_2$$
$$M = F_R d = (F_1 + F_2)d = M_1 + M_2$$

若在刚体上有若干力偶作用，采用上述方法叠加，可得合力偶矩为

$$M = M_1 + M_2 + \cdots + M_n = \sum M_i \tag{1-10}$$

平面力偶系可合成为一合力偶，合力偶矩为各分力偶矩的代数和。

1.4　力的平移定理

1.4.1　平移定理的定义

图 1-25 描述了力向作用线外一点的平移过程。欲将作用于刚体上 A 点的力 F 平移到平面上任意点 B[图 1-25(a)]，则可在 B 点施加一对与 $\boldsymbol{F}$ 等值的平衡力 $\boldsymbol{F}'$、$\boldsymbol{F}''$[图 1-25(b)]，$\boldsymbol{F}'$ 与 $\boldsymbol{F}$ 平行、等值且同向，$\boldsymbol{F}'$ 称为平移力，余下 $\boldsymbol{F}$ 与 $\boldsymbol{F}''$ 为一对等值反向不共线的平行力，组成一个力偶，称为附加力偶，其力偶矩等于原力 $\boldsymbol{F}$ 对 B 点的力矩，即

$$M = M_B(\boldsymbol{F}) = \pm Fd$$

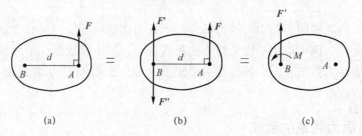

图 1-25　力的平移

于是，作用在 A 点上的力 F 就与作用于 B 点的平移力 $\boldsymbol{F}'$ 和附加力偶 M 的联合作用等

效，如图 1-25 所示。

由此可得力的平移定理：作用在刚体上的力，均可平移到同一刚体内任一点，但同时附加一个力偶，其力偶矩等于原力对该点之矩。

◼ 1.4.2　平移定理的实例

力的平移定理不仅是力系向一点简化的依据，而且可以用来解释一些实际问题。

1. 圆周力对轴的作用

力的平移定理表明了力对绕力作用线外的中心转动的物体有两种作用：一是平移力的作用；二是附加力偶对物体产生的旋转作用，如图 1-26 所示。

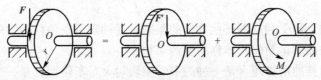

图 1-26　圆周力对轴的两种作用

圆周力 F 作用于转轴的齿轮上，为观察力 F 的作用效应，将力 F 平移至轴心 O 点，则有平移力 F' 作用于轴上，同时有附加力偶 M 使齿轮绕轴旋转。

2. 丝锥攻螺纹

攻螺纹时，必须用两手握扳手，而且用力要相等。不能用一只手扳动扳手，如图 1-27(a) 所示，这是因为作用在扳手 AB 一端的力 F，与作用在图 1-27(b) 中点 C 的一个力 F' 和一个力偶 M 等效。力偶 M 使丝锥转动，而力 F' 会使攻螺纹不正，甚至折断丝锥。

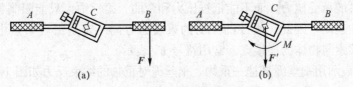

图 1-27　丝锥攻螺纹

◼ 1.4.3　平移定理的逆定理

平移定理的逆定理：共面的一个力和一个力偶也可以合成为同平面内的一个力。

如图 1-28(a) 所示，作用于 B 点的一个力 F' 和一个力偶 M 可以等效为作用于 A 点的一个力 F，如图 1-28(b)(c) 所示。即将 B 点的 F' 和 M 逆向平移到了 A 点，变成力 F。

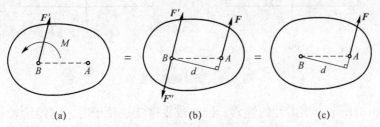

图 1-28　力的平移定理逆定理

15

平移距离 d 为

$$d = \frac{M}{F}$$

1.5 约束与约束力

1.5.1 约束的概念

约束：物体的运动受到周围其他物体的限制，这种限制条件称为约束。

被约束物：被限制运动的物体称为被约束物。

如钢丝绳对悬挂的重物而言是一种约束，钢轨对火车车轮而言是一个约束，轴承对转轴而言是约束，而其中的重物、火车、转轴称为被约束物。

约束力（约束反力）：约束作用于被约束物体上的限制其运动的力，称为约束力。因为它总是与被约束物的运动或主动力方向相反，故又称为约束反力。

1.5.2 常见的约束及约束反力

1. 柔性约束

工程上将钢丝绳、皮带、链条等柔性索状物体形成的约束统称为柔性约束。

这类约束只能承受拉力，而不能抵抗压力和弯曲。柔性约束只能限制物体沿着柔索中心线伸长方向的运动，因此，柔性约束的约束反力方向一定是沿着柔索中心线而背离物体，且作用在柔索与物体的连接点。常用符号 F_T 表示。

图 1-29(a)表示用钢丝绳悬挂一重物，钢丝绳对重物的约束反力如图 1-29(b)所示。

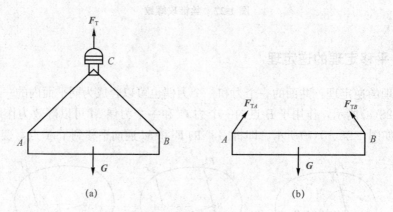

图 1-29 钢丝绳悬挂重物

如图 1-30(a)所示，当柔性的绳索、链条或皮带绕过轮子时，它们给轮子的约束反力沿着柔索中心线，指向则背离轮子，如图 1-30(b)所示。

16

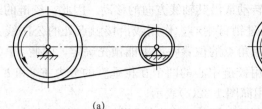 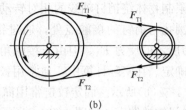

（a）   （b）

图 1-30 轮子

2. 光滑面约束

当两物体直接接触并可忽略接触处的摩擦时，约束只能限制物体在接触点沿接触面的公法线方向的运动，不能限制物体沿接触面切线方向的运动，故约束力必过接触点沿接触面法向并指向被约束物体，称为法向约束力，通常用符号 F_N 表示此类约束力。

图 1-31 所示为光滑面约束的几种力学模型。

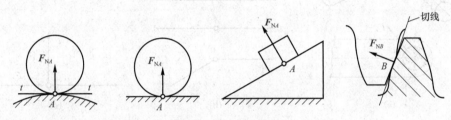

图 1-31 光滑面约束

3. 铰链约束

两构件采用圆柱销所形成的连接为铰链连接。圆柱销只限制两构件的相对移动，而不限制两构件的相对转动。

（1）固定铰链约束。当圆柱形铰链中有一构件固定时，则称为固定铰链支座，其结构和简图如图 1-32 所示。销钉将支座与构件连接起来，构件可绕销钉转动，但不能在垂直于销钉轴线的平面内移动。

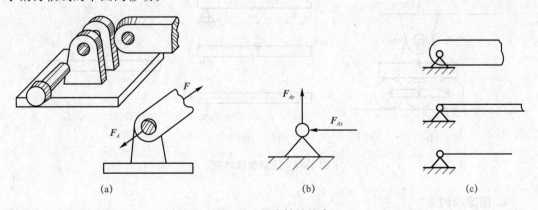

（a）   （b）   （c）

图 1-32 固定铰链约束

由于销钉与物体的圆孔表面都是光滑的，两者之间总有缝隙，产生局部接触，故本质上属于光滑面约束；销钉只能限制被约束构件在垂直于销钉轴线的平面内沿径向的相对移动，而不限制物体绕销钉轴线的相对转动或沿其轴线方向的移动。因此，铰链的约束力反力作用在圆孔与销钉的接触点处，通过销钉中心，作用线沿接触点处的公法线方向，如图 1-32(a)所示的反力 F_A。但由于接触角点的位置一般不能预先确定，因此 F_A 的方向也不能预先确定。在实际计算中，通常用铰链中心的两个互相垂直的分力 F_{Ax} 和 F_{Ay} 来代替 F_A，如图 1-32(b)所示。固定铰链常用简图 1-32(c)表示。

(2)中间铰链约束。如图 1-33(a)所示，用销钉穿入带圆孔的构件的圆孔中，即构成中间铰链约束，通常用简图 1-33(b)表示。

显然，中间铰链支座是圆柱形铰链的一种特殊情况，故其约束反力的确定原则与固定铰链约束反力的确定原则相同，一般也分解为两个正交分力，如图 1-33(c)所示。

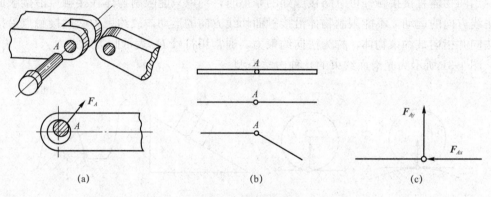

图 1-33　中间铰链约束

(3)活动铰链约束。在滚子上可任意左右移动的铰链支座，称为活动铰链支座。它常用于桥梁、屋架等结构中，如图 1-34 所示。

如略去摩擦，这种支座不限制构件沿支承面的移动和绕销钉轴线的转动，只限制构件沿支承面法线方向的移动，因此，活动铰链支座的约束反力必垂直于支承面，通过铰链中心，如图 1-34(c)所示。

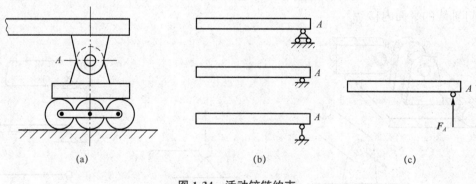

图 1-34　活动铰链约束

4. 固定端约束

工程中还有一种常见的基本约束，图 1-35 所示的建筑物上的阳台、风扇固定端、车刀刀架等，这些约束均称为固定端约束。以上这些工程实例均可归结为一杆插入固定面的力学模型，如图 1-36(a)所示。

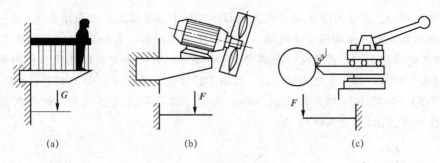

图 1-35　固定端约束实例

对固定端约束，可按约束作用画其约束力。固定端既限制了被约束构件的垂直与水平位移，又限制了被约束构件的转动，故图 1-36(a)中固定端约束在一般情况下，可分解为一组正交的约束力与一个约束力偶，如图 1-36(b)所示。

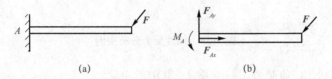

图 1-36　固定端约束的约束力

1.6　受力图

1.6.1　受力图绘制及实例

为了清晰地表示出物体的受力情况，需要将受力物体从与其相连的周围物体中分离出来，解除周围物体的约束，单独画出它的简图，这个步骤叫取分离体。在分离体上画上物体所受全部主动力和约束力的图称为研究对象的受力图。而这整个过程称为对研究对象进行受力分析。

画受力图的基本步骤如下：

(1)确定研究对象，取分离体；

(2)在分离体上画出已知主动力；

(3)在分离体解除约束处画出约束反力。

【例 1-4】　重力为 G 的梯子 AB，放在水平地面和铅直墙壁上。在 D 点用水平绳索 DE 与墙相连，如图 1-37(a)所示。若略去摩擦，试画出梯子的受力图。

解：(1)画分离体。将梯子从周围物体中分离出来，单独画出。

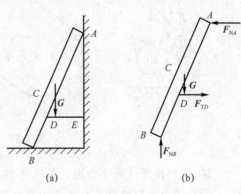

图 1-37　梯子受力分析

19

（2）画主动力。梯子所受主动力为重力 G，作用于其重心上，方向铅直向下。

（3）画约束反力。根据梯子与地面、墙壁和绳索的关系，有两类约束：在 B 点与 A 点处为光滑接触面约束，其约束反力分别为 F_{NB} 和 F_{NA}，方向垂直接触表面、指向梯子；在 D 点处为柔索约束，其约束反力为 F_{TD}，沿着 DE 方向背离梯子，如图 1-37(b) 所示。

【例 1-5】 如图 1-38 所示，三铰拱桥，由左、右两半拱铰接而成。试分别画出半拱 AC 和 CB 的受力图（重力不计）。

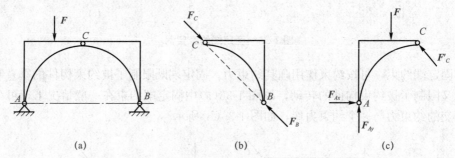

图 1-38 构件受力分析实例

解：（1）画半拱 BC 的受力图，如图 1-38(b) 所示。

取半拱 BC 为研究对象画出分离体简图，半拱 BC 只在 B、C 处受到铰链的约束反力 F_C 和 F_B 的作用，故半拱 BC 为二力构件。

（2）画半拱 AC 的受力图，如图 1-38(c) 所示。

取半拱 AC 为研究对象画出分离体简图；画主动力 F；铰链 C 处可根据作用与反作用力关系画出 $F'_C = -F_C$，铰链 A 处的约束反力用相互垂直的两个分力 F_{Ax} 和 F_{Ay} 表示。

【例 1-6】 图 1-39(a) 所示是内燃机中的曲柄滑块机构，图 1-39(b) 是凸轮机构。试分别画出两图中的滑块和凸轮从动杆的受力图。

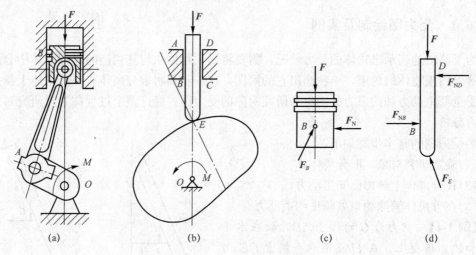

图 1-39 构件受力分析实例

解：（1）画滑块的受力图，如图 1-39(c) 所示。

①取滑块为研究对象，并画出其分离体简图；

②画出主动力 F；

③画出其约束反力 F_N 和 F_B。

（2）画凸轮从动杆的受力图，如图1-39(d)所示。

①取凸轮从动杆为研究对象，并画出其分离体简图；

②画出主动力 F；

③画出其约束反力 F_{NB}、F_{ND} 和 F_E。

【例1-7】 重力为 G 的水平梁 AB 用斜杆 CD 支承，A、C、D 三点均为光滑铰链连接。梁上放置一重力为 W 的电动机，如图1-40(a)所示。不计 CD 杆的自重，试分别画出斜杆 CD 和梁 AB（包括电动机）的受力图。

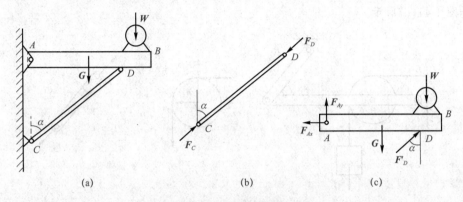

图1-40 斜杆支撑梁受力分析

解：（1）画杆 CD 的受力图。取杆 CD 为分离体时，需在 C、D 两点解除约束，而分别代之以固定铰链支座 C 的约束反力 F_C 和水平梁 AB 通过铰链 D 作用的约束反力 F_D。根据光滑铰链约束反力的特点，这两个约束反力必定分别通过铰链 C、D 的中心，方向暂时不能确定。但由于斜杆的自重不计，它只在 F_C 和 F_D 两个力作用下处于平衡，因此根据二力平衡公理，这两个力必定沿同一直线，且等值、反向。由此可以确定 F_C 和 F_D 的作用线必定在 C 和 D 两点的连线上。由经验判断，杆 CD 受压力，如图1-40(b)所示。

（2）画梁 AB 的受力图。梁 AB 受到 G、W 两个主动力的作用；在 A、D 两点处解除约束，用相应的约束反力代替。在 A 点处为固定铰链支座约束，其约束反力用两个正交分力 F_{Ax} 和 F_{Ay} 表示，其指向可以任意假设；在 D 点处，二力杆 CD 通过铰链 D 与水平梁 AB 连接，其约束反力为 F'_D。F'_D 和 F_D 互为作用力与反作用力，故 F'_D 应与 F_D 等值、反向、共线，如图1-40(c)所示。

【例1-8】 图1-41(a)所示的结构由杆 AC、CD 与滑轮 B 铰接而成。物体的重力为 G，用绳索挂在滑轮上。如杆、滑轮及绳索的自重不计，并忽略各处的摩擦，试分别画出滑轮 B（包括绳索）、杆 AC、杆 CD 及整体系统的受力图。

解：（1）画滑轮的受力图。取滑轮为研究对象，画分离体；滑轮上无主动力。在 B 点处滑轮通过中间铰 B 受到杆 AC 的约束，解除约束，在 B 点处用两个正交分力 F_{Bx} 和 F_{By} 来表示；在 E 点处受柔索约束，可在 E 点处用沿绳索中心背离滑轮的拉力 F_{TE} 表示；在 H 点处为柔索约束，用沿绳索中心线背离滑轮的拉力 F_{TH} 表示，如图1-41(b)所示。

（2）画杆 CD 的受力图。取杆 CD 为研究对象，画出分离体图。无主动力；CD 杆为二力杆构件，根据二力杆的特点，C、D 两点的约束反力必沿两点的连线，且等值、反向，假设杆 CD 受拉力，在 C、D 点画拉力 F_C 和 F_D，且 $F_C = -F_D$。杆 CD 受力图如图1-41(c)所示。

（3）画杆 AC 的受力图。取杆 AC 为研究对象，画出分离体图。无主动力；AC 杆在 A 点受固定铰链支座约束，在解除约束的 A 点可用两个正交分力 F_{Ax}、F_{Ay} 来表示；在 B 点通过中间铰链 B 受滑轮的约束，可在 B 点画出约束反力 F'_{Bx}、F'_{By}，它们与 F_{Bx}、F_{By} 互为作用力与反作用力；在 C 点受到杆 CD 的约束，其约束反力为 F'_C，它与 F_C 互为作用力与反作用力。杆 AC 的受力图如图 1-41(d) 所示。

（4）画整体系统的受力图。取整体系统为研究对象，画出分离体图，画主动力 G。在 A 点受固定铰链支座的约束，其约束反力与 AC 杆的 A 点的画法相同；同理，在 E 点其约束反力的画法与滑轮 E 点的画法相同，在 D 点其约束反力的画法与 CD 杆的 D 点画法相同，如图 1-41(e) 所示。

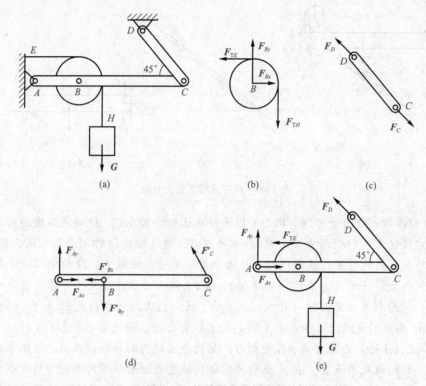

图 1-41　构件受力分析实例

■ 1.6.2　飞行器受力分析

飞机飞行中，作用于飞机上的荷载主要有飞机重力、升力、阻力和发动机推力（或拉力）。飞行状态改变或受到不稳定气流的影响时，飞机的升力会发生很大变化。飞机着陆接地时，飞机除了承受上述荷载外，还要承受地面撞击力，这些荷载中以地面撞击力最大。在飞机承受的各种荷载中，升力和地面撞击力对飞机结构的影响最大。

1. 平飞中的受力情况

飞机在匀速直线平飞时，它所受的力有飞机重力 G、升力 Y、阻力 D 和发动机推力 T。为了简便起见，假定这 4 个力都通过飞机的重心，而且推力与阻力的方向相反，如图 1-42 所示。则作用在飞机上的力的平衡条件：升力等于飞机的重力，推力等于飞机的阻力。

即

$$Y=G;\ T=D$$

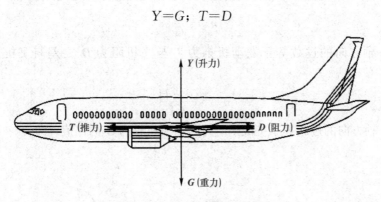

图 1-42　平飞飞机的受力分析

　　飞机做不稳定的平飞时，推力与阻力是不相等的。推力大于阻力，飞机就会加速；反之，则减速。由于在飞机加速或减速的同时，驾驶员减小或增大飞机的迎角，使升力系数减小或增大，因而升力仍然与飞机重力相等。平飞时，虽然飞机的升力总是与飞机重力相等，但是飞行速度不同时，飞机上的局部气动荷载（局部空气动力）是不相同的。飞机以小速度平飞时，迎角较大，机翼上表面受到吸力，下表面受到压力，这时的局部气动荷载并不是很大；而当飞机以大速度平飞时，迎角较小，对双凸形翼型机翼来说，除了前缘要受到很大压力外，上下表面都要受到很大的吸力。翼型越接近对称形状，机翼上下表面的局部气动荷载就越大。所以，如果机翼蒙皮刚度不足，在高速飞行时，就会被显著地吸起或压下，产生明显的鼓胀或下陷现象，影响飞机的空气动力性能。

2. 水平面内做曲线飞行时的受力情况

　　飞机水平转弯时，具有一定的倾斜角（坡度）β，如图 1-43 所示，升力与垂线之间也构成 β 角。这时，升力的水平分力 $Y\sin\beta$ 就是飞机转弯时的向心力，它与惯性离心力 N 平衡；升力的垂直分力 $Y\cos\beta$ 与飞机重力 G 平衡，即

$$Y=\frac{G}{\cos\beta}$$

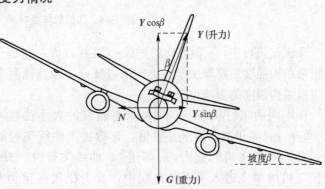

图 1-43　飞机在水平转弯时所受的荷载

　　当飞机水平转弯时，$\cos\beta$ 总是小于 1，故升力总是大于飞机的重力；倾斜角越大，$\cos\beta$ 越小，因而升力越大。

3. 飞机过载

　　在曲线飞行中，作用于飞机上的升力经常不等于飞机的重力。为了衡量飞机在某一飞行状态下受外荷载的严重程度，引出过载（或称荷载因数）这一概念。作用于飞机某一方向的除重力之外的外荷载与飞机重力的比值，称为该方向的飞机重心过载，用 n 表示。

如图 1-44 所示，飞机在 y 轴方向的过载，等于飞机升力 Y 与飞机重力 G 的比值，即

$$n_y = \frac{Y}{G}$$

飞机在 x 轴方向的过载等于发动机推力 T 与飞机阻力 D 之差与飞机重力 G 的比值，即

$$n_x = \frac{T-D}{G}$$

飞机在 z 轴方向的过载等于飞机侧向力 Z 与飞机重力 G 的比值，即

$$n_z = \frac{Z}{G}$$

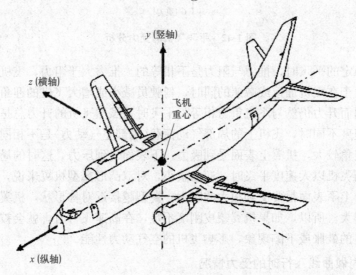

图 1-44 飞机机体坐标系

飞机在飞行中，y 轴方向的过载 n_y 往往较大，它是飞机结构设计中的主要指标之一，飞机的结构强度主要取决于 y 方向的过载 n_y。而其他两个方向的过载（n_x，n_z）较小，它们对飞机结构强度的影响也较小。

在不同的飞行状态下，飞机重心过载的大小往往不一样。过载可能大于 1、小于 1、等于 1、等于 0，甚至是负值，这取决于曲线飞行时升力的大小和方向。飞机平飞时，升力等于飞机的重力，n_y 等于 1；曲线飞行时，升力经常不等于 1。驾驶员柔和推杆使飞机由平飞进入下滑的过程中，升力比飞机重力稍小一些，n_y 就小于 1；当飞机平飞时遇到强大的垂直向下的突风（又称阵风）或在垂直平面内做机动飞行时，驾驶员推杆过猛，升力就会变成负值，n_y 也就变为负值；当飞机以无升力迎角垂直俯冲时，过载就等于 0。

n_y 的正、负号与升力的正、负号一致，而升力的正、负号取决于升力与飞机 y 轴的关系。如果升力的方向与 y 轴相同，则取正号；反之则取负号。

当飞机机动飞行时，过载值会产生很大的变化，如图 1-43 所示。当飞机以 $\beta=60°$ 进行水平盘旋时，过载等于 2。当驾驶员迅猛推驾驶杆使飞机进入俯冲时，过载可能为负值。飞机机动飞行时产生的过载称为机动过载。

工作手册

【任务名称】__分析飞机起落架的受力__	参考学时：__1__学时	

【项目团队】

【任务实施关键点】

实施条件：

工序	工作步骤	实施方案(列关键作业点，详记在工作活页)
1. 起落架整体受力分析	绘制主动力	
	绘制约束反力	
2. 起落架分离体受力分析	绘制 AB 杆受力图	
	绘制 BC 杆受力图	
	绘制 CD 杆受力图	
	绘制机轮受力图	
工作小结		
评价		

习　题

1-1　已知：$F_1=500$ N，$F_2=150$ N，$F_3=200$ N，$F_4=100$ N，各力的方向如图 1-45所示。试求各力在 x、y 轴上的投影。

1-2　铆接薄钢板在孔 A、B、C 和 D 处受四个力作用，孔间尺寸如图 1-46 所示。已知：$F_1=50$ N，$F_2=100$ N，$F_3=150$ N，$F_4=200$ N，求此汇交力系的合力。

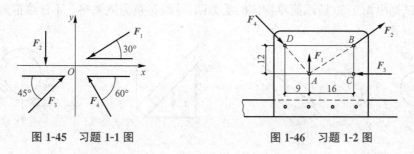

图 1-45　习题 1-1 图　　　　　　图 1-46　习题 1-2 图

1-3　求图 1-47 所示各种情况下力 F 对点 O 的力矩。

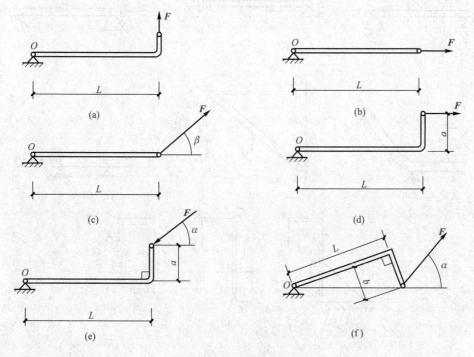

图 1-47　习题 1-3 图

1-4　求图 1-48 所示情况下 G 与 F 对转心 A 之矩。

1-5　如图 1-49 所示，矩形钢板的边长为 $a=4$ m，$b=2$ m，作用力偶为 M。当 $F=F'=200$ N 时，才能使钢板转动。试考虑如何选择加力的位置与方向才能使所费力为最小而达到使钢板转一角度的目的，并求出此最小的力。

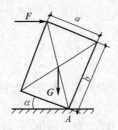

图 1-48　习题 1-4 图

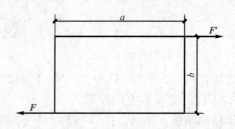

图 1-49　习题 1-5 图

1-6　试画出图 1-50 所示简单物体的受力图。（没标重力则忽略，不计摩擦）

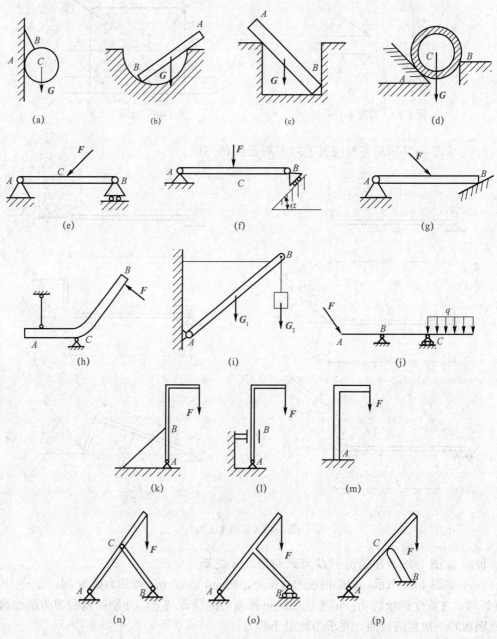

图 1-50　习题 1-6 图

1-7 试画出图 1-51 所示物体系统中每个物体的受力图。（没标重力则忽略，不计摩擦）

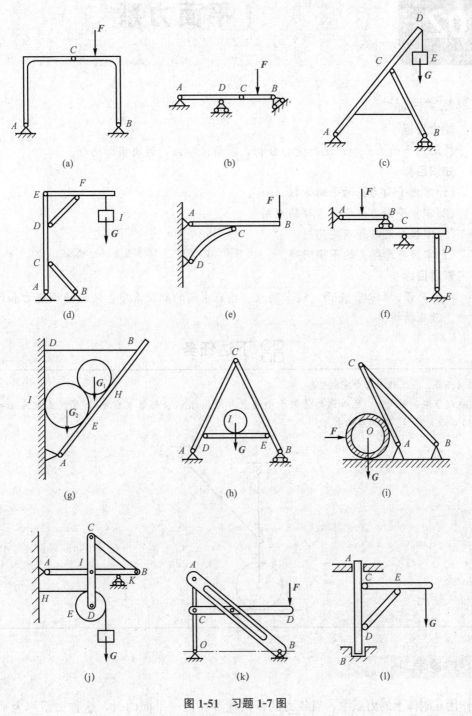

图 1-51 习题 1-7 图

平面力系

能力目标

能运用平面力系知识进行受力分析，求解未知力，解决实际问题。

知识目标

(1)掌握平面力系的平衡方程。

(2)掌握平面力系平衡方程的应用。

(3)掌握静定与静不定问题。

(4)掌握有摩擦力的平衡问题。

素质目标

培养严谨、细心、全面、追求高效、精益求精的职业素质；沟通协调能力和团队合作精神、敬业精神。

☐☐ 下达任务

阅读任务，在工作手册中完成任务。

飞机起落架如图所示，已知该起落架承受的重力为 50 kN(含起落架自重)，摩擦系数为 $f=0.2$，$\alpha=30°$，试计算 A、B 两点约束力。

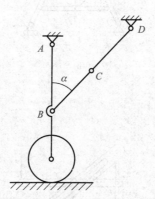

理论学习

作用在刚体上的力系中，当各力的作用线都在同一平面内时，这种力系称为平面力系。平面力系是空间力系的一种特殊情况。

平面力系根据各力作用线分布不同又可以分为平面汇交力系、平面平行力系、平面力偶系和平面任意力系，如图 2-1 所示。

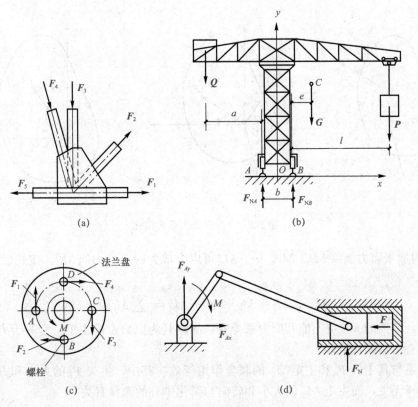

图 2-1　平面力系的分类

(a)平面汇交力系；(b)平面平行力系；(c)平面力偶系；(d)平面任意力系

2.1　平面任意力系的简化

2.1.1　平面任意力系向一点简化

在刚体上作用一个平面力系 F_1、F_2、$\cdots$、F_n，如图 2-2(a)所示，在平面内任选一点 O 为简化中心。根据力的平移定理，将各力都向 O 点平移，得到一个交于 O 点的平面汇交力系 F_1'、F_2'、$\cdots$、F_n'，以及平面力偶系 M_1、M_2、$\cdots$、M_n，如图 2-2(b)所示。

(1)平面汇交力系 F_1'、F_2'、$\cdots$、F_n'，可以合成为一个作用于 O 点的合矢量 F_R'，如图 2-2(c)所示，它等于力系中各力的矢量和。显然，单独的 F_R' 不能和原力系等效，故称它为力系的主矢。按式(2-1)可得主矢的大小

$$F_R' = \sqrt{(F_{Rx}')^2 + (F_{Ry}')^2} = \sqrt{(\sum F_x)^2 + (\sum F_y)^2} \tag{2-1}$$

主矢的方向 $\alpha = \arctan \left| \dfrac{\sum F_y}{\sum F_x} \right|$，其中 α 为锐角，F 的指向由 $\sum F_x$ 和 $\sum F_y$ 的正负号决定。

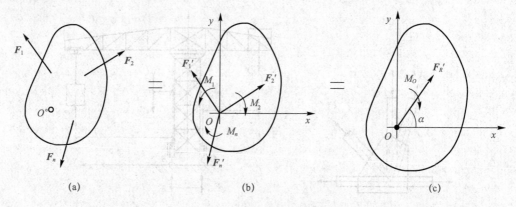

(a)   (b)   (c)

图 2-2 平面任意力系的简化

（2）附加平面力偶系 M_1、M_2、$\cdots$、M_n 可以合成为一个合力偶 M_O，按式（2-2）可得主矩的值：

$$M_O = M_1 + M_2 + \cdots + M_n = \sum M_O(F) \tag{2-2}$$

显然，单独的 M_O 也不能和原力系等效，故称其为原力系的主矩。它等于力系中各力对简化中心力矩的代数和。

原力系与其主矢 F_R' 和主矩 M_O 的联合作用等效。其中，主矢 F_R' 的大小和方向与简化中心的选择无关，而主矩 M_O 的大小和转向与简化中心的选择有关。

■ 2.1.2 简化结果的讨论

平面任意力系的简化，一般可得到主矢 F_R' 和主矩 M_O，但它不是简化的最终结果，简化结果通常有以下四种情况。

（1）$F_R' \neq 0$，$M_O = 0$。因为 $M_O = 0$，主矢 F_R' 就与原力系等效，F_R' 即为原力系的合力，其作用线通过简化中心。

（2）$F_R' = 0$，$M_O \neq 0$。原力系简化结果为一合力偶 $M = M_O(F)$，此时主矩 M 与简化中心的选择无关。

（3）$F_R' \neq 0$，$M_O \neq 0$。根据力的平移定理逆过程，可以把 F_R' 和 M_O 合成为一个合力 F_R，合成过程如图 2-3 所示。合力 F_R 的作用线到简化中心 O 的距离为

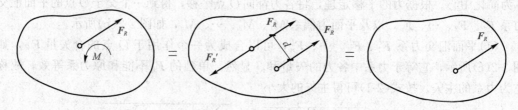

图 2-3 力与力偶的合成

$$d = \frac{M_O}{F_R'} \tag{2-3}$$

（4）$F_R' = 0$，$M_O = 0$。物体在此力系作用下处于平衡状态。

2. 2 平面任意力系平衡方程及应用

■ 2.2.1 平面任意力系的平衡方程

1. 基本形式

如平面任意力系向任一点 O 简化，所得主矢、主矩均为零，则物体处于平衡；反之，若力系是平衡力系，则主矢、主矩必同时为零。因此，平面任意力系平衡的充要条件为

$$\begin{cases} F'_R = \sqrt{(\sum F_x)^2 + (\sum F_y)^2} = 0 \\ M_O = \sum M_O(\boldsymbol{F}) = 0 \end{cases} \tag{2-4}$$

可得

$$\begin{cases} \sum F_x = 0 \\ \sum F_y = 0 \\ \sum M_O(\boldsymbol{F}) = 0 \end{cases} \tag{2-5}$$

式(2-5)为平面任意力系平衡方程的基本形式，由方程可知平面任意力系平衡的条件：力系中各力在两个任选的直角坐标轴上投影的代数和分别等于零，且各力对任一点之矩的代数和也等于零。

因平面任意力系仅有三个独立的平衡方程，故最多只能求解三个未知量。

2. 二矩式平衡方程

平面任意力系的平衡条件也可以通过各力的一个投影方程和对任意两点的力矩方程来体现，称为二矩式。

$$\begin{cases} \sum F_x = 0 \\ \sum M_A(\boldsymbol{F}) = 0 \\ \sum M_B(\boldsymbol{F}) = 0 \end{cases} \tag{2-6}$$

上式的附加条件：A、B 两点连线不能与投影轴 x 垂直。

3. 三矩式平衡方程

若平面任意力系对平面内任选的不共线三点之矩的代数和分别等于零，则此力系必为平衡力系，可得三矩式。

$$\begin{cases} \sum M_A(\boldsymbol{F}) = 0 \\ \sum M_B(\boldsymbol{F}) = 0 \\ \sum M_C(\boldsymbol{F}) = 0 \end{cases} \tag{2-7}$$

上式的附加条件：A、B、C 三点不能共线。

■ 2.2.2 平面任意力系平衡方程的应用

求解平面任意力系平衡问题的步骤如下：

（1）取研究对象，画受力图。根据问题的已知条件和未知量，选择合适的研究对象；取分离体，画出全部作用力（主动力和约束反力）。

（2）选取投影轴和矩心，列平衡方程。为了简化计算，通常尽可能使力系中多数未知力的作用线平行或垂直于投影轴；尽可能把未知力的交点作为矩心，力求做到列一个平衡方程解一个未知数，以避免联立解方程。但是应注意，不管列出哪种形式的平衡方程，对于同一个平面力系来说，最多能列出三个独立的平衡方程，因而只能求解三个未知数。

（3）解平衡方程，校核结果。将已知条件代入方程求出未知数。但应注意，由平衡方程求出的未知量的正、负号的含义，正号说明求出的力的实际方向与假设方向相同，负号说明求出的力的实际方向与假设方向相反，不要去改动受力图中原假设的方向。必要时可根据已得出的结果，代入列出的任何一个平衡方程，检验其正误。

【例 2-1】 如图 2-4(a)所示，已知：梁长 $l=2$ m，$F=100$ N，求固定端 A 处约束反力。

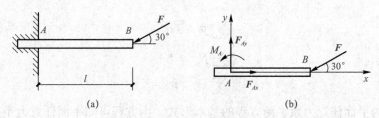

图 2-4 悬臂梁

解：（1）取梁 AB 为研究对象，并画出受力图。如图 2-4(b)所示，AB 梁在 B 点受到已知力 F 作用，A 点为固定端约束，其约束反力为 F_{Ax}、F_{Ay} 及约束力偶 M_A。

（2）选择直角坐标系 xAy，矩心为 A 点，并列平衡方程。

$$\sum F_x = 0 \qquad F_{Ax} - F\cos 30° = 0 \qquad\qquad ①$$

$$\sum F_y = 0 \qquad F_{Ay} - F\sin 30° = 0 \qquad\qquad ②$$

$$\sum M_A(\boldsymbol{F}) = 0 \qquad M_A - Fl\sin 30° = 0 \qquad\qquad ③$$

（3）求解未知量。将已知条件代入上述平衡方程解得

由①解得 $\qquad F_{Ax} = F\cos 30° = 100 \times \cos 30° = 86.6$(N)

由②解得 $\qquad F_{Ay} = F\sin 30° = 100 \times \sin 30° = 50$(N)

由③解得 $\qquad M_A = Fl\sin 30° = 100 \times 2 \times \sin 30° = 100$(N·m)

【例 2-2】 图 2-5 所示的水平横梁 AB，A 端为固定铰链支座，B 端为一活动铰链支座。梁的长为 $l=3$ m，梁重 $G=200$ N，作用在梁的中点 D。在梁的 AC 端上受均布荷载 $q=100$ N/m 作用，在 E 点受集中力 F 的作用，$F=500$ N，在梁的 BE 段上受力偶作用，力偶矩 $M=50$ N·m。试求 A 和 B 处的支座反力。

解：（1）选梁 AB 为研究对象。它所受的主动力有均布荷载 q、重力 G、集中力 F 和力偶 M；它所受的约束反力有铰链 A 的两个分力 F_{Ax} 和 F_{Ay}，活动铰链支座 B 处受垂直向上的约束反力 F_B，如图 2-5 所示。

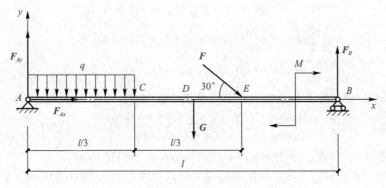

图 2-5　简支梁

(2)选择直角坐标系 xAy，矩心为 A 点，并列平衡方程。

$$\sum F_x = 0 \quad F_{Ax} + F\cos 30° = 0 \qquad ①$$

$$\sum F_y = 0 \quad F_{Ay} - F\sin 30° = 0 \qquad ②$$

$$\sum M_A(\boldsymbol{F}) = 0 \quad F_B \times l - M - G \times \frac{l}{2} - F\sin 30° \times \frac{2l}{3} - q \times \frac{l}{3} \times \frac{l}{6} = 0 \qquad ③$$

(3)求解未知量。将已知条件代入上述平衡方程解得

由①解得 $\qquad\qquad F_{Ax} = -250\sqrt{3} \approx -433\,(\text{N})$

由③解得 $\qquad\qquad\qquad F_B = 300\ \text{N}$

将 F_B 代入②解得 $\qquad\qquad F_{Ay} = 250\ \text{N}$

【例 2-3】　悬臂起重机如图 2-6(a)所示。横梁 AB 长 $l = 2.5$ m，自重 $G_1 = 1.2$ kN。拉杆 BC 倾斜角 $\alpha = 30°$，自重不计。电葫芦连同重物共重 $G_2 = 7.5$ kN。当电葫芦在图示位置（$a = 2$ m）匀速吊起重物时，求拉杆 BC 的拉力和支座 A 的约束反力。

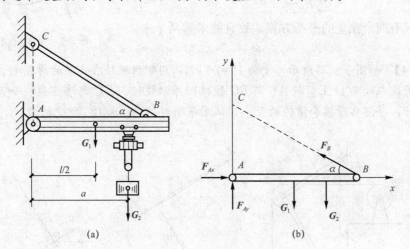

图 2-6　悬臂起重机

解：(1)取梁 AB 为研究对象，并画出受力图。如图 2-6(b)所示，AB 梁在 B 点受到已知拉力 $\boldsymbol{F}_B$ 作用，A 点为固定端约束，其约束反力为 $\boldsymbol{F}_{Ax}$、$\boldsymbol{F}_{Ay}$。

(2)选择直角坐标系 xAy，矩心为 A 点，并列平衡方程。

$$\sum F_x = 0 \quad F_{Ax} - F_B\cos\alpha = 0 \qquad \qquad ①$$

$$\sum F_y = 0 \quad F_{Ay} - G_1 - G_2 + F_B\sin30° = 0 \qquad ②$$

$$\sum M_A(\boldsymbol{F}) = 0 \quad F_B l \sin\alpha - G_1 \frac{l}{2} - G_2 a = 0 \qquad ③$$

(3)求解未知量。将已知条件代入上述平衡方程解得

由③解得 $\quad F_B = \dfrac{G_1 l + 2G_2 a}{2l\sin\alpha} = \dfrac{1.2 \times 2.5 + 2 \times 7.5 \times 2}{2 \times 2.5 \times \sin30°} = 13.2\text{(kN)}$

由①解得 $\quad F_{Ax} = F_B\cos\alpha = 13.2 \times \cos30° = 11.4\ \text{(kN)}$

由②解得 $\quad F_{Ay} = G_1 + G_2 - F_B\sin\alpha = 1.2 + 7.5 - 13.2 \times \sin30° = 2.1\ \text{(kN)}$

2.3 特殊平面力系的平衡

■ 2.3.1 平面汇交力系的平衡

若平面力系中各力作用线汇交于一点，则称为平面汇交力系，如图 2-7 所示。由图可见，各力对汇交点的力矩代数和恒等于零，即 $M = \sum M(\boldsymbol{F}) = 0$ 恒能满足，则其独立的平衡方程仅剩下两个。

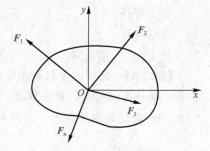

$$\begin{cases} \sum F_x = 0 \\ \sum F_y = 0 \end{cases} \qquad (2\text{-}8)$$

由于只有两个独立的平衡方程，故只能求解两个未知量。

图 2-7 平面汇交力系

【例 2-4】 如图 2-8(a)所示，重物 $P = 20\ \text{kN}$，用钢丝绳挂在支架的滑轮 B 上，钢丝绳的另一端缠绕在绞车 D 上。杆 AB 与 BC 铰接，并以铰链 A、C 与墙连接。如两杆和滑轮的自重不计，并忽略摩擦和滑轮的大小，试求平衡时杆 AB 和 BC 所受的力。

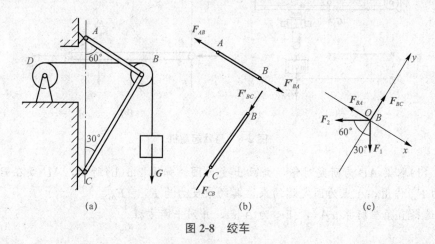

(a)   (b)   (c)

图 2-8 绞车

解: (1)取研究对象，并画受力图。选取滑轮 B 为研究对象，由于 AB、BC 两杆都是二力构件，假设杆 AB 受拉力、杆 BC 受压力，如图 2-8(b)所示。根据作用力与反作用力可知杆 AB 和 BC 对滑轮的约束反力为 $\boldsymbol{F}_{BA}$ 和 $\boldsymbol{F}_{BC}$。此外，滑轮还受到钢丝绳的拉力 $\boldsymbol{F}_1$ 和 $\boldsymbol{F}_2$（已知 $F_1 = F_2 = G$）。由于滑轮的大小可忽略不计，故这些力可看作平面汇交力系，如图 2-8(c)所示。

(2)建立坐标系，如图 2-8(c)所示。为使每个未知力只在一个轴上有投影，在另一个轴上的投影为零，坐标轴应尽量取在与未知力作用线相垂直的方向。这样在一个平衡方程中只有一个未知数，不必解联立方程。

(3)列平衡方程求解。即

$$\sum F_x = 0 \qquad -F_{BA} + F_1 \cos 60° - F_2 \cos 30° = 0$$

$$\sum F_y = 0 \qquad F_{BC} - F_1 \cos 30° - F_2 \cos 60° = 0$$

解方程得 $F_{BA} = -7.32\ \text{kN}$，$F_{BC} = 27.32\ \text{kN}$。

所求结果中，F_{BC} 为正值，表示这个力的假设方向与实际方向相同，即杆 BC 受压；F_{BA} 为负值，表示这个力的假设方向与实际方向相反，即杆 AB 也受压力。

■ 2.3.2 平面平行力系的平衡

若平面力系中各力作用线全部平行，则称为平面平行力系，如图 2-9 所示。各力的作用线都与 y 轴平行，则各力的作用线均垂直于 x 轴，在 x 轴上投影的代数和恒等于零。于是，该平衡力系的平衡方程为

$$\begin{cases} \sum F_y = 0 \\ \sum M_O(\boldsymbol{F}) = 0 \end{cases} \qquad (2\text{-}9)$$

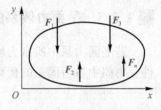

图 2-9　平面平行力系

由于只有两个独立的平衡方程，故只能求解两个未知量。

【例 2-5】 图 2-10(a)所示为一塔式起重机简图。已知机身重 $G = 700\ \text{kN}$，重心与机架中心线距为 4 m，最大起重量 $G_1 = 200\ \text{kN}$，最大吊臂长为 12 m，轨距为 4 m，平衡块重 G_2，其作用线至机身中心线距离为 6 m。试求保证起重机满载和空载时不翻倒的平衡块重。

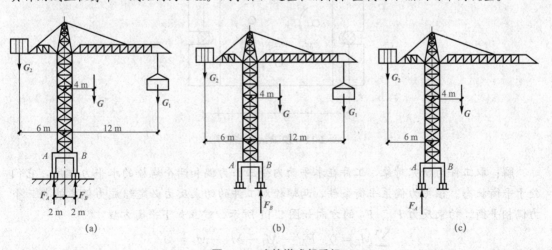

图 2-10　建筑塔式起重机

解：取整个起重机为研究对象，画受力图。

分析：由题意可知，应分为两种临界情况处理，①若平衡块过轻，则满载时会使机身绕 B 点向右翻倒，所以须配一定重量的平衡块，保持起重机在满载时不会绕 B 点翻转。在临界状态下，A 点悬空，$F_A=0$，如图 2-10(b) 所示，平衡块的重量应为 G_{2min}。②若平衡块过重，则空载时会使机身绕 A 点向左翻倒，所以平衡块不能过重，保持起重机在空载时不会绕 A 点翻转。在临界状态下，B 点悬空，$F_B=0$，如图 2-10(c) 所示，平衡块的重量应为 G_{2max}。

（1）满载时($G_1=200$ kN)，求平衡时最小平衡块重 G_{2min}，此时为临界状态 $F_A=0$。
列平衡方程：

$$\sum M_B(\boldsymbol{F})=0 \quad G_{2min}\times(6+2)-G\times 2-G_1\times(12-2)=0$$

将已知条件代入，解得 $G_{2min}=425$ N。

（2）空载时($G_1=0$)，求平衡时最大平衡块重 G_{2max}，此时为临界状态 $F_B=0$。
列平衡方程：

$$\sum M_A(\boldsymbol{F})=0 \quad G_{2max}\times(6-2)-G\times(4+2)=0$$

将已知条件代入，解得 $G_{2max}=1050$ N。

结论：为了保证安全，平衡块重必须满足下列条件：425 kN $< G_2 <$ 1 050 kN。

■ 2.3.3　平面力偶系的平衡

若平面力系中所有力均是力偶，则称为平面力偶系。平面力偶系平衡的充分必要条件：力偶中各力偶矩的代数和等于零。即

$$\sum M_i = 0 \tag{2-10}$$

【例 2-6】　图 2-11 所示为用多轴钻床在水平工件上钻孔，每个钻头的切削刀刃作用于工件的力在水平面内构成一力偶。已知切制三个孔对工件的力偶矩分别为 $M_1=M_2=15$ N·m，$M_3=20$ N·m，固定螺栓 A 和 B 之间的距离 $l=0.2$ m。求两螺栓在工件平面内所受的力。

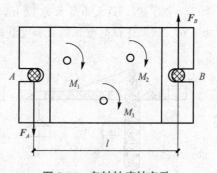

图 2-11　多轴钻床钻多孔

解：取工件为研究对象，工件在水平面内受三个力偶和两个螺栓的水平力作用，它们处于平衡状态。根据力偶系平衡条件，两螺栓对工件的约束反力必定组成力偶才能与三个力偶相平衡。约束反力 F_A、F_B 的方向如图 2-11 所示，建立如下平衡方程：

$$\sum M_i = 0 \quad F_A l - M_1 - M_2 - M_3 = 0$$

解得
$$F_A = F_B = \frac{M_1 + M_2 + M_3}{l} = \frac{15 + 15 + 20}{2 \times 10^{-1}} = 250 \text{ (N)}$$

2.4 静定与静不定问题及物系的平衡

2.4.1 静定与静不定问题的概念

一个刚体平衡时，未知量个数等于独立方程的个数，全部未知量可通过静力平衡方程求得。这类问题称为静定问题。

对于工程中的很多构件和结构，为了提高其可靠度，采用了增加约束的方法，因而其未知量个数超过了独立方程个数，仅用静力学平衡方程不可能求出所有的未知量。这类问题称为静不定问题。

求解力学问题，首先要判断研究的问题是静定的还是静不定的问题。图 2-12(a) 所示的力系是平面汇交力系，有三个未知量；图 2-12(b) 所示为一平面平行力系，有三个未知量。图 2-12(c) 所示结构受平面任意力系作用，但它有四个未知约束力。故这些问题中未知量个数都超过了能列出独立方程的个数，皆为静不定问题。对于静不定问题的求解，将在材料力学中讨论。

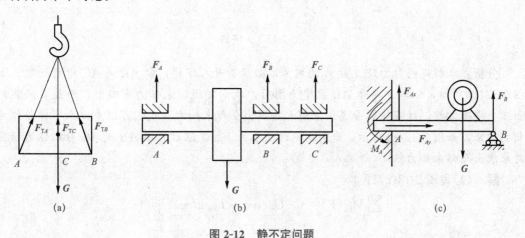

图 2-12 静不定问题

2.4.2 物体系统的平衡

工程中机构和结构都是由若干个物体通过一定形式的约束组合在一起的，称为物体系统，简称物系。

求解物系平衡问题的步骤如下：

(1)适当选择研究对象(研究对象可以是物系整体、单个物体，也可以是物系中几个物体组成的系统)，画出各研究对象的分离体的受力图。

(2)分析各受力图，确定求解顺序。研究对象的受力图可分为两类：一类是未知力数等于独立平衡方程数，称为是可解的；另一类是未知力数超过独立平衡方程数，称为是暂不可解的。若是可解的，应先选其为研究对象，求出某些未知量，再利用作用与反作用关系，增加其他受力图中的已知量，扩大求解范围。有时也可利用其受力特点，列平衡方程，解出部分未知量。如某物体受平面任意力系作用，有四个未知量，但有三个未知量汇交于一点(或三个未知量平行)，则可取该三力汇交点为矩心(或取垂直于三未知量的投影轴)，解出部分未知量。这也许是全题的突破口，因为由于某些未知量的求出逐步扩大了求解范围。

(3)根据确定的求解顺序，逐个列出平衡方程并求解。

【例 2-7】 如图 2-13(a)所示，人字梯由 AB、AC 两杆在 A 处铰接，并在 D、E 两点用水平线相连而成。梯子放在光滑的水平面上，有一重量为 G 的人攀登至梯上 H 处，如不计梯重，且已知 G、a、α、l、h。试求绳拉力与铰链支座 A 的内力。

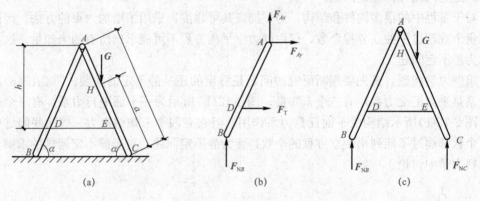

图 2-13 人字梯

分析：求解绳的拉力及支座 A 的内力，必须拆开人字梯，取 AB 或 AC 进行研究，如图 2-13(b)所示，但取分离体 AB 画受力图后，我们发现，未知力有四个，而最多只能列出三个平衡方程，故直接取分离体求解无法解出全部未知力。我们可以先以人字梯整体为研究对象，如图 2-13(c)所示，先解出地面支承力 F_{NB}，然后再以 AB 或 AC 分离体为研究对象求出全部未知力。

解：(1)由图 2-13(c)得

$$\sum M_C(\boldsymbol{F}) = 0 \quad Ga\cos\alpha - F_{NB}2l\cos\alpha = 0$$
$$F_{NB} = Ga/(2l)$$

(2)由图 2-13(b)得

$$\sum F_y = 0 \quad F_{Ay} + F_{NB} = 0$$
$$F_{Ay} = -F_{NB} = -Ga/(2l)$$
$$\sum M_A(\boldsymbol{F}) = 0 \quad F_T h - F_{NB}l\cos\alpha = 0$$
$$F_T = Ga\cos\alpha/(2h)$$
$$\sum F_x = 0 \quad F_{Ax} + F_T = 0$$
$$F_{Ax} = -F_T = -Ga\cos\alpha/(2h)$$

【例 2-8】 一构件如图 2-14(a)所示。已知 $\boldsymbol{F}$ 和 a，且 $F_1 = 2F$。试求两固定铰链支座

A、B 和铰链 C 的约束力。

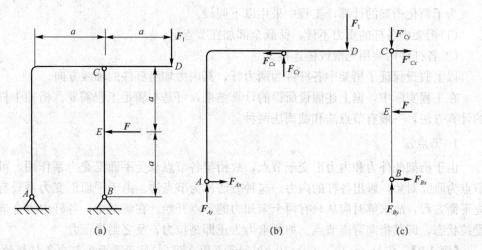

图 2-14　物系受力

解：（1）分别取构件 AD 及 BC 为研究对象，画出各自分离体的受力图，如图 2-14 (b)、(c)所示。

（2）图 2-14(b)有四个未知力，不可解；图 2-14(c)有四个未知力，但存在三个未知力汇交于一点，故可先求出 F_{Bx} 和 F_{Cx}，即

$$\sum M_C(\boldsymbol{F}) = 0 \quad F_{Bx} \times 2a - Fa = 0$$

$$F_{Bx} = F/2$$

$$\sum F_x = 0 \quad F'_{Cx} - F + F_{Bx} = 0$$

$$F'_{Cx} = F - F_{Bx} = F - \frac{F}{2} = \frac{F}{2}$$

解出 F'_{Cx} 后，图 2-14(b)中的 F_{Cx} 变为已知量，因而成为可解，即

$$\sum M_A(\boldsymbol{F}) = 0 \quad F_{Cy}a + F_{Cx} \times 2a - F_1 \times 2a = 0$$

$$F_{Cy} = 2F_1 - 2F_{Cx} = 4F - 2F_{Cx} = 3F$$

$$\sum F_y = 0 \quad F_{Ay} + F_{Cy} - F_1 = 0$$

$$F_{Ay} = F_1 - F_{Cy} = -F$$

$$\sum F_x = 0 \quad F_{Ax} - F_{Cx} = 0$$

$$F_{Ax} = \frac{F}{2}$$

再回到图 2-14(c)中

$$\sum F_y = 0 \quad F_{By} - F'_{Cy} = 0$$

$$F_{By} = 3F$$

■ 2.4.3　平面静定桁架内力的计算

工程中的屋架、铁架桥梁、电视塔、输变电铁架等，都是桁架结构。

桁架是由一些杆件彼此在两端连接而组成的一种结构。各杆件处于同一平面内的桁架

称为平面桁架。桁架中各构件彼此连接的地方称为节点。

为了简化桁架的计算，工程中采用以下假设：

（1）桁架中各杆的重力不计，荷载全部加在节点上。

（2）各杆件两端用光滑铰链连接。

以上假设保证了桁架中各杆件为两力杆，其内力均沿杆件的轴线方向。

在工程实际中，据上述假设所得的计算结果，可基本满足工程需要。桁架中杆件内力的计算方法，一般有节点法和截面法两种。

1. 节点法

由于桁架的外力和内力汇交于节点，故桁架各节点承受平面汇交力系作用，可逐个取节点为研究对象，解出各杆的内力。这种方法称为节点法。由于平面汇交力系只有两个独立平衡方程，故求解时应从只有两个未知力的节点开始。在解题中，各杆内力全部假设为受拉状态，即其指向背离节点。如所求力为正即是拉力，反之则为压力。

【例 2-9】 已知 $\alpha = 30°$，$G = 10\ \text{kN}$，试求图 2-15（a）所示平面桁架中各杆件的内力。

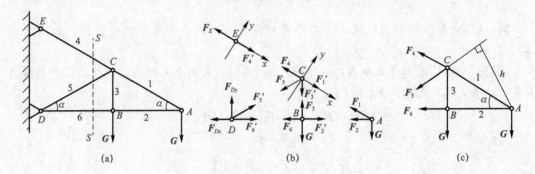

图 2-15 平面桁架

解：（1）取各节点为研究对象，画出各节点的受力图，并选取各节点坐标，如图 2-15（b）所示。

（2）逐个取节点，列平衡方程，即

A 节点

$$\sum F_y = 0 \quad F_1 \sin 30° - G = 0 \quad F_1 = 20\ \text{kN}$$

$$\sum F_x = 0 \quad -F_1 \cos 30° - F_2 = 0 \quad F_2 = -17.3\ \text{kN}$$

B 节点

$$\sum F_x = 0 \quad F_2' - F_6 = 0 \quad F_6 = -17.3\ \text{kN}$$

$$\sum F_y = 0 \quad F_3 - G = 0 \quad F_3 = 10\ \text{kN}$$

C 节点

$$\sum F_y = 0 - F_5 \cos 30° - F_3' \cos 30° = 0 \quad F_5 = -10\ \text{kN}$$

$$\sum F_x = 0 \quad F_1' - F_4 + F_3' \sin 30° - F_5 \sin 30° = 0 \quad F_4 = 30\ \text{kN}$$

2. 截面法

截面法是用一个假想截面将桁架切开，任取一半为研究对象；在切开处画出杆件的内力，分离体受平面任意力系作用，它可解三个未知力。解题时应注意两点：

(1)截面必须将桁架切成两半，不能有一根杆件相连。

(2)每取一次截面，一般情况下截开的杆件中未知力不应超过三个。

【例 2-10】 试用截面法求出例 2-9 中 4、5、6 三杆的内力。

解：取截面 S 将桁架截开，留右侧，如图 2-15(c)所示。

列平衡方程如下：

$$\sum M_C(\boldsymbol{F}) = 0 \quad -G \times AB - F_6 \times BC = 0 \quad F_6 = -17.3 \text{ kN}$$

$$\sum M_A(\boldsymbol{F}) = 0 \quad F_5 h + G \times AB = 0 \quad F_5 = -10 \text{ kN}$$

$$\sum F_y = 0 \quad F_4 \sin 30° - F_5 \sin 30° - 2G = 0 \quad F_4 = 30 \text{ kN}$$

2.5 考虑摩擦时的平衡问题

摩擦是一种普遍的现象。在一些问题中，由于其不是主要因素，故设想了一种理想化的状态，常将摩擦忽略不计。但在很多工程技术问题中，它可能成为一个不容忽略的重要因素。

摩擦广泛存在于实际生活和生产中。如人靠摩擦行走，车靠摩擦制动，螺钉无摩擦将自动松开，带轮无摩擦将无法传动，这些都是摩擦有利的一面；但是，摩擦还会损坏机件、降低效率、消耗能量等，这是摩擦有害的一面。

一般可将摩擦现象按如下分类：

(1)按照物体接触部分可能存在的相对运动，分为滑动摩擦与滚动摩擦。

(2)按照两接触体之间是否发生相对运动，分为静摩擦与动摩擦。

(3)按接触面之间是否有润滑，可分为干摩擦与湿摩擦。

本节重点介绍无润滑的静滑动摩擦的性质，以及考虑摩擦时力系平衡问题的分析方法。

2.5.1 滑动摩擦

两个相互接触的物体发生相对滑动，或存在相对滑动趋势时，彼此之间就有阻碍滑动的力存在，此力称为滑动摩擦力。滑动摩擦力作用于接触处的公切面上，并与物体间滑动方向或滑动趋势的方向相反。

1. 静滑动摩擦

图 2-16 所示为库仑摩擦试验，设重为 G 的物体放在一个固定的水平面上，并受到一个水平方向的拉力 F_T 作用。当拉力较小时，

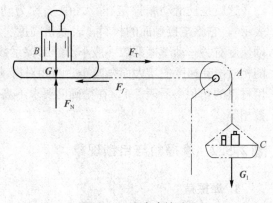

图 2-16 库仑摩擦试验

物体不动但有向右滑动趋势。由于此时物体处于水平平衡状态，因此，在其接触面上除了有一个法向反力 F_N 外，还存在一个阻止物体滑动的力 F_f，力 F_f 就是静滑动摩擦力，它的方向与物体运动趋势的方向相反，大小可根据平衡方程求得。

$$\sum F_x = 0 \quad F_T - F_f = 0$$

即

$$F_f = F_T$$

由上式可知，静摩擦力 F_f 随着主动力 F_T 的增大而增大。当拉力 F_T 增大到某一极限值时，物体处于将要滑动而尚未滑动的临界状态（也称为临界平衡状态），此时静摩擦力达到最大值，称为最大静滑动摩擦力（简称最大静摩擦力），用 $F_{f\max}$ 表示。

即

$$0 \leqslant F_f \leqslant F_{f\max} \tag{2-11}$$

这说明，如果水平力 F_T 的值不超过 $F_{f\max}$，则由于摩擦力的存在，物体总能保持平衡（相对静止）。

试验证明，最大静摩擦力的大小与两物体间的正压力成正比。

即

$$F_{f\max} = f_s \cdot F_N \tag{2-12}$$

这就是静摩擦定律。式中的比例常数 f_s（或 μ_s）称为静滑动摩擦系数，简称静摩擦系数。f_s 的大小主要取决于接触物体的材料、接触面的粗糙程度、温度、湿度等，而与接触面积的大小无关。f_s 值可从有关工程手册中查取。表 2-1 列出了部分常用材料的滑动摩擦系数。

表 2-1　常用材料的滑动摩擦系数

材料名称	静滑动摩擦系数 f_s（或 μ_s）	动滑动摩擦系数 f（或 μ）
钢对钢	0.15	0.15
钢对青铜	0.15	0.15
钢对铸铁	0.3	0.18
木材对木材	0.4～0.6	0.2～0.5

2. 动滑动摩擦力和动摩擦定律

在图 2-16 中，当主动力 F_T 增大到略大于 $F_{f\max}$ 时，最大静摩擦力不能阻止物体运动，物体开始滑动，这时接触面间的摩擦力就是动滑动摩擦力，它的方向与相对运动速度的方向相反。试验证明，动滑动摩擦力 F_f' 的大小也与接触面上的法向反力 F_N 成正比，即

$$F_f' = f \cdot F_N \tag{2-13}$$

这就是动滑动摩擦定律。式中 f 称为动滑动摩擦系数（简称动摩擦系数，也可用 μ 表示），它除与接触面的材料、表面粗糙度、温度、湿度等有关外，还与物体间的相对滑动速度有关。动摩擦系数一般小于静摩擦系数，即 $f < f_s$。在大多数情况下，动摩擦系数随相对滑动速度的增大而稍减小。当相对滑动速度不大时，f 可近似地认为是个常数，常用材料的 f 值参看表 2-1。在精确度要求不高时，可以近似地认为动摩擦系数与静摩擦系数相等。

■ 2.5.2　摩擦角与自锁现象

1. 摩擦角

如图 2-17(a)所示，将支承面对物块的法向反力 F_N 和静摩擦力 F_f 合成，得到一个合

力 F_R，称为全约束反力，简称全反力；将主动力 F_T 和 G 合成一个力 F_Q。

设 F_Q 与接触面法线的夹角为 α，全反力 F_R 与接触面法线的夹角为 φ，于是物块在主动力合力 F_Q 和全约束反力 F_R 的作用下平衡，此时 $\alpha=\varphi$，静摩擦力 F_f 是个有界值，所以 φ 也是有界值，即 $0 \leqslant \varphi \leqslant \varphi_m$，$\varphi_m$ 为物块处于临界平衡状态时，全反力与接触面法线夹角的最大值，称为摩擦角。

由图 2-17(b)可得

$$\tan\varphi_m = \frac{F_{f\max}}{F_{Ns}} \tag{2-14}$$

即摩擦角 φ_m 的正切等于静摩擦系数。可见摩擦角与静摩擦系数一样，也是表示摩擦性质的物理量。

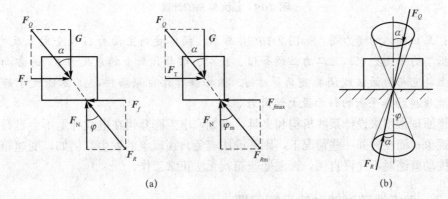

图 2-17　摩擦角

2. 自锁

由前可知，物体静止平衡时，由于摩擦力 F_f 的大小总是小于或等于最大静摩擦力 $F_{f\max}$，因此支承面的全反力 F_R 与接触面法线的夹角 α 也总是小于或等于摩擦角 φ_m，即 $0 \leqslant \alpha \leqslant \varphi_m$，这表明，物体平衡时全反力作用线的位置不可能超出摩擦角的范围。

如果作用于物体的主动力的合力 F_Q 的作用线位于摩擦角范围内，如图 2-18(a)、(b)所示，则不论该力有多大，总有一个全反力 F_R 与它平衡。如果主动力的合力 F_Q 作用线位于摩擦角之外，全反力就不可能再与 F_Q 共线，物体也不能再保持平衡，如图 2-18(c)所示。这种物体的平衡条件与主动力大小无关，而与其方向有关的现象称为自锁现象。

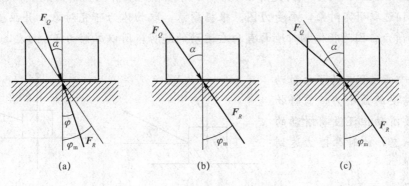

图 2-18　自锁

(a)$\alpha < \varphi_m$；(b)$\alpha = \varphi_m$；(c)$\alpha > \varphi_m$

由此可知，自锁的条件：

$$\alpha \leqslant \varphi_{\mathrm{m}} \tag{2-15}$$

【例 2-11】 在倾角为 α 的斜面上放一物体，如图 2-19(a)所示，物体只受一个重力 $\boldsymbol{G}$ 的作用，物体与斜面间的静摩擦系数为 f_{s}。求物体保持平衡时，斜面的最大倾角 α_{m}。

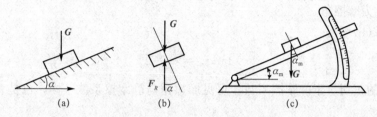

图 2-19 最大倾角的计算

解：画出物体的受力图，如图 2-19(b)所示，物体受到主动力 $\boldsymbol{G}$ 及全约束反力 $\boldsymbol{F}_R$ 的作用。据二力平衡公理，此二力必须等值、反向、共线，故全约束反力 $\boldsymbol{F}_R$ 的方向应沿铅垂线向上，它与斜面法线间的夹角等于 α。根据静摩擦自锁条件，α_{m} 不能大于静摩擦角 φ_{m}，故能保持物体平衡的斜面最大倾角为 φ_{m}。

自锁原理常用来设计某些机构和夹具，例如，电工脚套钩在电线杆上不会自行下滑就是自锁现象；而在另外一些情况下，则要设法避免自锁现象的发生，例如，变速箱中滑移齿轮的拨动就绝对不允许自锁，否则变速箱就无法正常工作。

2.5.3 考虑滑动摩擦时的平衡问题

1. 解析法

在受力较多的情况下，通常采用解析法来求解。有摩擦时的平衡问题的解析法与一般静力学问题的解析法不同之处在于：

(1)在分析物体受力时要考虑摩擦力。它的方向与物体的运动趋势相反。

(2)摩擦力是一项未知量。解题时，除列出平衡方程外，还需增加补充方程，补充方程数与摩擦力数相同。不过，由于摩擦力来自临界值，故问题的解答也一定是平衡范围的一个临界值。

【例 2-12】 如图 2-20(a)所示，用力 $\boldsymbol{F}$ 拉一重量为 $G = 500 \text{ N}$ 的物体，物体与地面的摩擦系数 $f_{\mathrm{s}} = 0.2$，绳与水平面夹角 $\alpha = 30°$，试求拉动此物体所需要的最小拉力 $F_{\min}$。

解：(1)选取研究对象，画受力图。根据题意，取物体为研究对象，并画受力图，如图 2-20(b)所示。因为物体相对地面有向右运动的趋势，所以摩擦力 $\boldsymbol{F}_f$ 向左，$\boldsymbol{F}_N$ 为法向约束反力。

(2)列平衡方程。为了求拉动此物体所需要的最小力，需将物体看作将要滑动但还没有滑动的临界平衡状态，此时摩擦力达到最大值。即

$$F_{f\max} = f_{\mathrm{s}} F_{\mathrm{N}} \qquad ①$$

按图 2-20(b)列平衡方程：

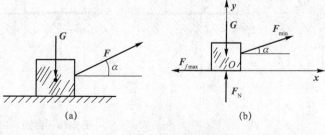

图 2-20 平面受拉物体

$$\sum F_x = 0 \quad F_{min}\cos\alpha - F_{f max} = 0 \qquad ②$$

$$\sum F_y = 0 \quad F_{min}\sin x - G + F_N = 0 \qquad ③$$

(3)解方程，求出未知量。

由③式得 $F_N = G - F_{min}\sin\alpha$，将其代入①得

$$F_{f max} = f_s(G - F_{min}\sin\alpha)$$

将其代入②得

$$F_{min}\cos\alpha - f_s G + f_s F_{min}\sin\alpha = 0$$

又

$$F_{min}(\cos\alpha + f_s\sin\alpha) = f_s G$$

故

$$F_{min} = \frac{f_s G}{\cos\alpha + f_s\sin\alpha} = \frac{0.2 \times 500}{\cos 30° + 0.2 \times \sin 30°} \approx 103.5(\text{N})$$

因此，拉动此物体所需最小拉力 $F_{min} = 103.5$ N。

【例 2-13】 制动器的构造和主要尺寸如图 2-21(a)所示，制动块与鼓轮表面间的静摩擦因数为 f_s，试求制动鼓轮转动所必需的最小力 F_{min}。

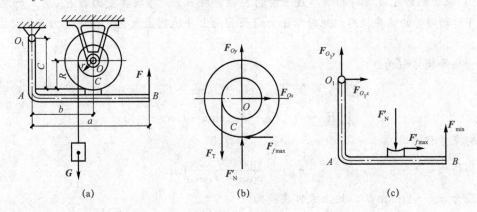

图 2-21 制动器

解：(1)取制动轮为研究对象，画受力图，如图 2-21(b)所示；并选取 O 为矩心，建立平衡方程：

$$\sum M_O(\boldsymbol{F}) = 0 \quad F_T R = F_{f max} R = 0$$

补充方程：

$$F_T = G$$

解方程得

$$F_{f max} = \frac{r}{R}F_T = \frac{r}{R}G$$

(2)再取制动杆 $O_1 AB$ 为研究对象，画其受力图，如图 2-21(c)所示，选取 O_1 为矩心，并建立平衡方程和补充方程。

$$\sum M_{O_1}(\boldsymbol{F}) = 0 \quad F_{min}\alpha + F'_{f max}C - F'_N b = 0 \qquad ①$$

补充方程：

$$F'_{f max} = F_{f max} = \frac{r}{R}G \qquad ②$$

$$F'_N = F_N = \frac{F_{f max}}{f_s} = \frac{rG}{Rf_s} \qquad ③$$

解联立方程得

$$F_{min} = \frac{Gr}{aR}\left(\frac{b}{f_s} - C\right)$$

【例 2-14】 重力为 G 的物块放在倾角为 α 的斜面上，如图 2-22(a)所示，物块与斜面间的静摩擦因数为 f_s，当 $\tan\alpha > f_s$ 时，求使物块静止时水平力 F 的大小。

解： 要使物块静止，F 值不能太大，也不能太小。若 F 值过大，物块将向上滑动；若 F 值太小，则物块将向下滑动。因此，力 F 的数值必然在某一范围内。

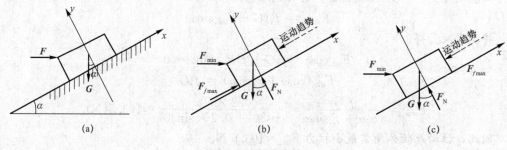

图 2-22 斜面摩擦

(1)求出刚好足以维持物块不致下滑的 F 值，即 F_{min}。当物体受力为 F_{min} 时，物块处于有向下滑动趋势的临界状态，此时摩擦力沿斜面向上并达到最大值。物块受力如图 2-22(b)所示。

物块平衡方程为

$$\sum F_x = 0 \quad F_{min}\cos\alpha - G\sin\alpha + F_{f\max} = 0$$

$$\sum F_y = 0 \quad F_N - F_{min}\sin\alpha - G\cos\alpha = 0$$

补充方程： $$F_{f\max} = f_s F_N$$

解得 $$F_{min} = \frac{\sin\alpha - f_s\cos\alpha}{\cos\alpha + f_s\sin\alpha}G$$

因为 $\varphi_m = \arctan f_s$，故上式可化简为

$$F_{min} = G\tan(\alpha - \varphi_m)$$

(2)求物块不致上移时的 F 值，即 F_{max}。物块在 F_{max} 的作用下处于有向上滑动趋势的临界平衡状态，所以摩擦力沿向下并达到最大值，物块受力如图 2-22(c)所示。

物块平衡方程为

$$\sum F_x = 0 \quad F_{max}\cos\alpha - G\sin\alpha - F_{f\max} = 0$$

$$\sum F_y = 0 \quad F_N - F_{max}\sin\alpha - G\cos\alpha = 0$$

补充方程： $$F_{f\max} = f_s F_N$$

解得 $$F_{max} = \frac{\sin\alpha + f_s\cos\alpha}{\cos\alpha - f_s\sin\alpha}G$$

同样可化简为

$$F_{max} = G\tan(\alpha + \varphi_m)$$

综合以上结果可知，使物块静止的水平力 F 的值应为

$$G\tan(\alpha - \varphi_m) \leqslant F \leqslant G\tan(\alpha + \varphi_m)$$

2. 几何法

将接触面的切向和法向约束力合成表示为全约束力 F_R 后，若物体平衡问题所涉及的力不超过三个，则用几何法求解比较简便。

【例 2-15】 用几何法求解例 2-14。

解：分别画出 F_{max} 与 F_{min} 作用下两种临界状态的受力图，如图 2-23(a)、(c)所示。

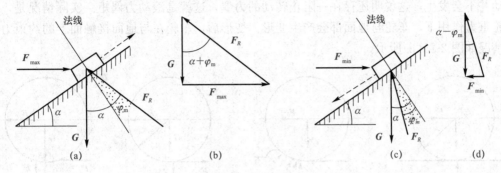

图 2-23　几何法

图 2-23(a)中，将法向反力和最大静摩擦力用全反力 F_R 来代替，这时物块在 G、F_R、F_{max} 三个力作用下平衡。根据汇交力系平衡的几何条件可知，这三个力构成一个封闭的力三角形，如图 2-23(b)所示。求得水平推力 F 的最大值为

$$F_{max} = G\tan(\alpha + \varphi_m)$$

同样，可以画出物块处于向下滑动临界状态时的受力图，如图 2-23(c)所示，作封闭的力三角形如图 2-23(d)所示。得水平推力 F 的最小值为

$$F_{min} = G\tan(\alpha - \varphi_m)$$

综合以上两个结果，可得水平力 F 的取值范围为

$$G\tan(\alpha - \varphi_m) \leqslant F \leqslant G\tan(\alpha + \varphi_m)$$

与例 2-14 的计算结果完全相同。

在此例题中，如果斜面的倾角小于摩擦角，即 $\alpha < \varphi_m$ 时，水平推力 F 为负值。这说明，此时物块不需要力 F 的支持就能静止于斜面上；而且无论重力 G 的值多大，物块也不会下滑，这就是自锁现象。

■ 2.5.4　滚动摩擦简介

当搬运重物时，若在重物底下垫辊轴，比直接放在地面上推动省力得多。这说明用辊轴的滚动来代替箱底的滑动，所受的阻力要小得多[图 2-24(a)]。车辆用车轮，机器中用滚动轴承，就是利用了这个道理[图 2-24(b)]。

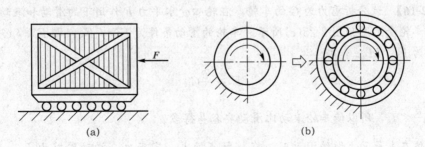

图 2-24　滚动摩擦实例

将一重力为 G 的车轮放在地面上，在车轮上加一微小的水平拉力 F，此时车轮与地面

接触处就会产生一摩擦阻力 F_f，以阻止车轮滑动。由图 2-25(a)可见，主动力 F 与滑动摩擦力 F_f' 组成一力偶，其值为 F_r，不论它有多小，它都将驱使车轮转动。其实，若 F 不大，转动并不会发生，这说明还存在一阻止转动的力偶，这就是滚动力偶矩。实际情况是，在车轮重力作用下，车轮与地面都会产生变形。变形后，车轮在与地面接触面上的约束力分析情况如图 2-25(b)所示。

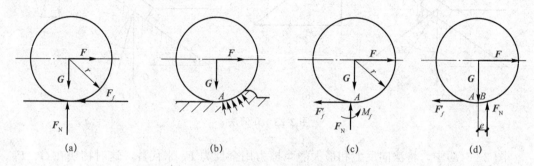

图 2-25　车轮滚动

若将这些分布约束力向点 A 简化，可得法向约束力 F_N(正压力)、切向有限约束力 F_f' (滑动摩擦力)及滚动摩擦力偶 M_f，如图 2-25(c)所示。当 F 逐渐增加时，M_f 也会增加，但也有一最大值 M_{fmax}；当 F 再增加，滚动就开始了。

试验表明，滚动摩擦力偶的最大值 M_{fmax} 与两个互相接触物体间的法向约束力成正比，即

$$M_{fmax} = \delta F_N \qquad (2\text{-}16)$$

这就是库仑滚动摩擦定理。式中，常数 δ 的单位是 mm，可视为接触面的法向约束力与理论接触点的偏离最大值 e，如图 2-25(d)所示，称为滚动摩擦系数。该因数取决于相互接触物体表面的材料性质和表面状况，可由试验得到。表 2-2 给出了几种常见材料的滚动摩擦因数参考值。通常接触处变形越小，δ 值就越小。

表 2-2　滚动摩擦系数 δ　　　　　　　　　　　　　　　　mm

摩擦材料	δ	摩擦材料	δ
软钢对软钢	0.05	铸铁对铸铁	0.05
淬火钢对淬火钢	0.01	火车轮对钢轨	0.5～0.7

【例 2-16】　试分析重力为 G 的车轮，在轮心受水平力 F 作用下的滑动和滚动条件。

解：车轮受力图如图 2-25(c)所示。车轮的滑动条件为 $F > f_s F_N$，即 $F > f_s G$；车轮的滚动条件为 $F_r > M_{fmax}$，即

$$F > \frac{\delta}{r} G$$

由于 $\dfrac{\delta}{r} \ll f_s$，所以使车轮滚动比滑动要容易得多。

当物体在支承面上做纯滚动时，在接触点处也一定产生一滑动摩擦力 F_f，但它并未达到最大值，也不是动摩擦力。其值在静力学问题中要由平衡方程求得，在动力学问题中则要由动力学方程解出。

工作手册

【任务名称】 求解飞机起落架约束力	参考学时： 1 学时

【项目团队】

【任务实施关键点】

实施条件：

工序	工作步骤	实施方案（列关键作业点，详记在工作活页）
1. 起落架的 受力分析	绘制主动力	
	绘制约束反力	
2. 约束 反力求解	建立平衡方程	
	求解 A、B 点约束反力	
工作小结		
评价		

工作笔记

习 题

2-1　图 2-26 所示三角支架由杆 *AB*、*AC* 铰接而成，在 *A* 处作用有重力 *G*，分别求出图中 4 种情况下杆 *AB*、*AC* 所受的力（杆不计自重）。

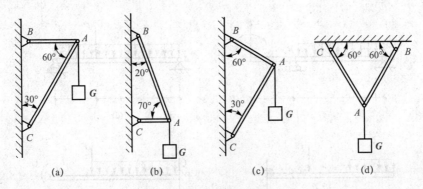

图 2-26　习题 2-1 图

2-2　如图 2-27 所示，简支梁受力 *F* 的作用，已知 $F=20$ kN，求下列两种情况中支座 *A*、*B* 两处的约束反力。

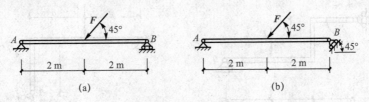

图 2-27　习题 2-2 图

2-3　求图 2-28 中各梁的支座反力（不计杆重）。

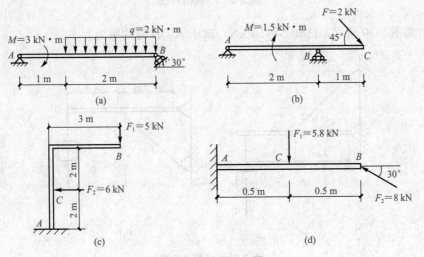

图 2-28　习题 2-3 图

2-4　如图 2-29 所示，已知 q、a，$F=qa$ 且 $M=qa^2$。求各梁的支座反力。

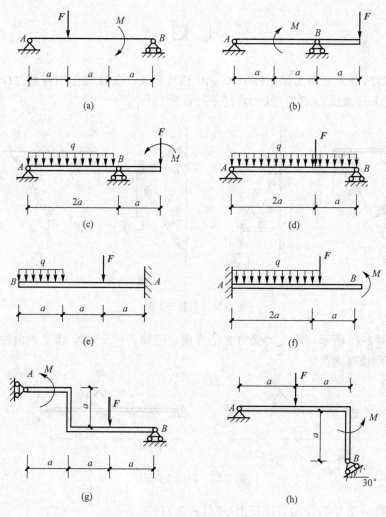

图 2-29　习题 2-4 图

2-5　如图 2-30 所示，已知 $G=10$ kN，试求 A、B 处约束力。

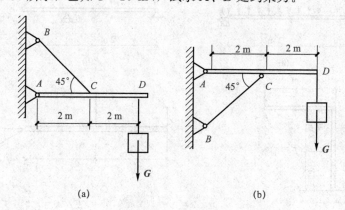

图 2-30　习题 2-5 图

2-6　已知 $G=5$ kN，试求图 2-31 所示两支架各支承点的约束力。

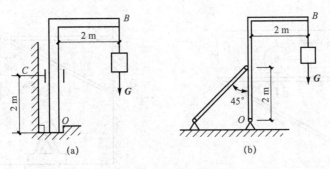

图 2-31 习题 2-6 图

2-7 悬重 $G=5$ kN，滑轮直径 $d=0.2$ m，其他尺寸如图 2-32 所示，试分别求图中三种情况下立柱固定端 A 处的支座约束力。

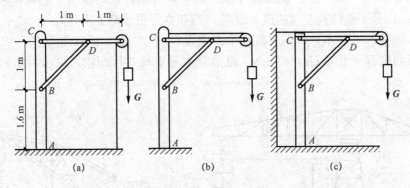

图 2-32 习题 2-7 图

2-8 如图 2-33 所示，重力为 G 的球夹在墙和匀质杆 AB 之间。AB 杆的重量为 $G_Q=4G/3$，长为 l，$AD=2l/3$。已知 G、$\alpha=30°$，求绳子 BC 的拉力和铰链 A 的约束力。

2-9 在图 2-34 所示平面构架中，已知 F、a。试求 A、B 两支座的约束力。

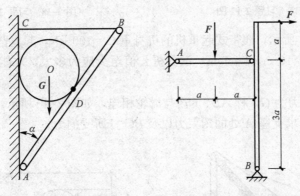

图 2-33 习题 2-8 图   图 2-34 习题 2-9 图

2-10 如图 2-35 所示，重量 $G=5$ kN 的电动机，放置在三角支架 ABC 上，支架由杆 AB 和 BC 组成，A、B、C 三处均为铰链。不考虑各杆的自重，求杆 BC 的受力。

2-11 如图 2-36 所示，物体重量 $G=20$ kN，用绳子挂在支架的滑轮 B 上，绳子的另一端接在绞车 D 上。转动绞车，物体便能升起，设滑轮的大小及其中摩擦略去不计，A、B、C 三处均为铰链连接。当物体处于平衡时，求拉杆 AB 和支杆 CB 所受的力。

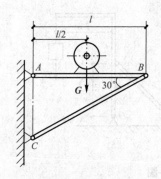

图 2-35 习题 2-10 图

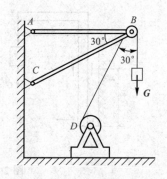

图 2-36 习题 2-11 图

2-12 如图 2-37 所示,移动式起重机重量 $G_1 = 500$ kN,其重心在离右轨 1.5 m 处。起重机的起重量 $G_2 = 250$ kN。欲使跑车满载或空载时起重机均不至于翻倒,求平衡锤的最小重量 G_3 以及平衡锤到左轨的最大距离 x(跑车本身重量略去不计)。

2-13 如图 2-38 所示,汽车起重机车体重力 $G_1 = 26$ kN,吊臂重力 $G_2 = 4.5$ kN,起重机旋转及固定部分重力 $G_3 = 31$ kN。设吊臂在起重机对称面内,试求汽车的最大起重量 G。

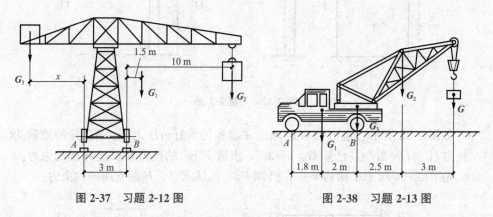

图 2-37 习题 2-12 图   图 2-38 习题 2-13 图

2-14 如图 2-39 所示,履带式起重机的机身重 $G = 100$ kN,起重臂重 $G_1 = 20$ kN,悬臂重 $G_2 = 20$ kN,$l = 10$ m,$b = 7$ m。试分析 a 值至少应为多大,才能保证此起重位置保持平衡。

2-15 重物的重力为 G,杆 AB、CB 与滑轮相连,如图 2-40 所示。已知 G 和 $\alpha = 45°$,不计滑轮的自重力,求支座 A 处的约束力以及 BC 杆所受的力。

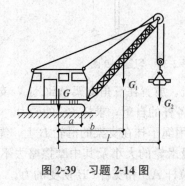

图 2-39 习题 2-14 图

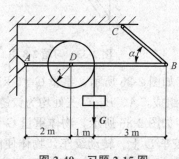

图 2-40 习题 2-15 图

2-16　如图 2-41 所示，构架的 DF 杆中点有一销钉 E 套在 AC 杆的导槽内。已知 **F**、a，试求 B、C 两支座的约束力。

2-17　汽车地秤如图 2-42 所示，BCE 为整体台面，杠杆 AOB 可绕 O 轴转动，B、C、D 三点均为铰链连接，已知砝码重 G_1，尺寸 l、a；不计其他构件自重，试求汽车自重 G_2。

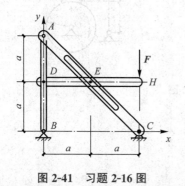

图 2-41　习题 2-16 图

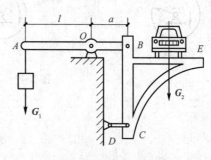

图 2-42　习题 2-17 图

2-18　已知 $\alpha=45°$，$F=50\sqrt{2}$ kN。试求图 2-43 所示桁架中杆 1、2、3、4、5 的内力。

2-19　如图 2-44 所示，斜面上的物块重力 $G=980$ N，物块与斜面间的静摩擦系数 $f_s=0.20$，动摩擦系数 $f=0.17$。当水平主动力分别为 $F=500$ N 和 $F=100$ N 两种情况时：

(1)问物块是否滑动？

(2)求实际摩擦力的大小和方向。

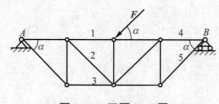

图 2-43　习题 2-18 图

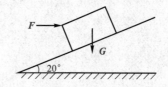

图 2-44　习题 2-19 图

2-20　如图 2-45 所示，梯子 AB 重力为 $G=200$ N，靠在光滑墙上，梯子长为 $l=3$ m，已知梯子与地面间的静摩擦系数为 0.25，今有一重力 650 N 的人沿梯子向上爬，若 $\alpha=60°$，求人能够达到的最大高度。

2-21　如图 2-46 所示，砖夹宽 280 mm，爪 AHB 和 BCED 在 B 点处铰接，尺寸如图所示。被提起的砖重力为 **G**，提举力 **F** 作用在砖夹中心线上。若砖夹与砖之间的静摩擦系数 $f_s=0.5$，则尺寸 b 应为多大，才能保证砖被夹住不滑掉？

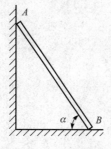

图 2-45　习题 2-20 图

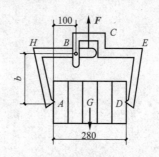

图 2-46　习题 2-21 图

2-22　有三种制动装置如图 2-47 所示。已知圆轮上转矩为 M，几何尺寸 a、b、c 及圆轮同制动块 K 间静摩擦因数 f_s。试求制动所需要的最小力 F 的大小。

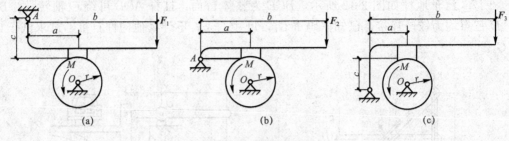

图 2-47　习题 2-22 图

空间力系

教学目标

能力目标

能运用空间力系知识进行空间受力分析、求解未知力并解决实际问题。

知识目标

(1)掌握空间力系平衡方程。

(2)掌握空间力系平衡方程的应用。

(3)掌握空间力系解决平衡问题的方法。

素质目标

培养严谨、细心、全面、追求高效、精益求精的职业素质;沟通协调能力和团队合作精神、敬业精神。

▱▱ 下达任务

阅读任务,在工作手册中完成任务。

如图所示,已知减速器中轴 I 传递的功率 P_I = 10 kW,转速 n_I = 300 r/min,直径 d_I = 60 mm,轴 Ⅱ 传递的功率 $P_Ⅱ$ = 9.5 kW,转速 $n_Ⅱ$ = 100 r/min,直径 $d_Ⅱ$ = 65 mm,大带轮给 I 轴的径向荷载为 1 kN,减速器箱体宽 l = 150 mm,小齿轮直径 D_1 = 120 mm,大齿轮直径 D_2 = 360 mm,斜齿轮螺旋角 β = 14°,试计算齿轮啮合处的受力以及轴承的约束反力。

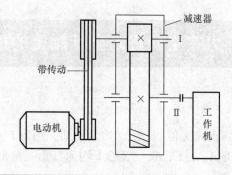

理论学习

力系中各力的作用线不在同一平面内,该力系称为空间力系。

空间力系按各力分布作用线的情况,可分为空间汇交力系、空间平行力系与空间任意力系。图 3-1(a)所示为桅杆起重机,图 3-1(b)所示为脚踩杆,图 3-1(c)所示为手摇钻,它们都是空间力系的实例。

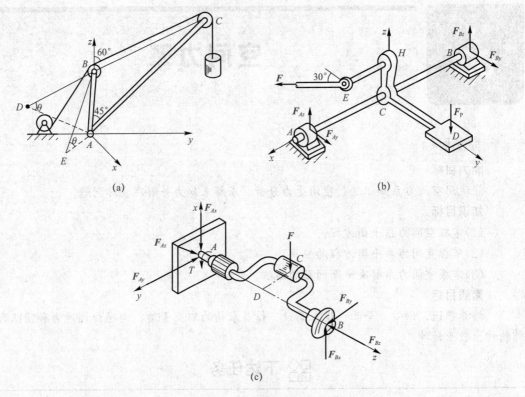

图 3-1　空间力系实例

本项目讨论力在空间直角坐标轴上的投影、力对轴之矩的概念与运算以及空间力系平衡问题的求解方法。

3.1　力在空间直角坐标轴上的投影

■ 3.1.1　直接投影法

若力 $\boldsymbol{F}$ 与 x、y、z 轴的正向夹角 α、β、γ 均为已知。则力 $\boldsymbol{F}$ 在空间的方位就已完全确定。如图 3-2(a)所示，$\triangle OBA$、$\triangle OCA$、$\triangle ODA$ 均为直角三角形，所以力 $\boldsymbol{F}$ 可直接在三个坐标轴上投影，故有

$$
\begin{aligned}
F_x &= \pm F\cos\alpha \\
F_y &= \pm F\cos\beta \\
F_z &= \pm F\cos\gamma
\end{aligned}
\tag{3-1}
$$

正负规定：投影方向与坐标轴正向相同为正，反之，则为负。

■ 3.1.2　二次投影法

如图 3-2(b)所示，若已知力 $\boldsymbol{F}$ 与 z 轴的夹角 γ 以及力 $\boldsymbol{F}$ 与 z 轴所组成的平面与 x 轴的

夹角 φ，则力 F 在 x、y、z 轴的投影计算可分两步进行：即先将力 F 分解到 z 轴和 xOy 坐标平面上，以 F_z 和 F_{xy} 表示；然后将 F_{xy} 投影到 x、y 轴上，最后求出力 F 在 x、y 两坐标轴上的投影。其方程为

$$F \rightarrow \begin{cases} F_{xy} = F\sin\gamma \\ F_z = F\cos\gamma \end{cases} \rightarrow \begin{cases} F_x = F_{xy}\cos\varphi = F\sin\gamma\cos\varphi \\ F_y = F_{xy}\sin\varphi = F\sin\gamma\sin\varphi \end{cases} \tag{3-2}$$

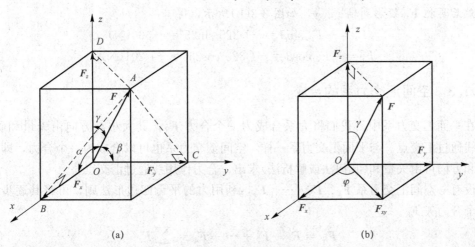

图 3-2　空间力的投影

(a)直接投影；(b)二次投影

反之，如果力 F 在 x、y、z 三轴的投影分别为 F_x、F_y、F_z，也可以求出力 F 的大小和方向。其方法为

$$\left. \begin{array}{l} F = \sqrt{F_{xy}^2 + F_z^2} = \sqrt{F_x^2 + F_y^2 + F_z^2} \\ \cos\alpha = \left|\dfrac{F_x}{F}\right|, \quad \cos\beta = \left|\dfrac{F_y}{F}\right|, \quad \cos\gamma = \left|\dfrac{F_z}{F}\right| \end{array} \right\} \tag{3-3}$$

【例 3-1】　已知圆柱斜齿轮所受的齿合力 $F_n = 1\,410$ N，齿轮压力角 $\alpha = 20°$，螺旋角 $\beta = 25°$（图 3-3）。试计算斜齿轮所受的圆周力 F_t、轴向力 F_a 和径向力 F_r。

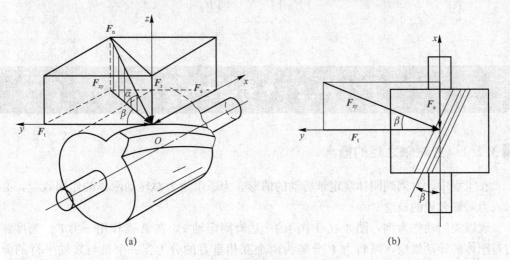

(a)　　　　　　　　　　　　　(b)

图 3-3　斜齿轮受力分析

解：取坐标系如图 3-3(a)所示，使 x、y、z 分别沿齿轮的轴向、圆周的切线方向和径向。先把齿合力 $\boldsymbol{F}_n$ 向 z 轴和 Oxy 坐标平面投影，得

$$F_r = - F_n \sin\alpha = -1\,410\,\sin20° = -482(\mathrm{N})$$

$\boldsymbol{F}_n$ 在 Oxy 平面上的分力 $\boldsymbol{F}_{xy}$，其大小为

$$F_{xy} = F_n \cos\alpha = 1\,410\,\cos20° = 1\,325(\mathrm{N})$$

然后再把 $\boldsymbol{F}_{xy}$ 投影到轴 x、y，如图 3-3(b)所示，得

$$F_a = - F_{xy}\sin\beta = -1\,325\,\sin25° = -560(\mathrm{N})$$
$$F_t = - F_{xy}\cos\beta = -1\,325\,\cos25° = -1\,201(\mathrm{N})$$

3.1.3 空间汇交力系的合成

在平面汇交力系中，我们将力系合成为一个合力 $\boldsymbol{F}_R$，其大小与方向由矢量和确定，作用线通过汇交点。与平面汇交力系一样，空间汇交力系也可以合成为一个合力，即合力大小和方向可由矢量和（几何法或解析法）求出，合力作用线通过汇交点。

设有一空间汇交力系 $\boldsymbol{F}_1$、$\boldsymbol{F}_2$、$\cdots$、$\boldsymbol{F}_n$，利用力的平行四边形法则，可将其逐步合成为一个合力矢 $\boldsymbol{F}_R$。

$$\boldsymbol{F}_R = \boldsymbol{F}_1 + \boldsymbol{F}_2 + \cdots + \boldsymbol{F}_n = \sum \boldsymbol{F} \tag{3-4}$$

将上式向空间坐标轴 x、y、z 上投影得

$$\begin{cases} F_{Rx} = F_{1x} + F_{2x} + \cdots + F_{nx} = \sum F_x \\ F_{Ry} = F_{1y} + F_{2y} + \cdots + F_{ny} = \sum F_y \\ F_{Rz} = F_{1z} + F_{2z} + \cdots + F_{nz} = \sum F_z \end{cases} \tag{3-5}$$

式(3-5)表明空间力系的合力在某轴上投影等于各分力在同一轴上投影的代数和，称为空间力系的合力投影定理。

合力的大小与方向为

$$\left. \begin{array}{l} F_R = \sqrt{F_{Rx}^2 + F_{Ry}^2 + F_{Rz}^2} = \sqrt{\left(\sum F_x\right)^2 + \left(\sum F_y\right)^2 + \left(\sum F_z\right)^2} \\ \cos\alpha = \left| \dfrac{F_{Rx}}{F_R} \right|, \cos\beta = \left| \dfrac{F_{Ry}}{F_R} \right|, \cos\gamma = \left| \dfrac{F_{Rz}}{F_R} \right| \end{array} \right\} \tag{3-6}$$

3.2 力对轴之矩

3.2.1 力对轴之矩的概念

在工程中，常遇到刚体绕定轴转动的情形。为了度量力对转动刚体的作用效应，必须引入力对轴之矩的概念。

现以关门动作为例，图 3-4(a)中门的一边有固定轴 z，在 A 点作用一力 $\boldsymbol{F}$。为度量此力对刚体的转动效应，可将力 $\boldsymbol{F}$ 分解为两个互相垂直的分力：一个是与转轴平行的分力 $F_z = F\sin\beta$；另一个是在与转轴 z 垂直的平面上的分力 $F_{xy} = F\cos\beta$。由经验可知，$\boldsymbol{F}_z$ 不能

使门绕 z 轴转动，只有分力 F_{xy} 才对门有绕 z 轴的转动作用。

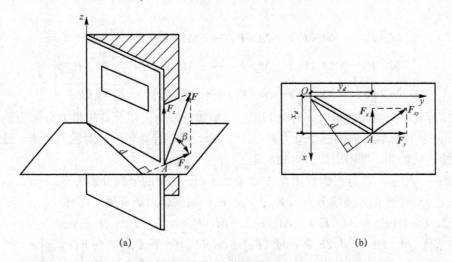

图 3-4　力对轴之矩

如以 d 表示 z 轴与 xy 平面的交点 O 到 F_{xy} 作用线的垂直距离，则 F_{xy} 对 O 点之矩，就可以用来度量 F 对门绕 z 轴的转动作用，故可记作

$$M_z(\pmb{F}) = M_O(\pmb{F}_{xy}) = \pm F_{xy}d \tag{3-7}$$

$M_z(\pmb{F})$ 的下标 z 表示取矩的轴，力对轴之矩的单位为 N・m 或 kN・m。

力对轴之矩为代数量，正负号用右手螺旋法则判定：以右手四指握向与力矩转向相同而握拳，若拇指的指向与转轴正向一致，则力对该轴之矩为正；反之，为负，如图 3-5(a) 所示。

或从转轴的正端看过去，逆时针转向的力矩为正，顺时针转向的力矩为负，如图 3-5 (b) 所示。

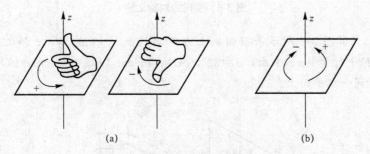

图 3-5　力对轴之矩的正负判断
(a)右手螺旋法则；(b)由转向判断正负

力对轴之矩等于零的情况如下：

(1)当力 F 的作用线与轴平行时($F_{xy}=0$)，力对轴之矩等于零。

(2)当力 F 的作用线与轴相交时($d=0$)，力对轴之矩等于零。

■ 3.2.2　合力矩的定理

与平面力系情况类似，在空间力系中也有合力矩定理。设有一空间力系 F_1、F_2、…、

F_n，其合力为 F_R，合力对某一轴之矩等于力系中各分力对同一轴之矩的代数和——合力矩定理。

$$M_x(F_R) = M_x(F_1) + M_x(F_2) + \cdots M_x(F_n) = \sum M_x(F_i)$$
$$M_y(F_R) = M_y(F_1) + M_y(F_2) + \cdots M_y(F_n) = \sum M_y(F_i) \tag{3-8}$$
$$M_z(F_R) = M_z(F_1) + M_z(F_2) + \cdots M_z(F_n) = \sum M_z(F_i)$$

在实际计算力对轴的矩时，有时利用合力矩定理较为简便。首先将力分解为沿正交坐标系 $Oxyz$ 的坐标轴方向的三个分力 F_x、F_y、F_z，然后计算各分力对轴的力矩，最后求出这些力矩的代数和，即得出该力对轴的矩。

如图 3-6 所示，若力 F 的作用点 A 在坐标系 $Oxyz$ 中的坐标分别为 x_A、y_A、z_A，且 F 在 x、y、z 三个坐标方向的分力为 F_x、F_y、F_z，根据合力矩定理，则有

$$M_x(F) = M_x(F_x) + M_x(F_y) + M_x(F_z) = 0 - F_y z_A + F_z y_A$$
$$M_y(F) = M_y(F_x) + M_y(F_y) + M_y(F_z) = F_x z_A + 0 - F_z x_A \tag{3-9}$$
$$M_z(F) = M_z(F_x) + M_z(F_y) + M_z(F_z) = -F_x y_A + F_y x_A + 0$$

应用上式时，分力 F_x、F_y、F_z 及坐标 x_A、y_A、z_A 均应考虑本身的正负号，所得力矩的正负号也将表明力矩绕轴的转向。

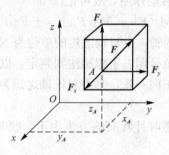

图 3-6　空间力对轴之矩

【例 3-2】　计算图 3-7 所示手摇曲柄上力 F 对过点 O 的 x、y、z 轴之矩。已知 $F = 100$ N，且力 F 平行于 Axz 平面，$\alpha = 30°$，$AB = 15$ cm，$BC = 40$ cm，$CO = 20$ cm，A、B、C、O 处于同一水平面上。

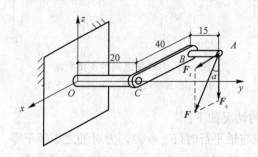

图 3-7　手摇曲柄

解： 力 F 为平行于 Oxz 平面的平面力，在 x 和 z 轴上有投影，其值为

$$F_x = F\sin\alpha = 100 \ \sin 30° = 50(\text{N})$$

$$F_y = 0 \text{ N}$$
$$F_z = -F\cos\alpha = -100\cos30° = -86.6(\text{N})$$

A 在坐标系 $Oxyz$ 中的坐标 x_A、y_A、z_A 分别为

$$x_A = -BC = -40 \text{ cm}$$
$$y_A = AB + CO = 35 \text{ cm}$$
$$z_A = 0 \text{ cm}$$

将上述投影值及坐标值代入式(3-9)得力 $\boldsymbol{F}$ 对 x、y、z 轴之矩为

$$M_x(\boldsymbol{F}) = -F_y z_A + F_z y_A = 0 - 86.6 \times 35 = -3\,031(\text{N}\cdot\text{cm})$$
$$M_y(\boldsymbol{F}) = F_x z_A - F_z x_A = 0 - (-86.6) \times (-40) = -3\,464(\text{N}\cdot\text{cm})$$
$$M_z(\boldsymbol{F}) = -F_x y_A + F_y x_A = -50 \times 35 + 0 = -1\,750(\text{N}\cdot\text{cm})$$

3.3 空间力系的平衡方程及应用

■ 3.3.1 空间任意力系的平衡条件及平衡方程

如图 3-8 所示，某物体上作用有一个空间任意力系 $\boldsymbol{F}_1$、$\boldsymbol{F}_2$、$\cdots$、$\boldsymbol{F}_n$，如果物体不平衡，则力系可能使物体沿 x、y、z 轴方向的移动状态发生变化，也可能使该物体绕其三轴的转动状态发生变化；若物体在力系作用下处于平衡状态，则物体沿 x、y、z 三轴的移动状态应不变，同时绕该三轴的转动状态也不变。

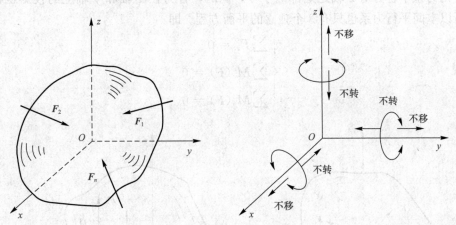

图 3-8 空间任意力系平衡条件

1. 空间任意力系的平衡方程

当物体沿 x 方向的移动状态不变时，该力系各力在 x 轴上的投影的代数和为零，则 $\sum F_x = 0$；同理可得 $\sum F_y = 0$、$\sum F_z = 0$。当物体绕 x 轴的转动状态不变时，该力系对 x 轴力矩的代数和为零，即 $\sum M_x = 0$；同理可得 $\sum M_y = 0$、$\sum M_z = 0$。由此可见，空间任意力系的平衡方程式为

$$\begin{cases} \sum F_x = 0 \\ \sum F_y = 0 \\ \sum F_z = 0 \\ \sum M_x(\boldsymbol{F}) = 0 \\ \sum M_y(\boldsymbol{F}) = 0 \\ \sum M_z(\boldsymbol{F}) = 0 \end{cases} \tag{3-10}$$

式(3-10)表达了空间任意力系平衡的必要和充分条件：各力在三个坐标轴上投影的代数和以及各力对三个坐标轴之矩的代数和都必须同时为零。

利用该六个独立平衡方程式，可以求解六个未知量。

2. 空间汇交力系的平衡方程

对于空间汇交力系，若取各力的汇交点作为坐标原点 O，如图 3-9(a)所示，则力系中各力对三个坐标轴之矩恒等于零，因此，空间汇交力系只有三个平衡方程式，即

$$\begin{cases} \sum F_x = 0 \\ \sum F_y = 0 \\ \sum F_z = 0 \end{cases} \tag{3-11}$$

3. 空间平行力系的平衡方程

设某一物体受一空间平行力系作用而平衡，设各力的作用线平行于 z 轴，如图 3-9(b)所示，则力系中各力对 z 轴之矩都等于零，同时，各力在 x 轴和 y 轴上的投影也都等于零。所以空间平行力系也只有 3 个独立的平衡方程。即

$$\begin{cases} \sum F_z = 0 \\ \sum M_x(\boldsymbol{F}) = 0 \\ \sum M_y(\boldsymbol{F}) = 0 \end{cases} \tag{3-12}$$

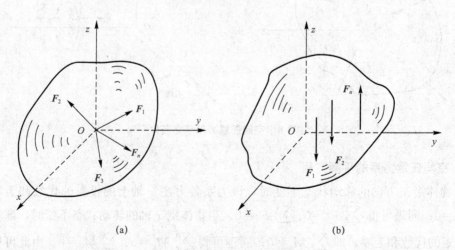

(a)   (b)

图 3-9　空间特殊力系平衡条件

■ 3.3.2 空间力系平衡方程的应用

求解空间力系平衡问题的解法和步骤与平面力系相同。解法和步骤如下：

(1)确定研究对象，取分离体，画受力图。本步关键是画受力图，要搞清空间约束及约束反力，表 3-1 是空间常见约束及约束反力的表示方法。

表 3-1　空间常见约束及其约束反力的表示

约束类型	球铰 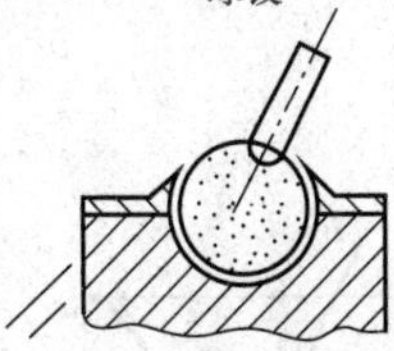 	向心轴承 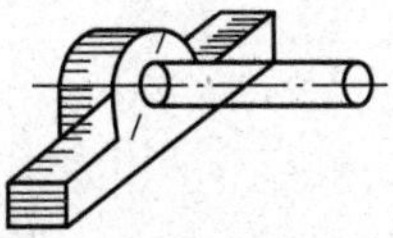 	向心推力轴承 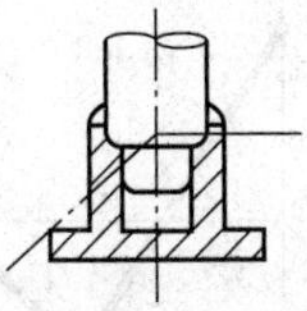 	空间固定端 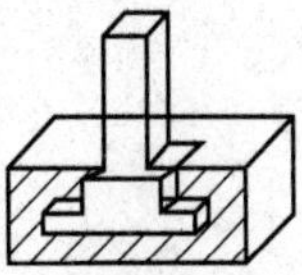
简化符号	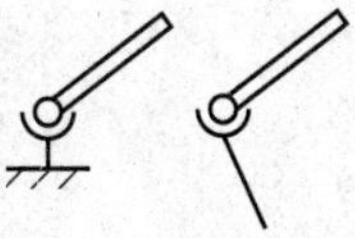		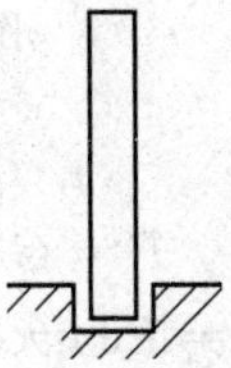	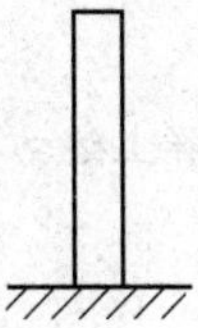
约束反力表示	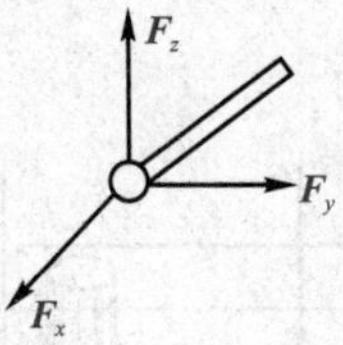	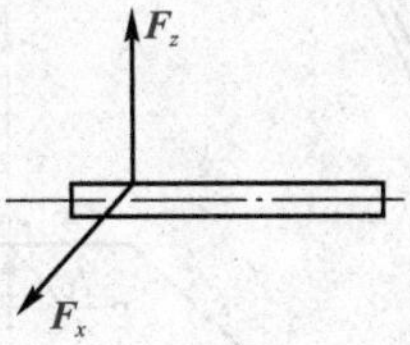	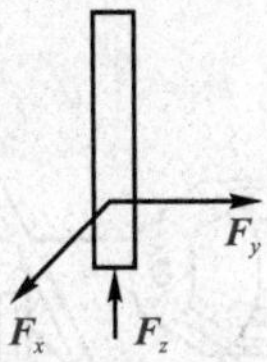	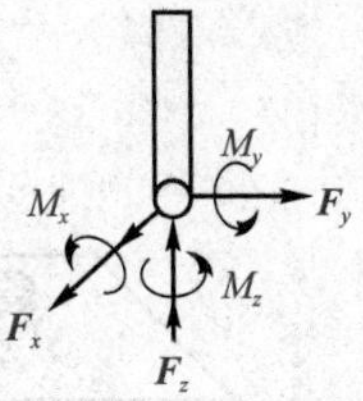

(2)确定力系类型，选择空间坐标轴系 $Oxyz$，建立空间力系平衡方程。

(3)代入已知条件，求解未知量。

【例 3-3】　有一空间支架固定在相互垂直的墙上。支架由垂直于两墙的铰接二力杆 OA、OB 和钢绳 OC 组成。已知 $\theta=30°$，$\varphi=60°$，点 O 处吊一重力 $G=1.2$ kN 的重物，如图3-10(a)所示。试求两杆和钢绳所受的力。图中 O、A、B、D 四点都在同一水平面上，杆和绳的重力均略去不计。

解:(1)选取研究对象,画受力图。取铰链 O 为研究对象,设坐标系为 $Dxyz$,受力如图 3-10(b)所示。

(2)列力系的平衡方程式,求未知量,即

$$\sum F_x = 0 \quad F_B - F\cos\theta\sin\varphi = 0$$

$$\sum F_y = 0 \quad F_A - F\cos\theta\cos\varphi = 0$$

$$\sum F_z = 0 \quad F\sin\theta - G = 0$$

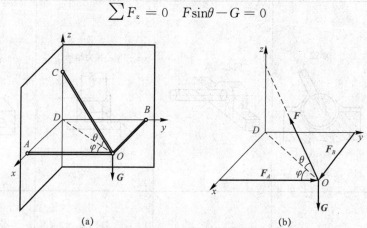

(a)   (b)

图 3-10 空间支架受力分析

解上述方程得

$$F = G/\sin\theta = 1.2/\sin30° = 2.4(\text{kN})$$

$$F_A = F\cos\theta\cos\varphi = 2.4\cos30°\cos60° = 1.04(\text{kN})$$

$$F_B = F\cos\theta\sin\varphi = 2.4\cos30°\sin60° = 1.8(\text{kN})$$

【例 3-4】 三轮推车如图 3-11 所示。若已知 $AH = BH = 0.5$ m,$CH = 1.5$ m,$EH = 0.3$ m,$ED = 0.5$ m,荷载 $G = 1.5$ kN,试求 A、B、C 三轮所受到的压力。

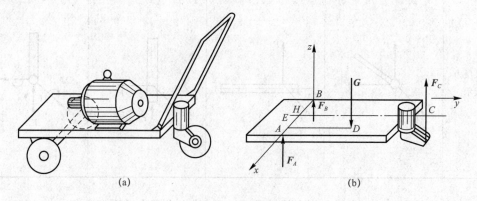

(a)   (b)

图 3-11 三轮推车

解:(1)取小车为研究对象,并作其分离体受力图,如图 3-11(b)所示。车板受已知荷载 G 及未知的 A、B、C 三轮之约束力 F_A、F_B 和 F_C 作用。这些力的作用线相互平行,构成一空间平行力系。

(2)按力作用线的方向和几何位置，取 z 轴为纵坐标，平板为 xy 平面，B 为坐标原点，BA 为 x 轴。

(3)列力系的平衡方程式求解，即

$$\sum M_x(\boldsymbol{F}) = 0 \quad F_C \times HC - G \times DE = 0$$

$$F_C = G \times \frac{DE}{HC} = 1.5 \times \frac{0.5}{1.5} = 0.5\,(\text{kN})$$

$$\sum M_y(\boldsymbol{F}) = 0 \quad G \times EB - F_C \times HB - F_A AB = 0$$

$$F_A = (G \times EB - F_C \times HB)/AB$$
$$= (1.5 \times 0.8 - 0.5 \times 0.5)/1 = 0.95(\text{kN})$$

$$\sum F_z = 0 \quad F_A + F_B + F_C - G = 0$$

$$F_B = G - F_C - F_A = (1.5 - 0.95 - 0.5) = 0.05\,(\text{kN})$$

【例 3-5】 有一起重绞车的鼓轮轴如图 3-12 所示。已知 $G = 10\text{ kN}$，$b = c = 30\text{ cm}$，$a = 20\text{ cm}$，大齿轮半径 $R = 20\text{ cm}$，在最高处 E 点受 $\boldsymbol{F}_n$ 的作用，$\boldsymbol{F}_n$ 与齿轮分度圆切线之夹角为 $\alpha = 20°$，鼓轮半径 $r = 10\text{ cm}$，A、B 两端为深沟球轴承。试求齿轮作用力 $\boldsymbol{F}_n$ 以及 AB 两轴承受的压力。

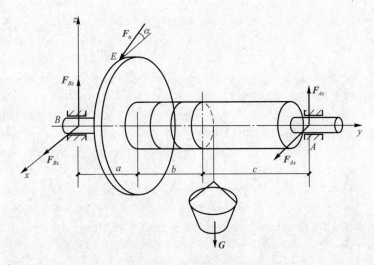

图 3-12　起重绞车鼓轮轴

解：取鼓轮轴为研究对象，其上作用有齿轮作用力 $\boldsymbol{F}_n$、起重物重力 $\boldsymbol{G}$ 和轴承 A、B 处的约束力 $\boldsymbol{F}_{Ax}$、$\boldsymbol{F}_{Az}$、$\boldsymbol{F}_{Bx}$、$\boldsymbol{F}_{Bz}$，如图 3-12 所示。该力系为空间任意力系，可列平衡方程式如下：

$$\sum M_y(\boldsymbol{F}) = 0 \quad F_n R\cos\alpha - Gr = 0$$

$$F_n = Gr/(R\cos\alpha) = 10 \times 10/(20\cos20°) = 5.32(\text{kN})$$

$$\sum M_x(\boldsymbol{F}) = 0 \quad F_{Az}(a+b+c) - G(a+b) - F_n a\sin\alpha = 0$$

$$F_{Az} = [G(a+b) + F_n a\sin\alpha]/(a+b+c) = 6.7\text{ kN}$$

$$\sum F_z = 0 \quad F_{Az} + F_{Bz} - F_n\sin\alpha - G = 0$$

$$F_{Bz} = F_n\sin\alpha + G - F_{Az} + F_{Bz} = 5.12\text{ kN}$$

$$\sum M_z (\boldsymbol{F}) = 0 \quad -F_{Ax}(a+b+c) - F_n a \cos\alpha = 0$$
$$F_{Ax} = -F_n a \cos\alpha/(a+b+c) = -1.25 \text{ kN}$$
$$\sum F_x = 0 \quad F_{Ax} + F_{Bx} + F_n \cos\alpha = 0$$
$$F_{Bx} = -F_{Ax} - F_n \cos\alpha = -3.75 \text{ kN}$$

工作手册

【任务名称】 分析减速器中齿轮及轴承的受力	参考学时： 2 学时

【项目团队】

【任务实施关键点】

实施条件：

工序	工作步骤	实施方案(列关键作业点，详记在工作活页)
1. 齿轮的 受力分析	求解小齿轮受力	
	求解大齿轮受力	
2. 轴承的 受力分析	求解 I 轴上轴承的约束反力	
	求解 II 轴上轴承的约束反力	
工作小结		
评价		

习 题

3-1 已知在边长为 a 的正六面体上有 $F_1 = 6$ kN，$F_2 = 4$ kN，$F_3 = 2$ kN，如图 3-13 所示。试计算各力在三坐标轴上的投影。

3-2 铅垂力 $F = 500$ N，作用于曲柄上，如图 3-14 所示，求该力对于各坐标轴之矩。

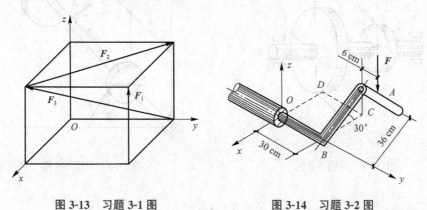

图 3-13 习题 3-1 图   图 3-14 习题 3-2 图

3-3 挂物架如图 3-15 所示，三杆的重量不计，用铰链连接于 O 点，平面 BOC 是水平的，且 $OB = OC$。若在点 O 挂一重物，其重量 $G = 1\,000$ N。求三杆所受的力。

3-4 水平转盘上 A 处有一力 $F = 1$ kN 作用，F 在垂直平面内，且与过 A 点的切线成夹角 $\alpha = 60°$，OA 与 y 轴方向的夹角 $\beta = 45°$，$h = r = 1$ m，如图 3-16 所示。试计算力 F_x、F_y、F_z 及 $M_z(F)$ 之值。

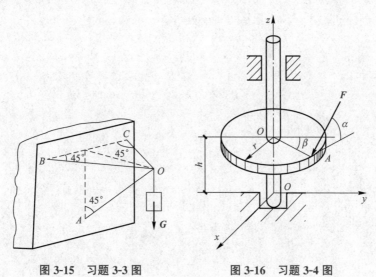

图 3-15 习题 3-3 图   图 3-16 习题 3-4 图

3-5 如图 3-17 所示，变速箱中间轴装有两直齿圆柱齿轮，其分度圆半径 $r_1 = 100$ mm，$r_2 = 72$ mm，啮合点分别在两齿轮的最高与最低位置，两齿轮压力角 $\alpha = 20°$，在齿轮 1 上的圆周力 $F_{t1} = 1.58$ kN。试求当轴平衡时作用于齿轮 2 上的圆周力 F_{t2} 与 A、B 处轴承约束力。

3-6 传动轴如图 3-18 所示。胶带轮直径 $D = 400$ mm，胶带拉力 $F_1 = 2\,000$ N，$F_2 =$

1 000 N，胶带拉力与水平线夹角为 15°；圆柱直齿轮的节圆直径 $d=200$ mm，齿轮压力 F_3 与铅垂线成 20°角。试求轴承约束力和齿轮压力 F_3。

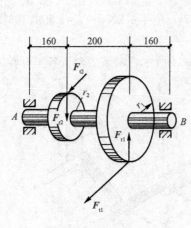

图 3-17　习题 3-5 图

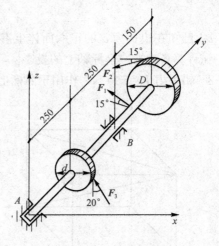

图 3-18　习题 3-6 图

运动学

教学目标

能力目标

能运用运动学知识进行点、刚体的运动分析，并解决运动中的实际问题。

知识目标

(1)掌握点的运动方程及运动参数计算。

(2)掌握刚体运动方程及运动参数计算。

(3)掌握点的运动合成方法及应用。

(4)掌握刚体平面运动分析及应用。

素质目标

培养严谨、细心、全面、追求高效、精益求精的职业素质；沟通协调能力和团队合作精神、敬业精神。

下达任务

阅读任务，在工作手册中完成任务。

一飞机相对于空气以恒定速度 v 沿正方形轨道飞行，在无风天气其运动周期为 T。若有恒定小风沿平行于正方形的一对边吹来，风速为 $V=kv(k\ll1)$。求飞机仍沿原正方形(对地)轨道飞行周期要增加多少？

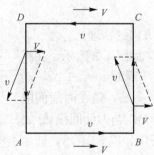

理论学习

运动学是从几何观点研究物体的位置随时间变化的规律，包括运动轨迹、速度、加速度、运动方程及它们相互间的关系，它是研究物体运动几何性质的科学。在运动学中，我们将研究的物体抽象为点和刚体两种力学模型，因此，本项目主要介绍点的运动和刚体的运动。

4.1 质点的运动

当物体的大小和形状在运动过程中不起作用时，物体的运动可简化为点的运动。在点的运动中，学生要讨论动点做曲线运动(直线运动可看作曲线运动的一种特例)时，其在空间的位置随时间变化的规律。

■ 4.1.1 自然表示法

自然表示法又称为弧坐标法，其特点是结合轨迹来确定点沿轨迹运动的规律。所谓轨迹，是指动点运动时在空间经过的路线。对于轨迹已给出的问题，常用自然法求解。为了简单起见，这里只讨论动点运动轨迹为平面曲线的情形。

1. 点的运动方程

若动点 M 的轨迹为如图 4-1 所示的平面曲线，则动点 M 在轨迹上的瞬时位置可以这样确定：在轨迹上任选一固定点 O 为坐标原点，并规定 O 点某一侧为正向，动点 M 在轨迹上的位置可用具有相应正负号的弧长来确定，即 $s = \pm \overset{\frown}{OM}$、$s$ 称为 M 的弧坐标，是代数量。动点沿已知轨迹运动时，弧坐标 s 随时间变化，是时间 t 的单值连续函数，即

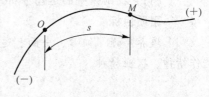

图 4-1　点的运动轨迹

$$s = f(t) \qquad (4\text{-}1)$$

式(4-1)称为点的弧坐标形式的运动方程。

2. 点的速度

速度是表示点运动的快慢和方向的物理量。

设动点沿平面曲线 AB 运动，如图 4-2 所示，在瞬时 t，动点在弧坐标为 s 的 M 处，瞬时 $t_1 = t + \Delta t$，动点运动到 M_1 位置，其弧坐标为 $s + \Delta s$，则在时间间隔 Δt 内动点的位移为 $\boldsymbol{MM_1}$。位移 $\boldsymbol{MM_1}$ 与时间间隔 Δt 之比称为动点在时间 Δt 内的平均速度，以 v^* 表示，即

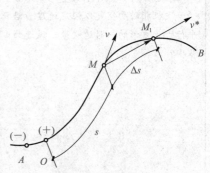

图 4-2　点的运动速度

$$v^* = \frac{\boldsymbol{MM_1}}{\Delta t}$$

v^* 与 $\boldsymbol{MM_1}$ 的方向一致。由此可见，速度是矢量。

当 Δt 趋近于零时，点 M_1 趋近于 M，而平均速度趋近于一极限值，该值就是动点在位置 M 处(时刻 t)的瞬时速度，即

$$v = \lim_{\Delta t \to 0} v^* = \lim_{\Delta t \to 0} \frac{\boldsymbol{MM_1}}{\Delta t} \qquad (4\text{-}2)$$

当 Δt 趋近于零时，位移 $\boldsymbol{MM_1}$ 的大小趋于弧长 Δs，即 $|\boldsymbol{MM_1}| \approx \Delta s$，所以瞬时速度的大小为

$$v = \lim_{\Delta t \to 0} \frac{\Delta s}{\Delta t} = \frac{ds}{dt} \tag{4-3}$$

速度 v 的方向与位移 $\boldsymbol{MM}_1$ 在 Δt 趋近于零时的极限方向一致，即沿曲线在 M 点的切线方向，指向由 ds/dt 的正负号决定。

由上述分析可知，瞬时速度的大小等于动点的弧坐标对时间的一阶导数，若 $ds/dt > 0$，则点沿轨迹的正向运动，若 $ds/dt < 0$，则点沿轨迹的负向运动。瞬时速度的方向是沿运动轨迹在该点的切线方向，并指向运动的一方。速度的单位为 m/s。

3. 加速度

加速度是反映点的速度大小、方向随时间变化的物理量。

设点沿已知的平面曲线运动，在瞬时 t 位于 M 点，其速度为 v，经过时间 Δt，该点运动到 M_1 处，其速度为 v_1，如图 4-3 所示。

为了说明在 Δt 时间内点的速度变化情况，把速度 v_1 平移到 M 点，如图 4-3 所示，由矢量合成法则可得到 Δt 时间内速度改变量为 $\Delta v = v_1 - v$，则在时间 Δt 内点的平均加速度为

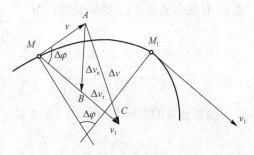

图 4-3　点的加速度

$$a^* = \frac{\Delta v}{\Delta t}$$

平均加速度 a^* 是矢量，其方向与 Δv 相同。当 $\Delta t \to 0$ 时，平均速度 a^* 趋近于一极限值，这个极限值就是点在瞬时 t 的加速度 a，有

$$v = \lim_{\Delta t \to 0} a^* = \lim_{\Delta t \to 0} \frac{\Delta v}{\Delta t}$$

可把 Δv 分解为反应速度大小变化的 Δv_τ 和反应速度方向变化的 Δv_n，在 MC 上找点 B，使 $MB = MA = v$，连接 AB，则 $\boldsymbol{AB}$ 为 Δv_n，$\boldsymbol{BC}$ 为 Δv_τ。其中，$\Delta v_\tau = v_1 - v$，表示速度大小的改变量。而 Δv_n 表示速度方向的改变量。由 $\triangle ABC$ 可得到 $\Delta v_\tau = \Delta v - \Delta v_n$，如图4-3所示。因此

$$a = \lim_{\Delta t \to 0} \frac{\Delta v}{\Delta t} = \lim_{\Delta t \to 0} \frac{\Delta v_\tau}{\Delta t} + \lim_{\Delta t \to 0} \frac{\Delta v_n}{\Delta t} \tag{4-4}$$

即加速度 a 可以分解为两个分量。

一个分量是 $\lim_{\Delta t \to 0} \dfrac{\Delta v_\tau}{\Delta t}$，用 a_τ 表示，它描述了速度大小随时间的变化率。因为 $\Delta v_\tau = \Delta v = v_1 - v$ 是一代数量，所以 a_τ 的大小为

$$a_\tau = \lim_{\Delta t \to 0} \frac{\Delta v_\tau}{\Delta t} = \lim_{\Delta t \to 0} \frac{\Delta v}{\Delta t} = \frac{dv}{dt} \tag{4-5}$$

由图 4-3 可知，当 $\Delta t \to 0$ 时，v_1 趋近于 v，$\Delta \varphi \to 0$，$\lim_{\Delta t \to 0} \dfrac{\Delta v_\tau}{\Delta t}$ 趋近于 Δv_τ 的极限方向，与轨迹在 M 点的切线方向相重合，故 a_τ 称为切向加速度。当 $a_\tau > 0$ 时，切向加速度指向轨迹的正向，反之指向轨迹的负向。

另一个分量是 $\lim_{\Delta t \to 0} \dfrac{\Delta v_n}{\Delta t}$，用 a_n 表示，它描述了速度方向随时间的变化率。其大小既与

该点的速度有关，也与轨迹在该点的弯曲程度有关。经推导(本书略)，可得

$$a_n = \frac{v^2}{\rho} \tag{4-6}$$

式中，ρ 为轨迹曲线在 M 点的曲率半径。a_n 的方向沿轨迹在该点的法线，并指向圆心，故称 a_n 为法向加速度。若点的运动轨迹是圆，则 $\rho=R$，$a_n=v^2/R$，即为向心加速度。

综上所述，可得结论：切向加速度 a_τ 表明了速度大小随时间的变化率，其大小为 dv/dt，方向沿轨迹的切线方向；法向加速度 a_n 表明了速度方向随时间的变化率，其大小为 v^2/ρ，方向沿轨迹的法线方向，并指向轨迹曲线的曲率中心。点的全加速度 a 为切向加速度 a_τ 和法向加速度 a_n 的矢量和，即

$$a = a_\tau + a_n \tag{4-7}$$

因 a_τ 与 a_n 垂直，故全加速大小为

$$a = \sqrt{a_\tau^2 + a_n^2} = \sqrt{\left(\frac{dv}{dt}\right)^2 + \left(\frac{v^2}{\rho}\right)^2} \tag{4-8}$$

全加速度的方向为

$$\tan\beta = \frac{|a_\tau|}{a_n} \tag{4-9}$$

式中，β 为 a 与 a_n 所夹的锐角，如图 4-4 所示。加速度的单位为 m/s²。

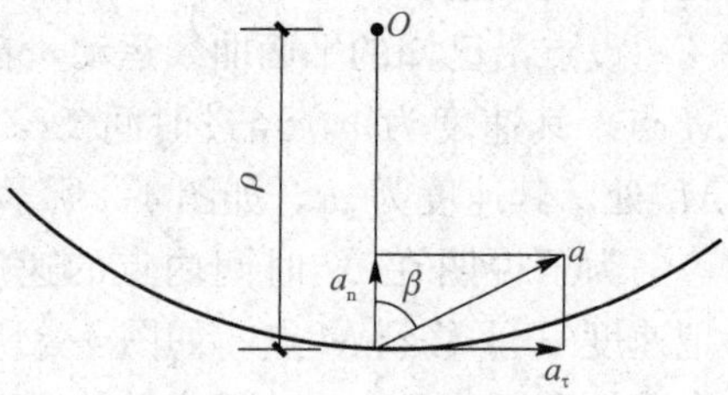

图 4-4　加速度合成

【例 4-1】　滑道摇杆机构由滑道摆杆 BC、滑块 A 和曲柄 OA 组成，如图 4-5(a)所示。已知 $BO=OA=10$ cm，滑道摆杆 BC 绕轴心 B 按 $\varphi=10t$ 的规律逆时针方向转动(φ 的单位为 rad，t 的单位为 s)，试求滑块 A 的运动方程、t 时刻的速度和加速度。

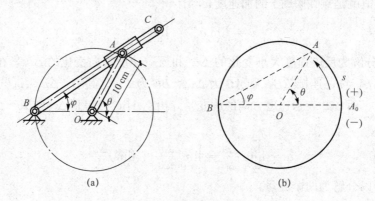

(a)　　　　(b)

图 4-5　滑道摇杆机构

解：(1)求滑块 A 的运动方程。滑块 A 的运动轨迹是以轴心 O 为圆心、OA 为半径的圆。取滑块 A 在 $t=0$ 时的位置为弧坐标原点，并以其初始瞬时的运动方向为弧坐标的正向，如图 4-5(b)所示，则滑块经时间 t 后的弧坐标为

$$s = \overset{\frown}{A_0 A} = OA \cdot \theta$$

式中，θ 为曲柄 OA 在时间 t 内转过的角度。由图 4-5(b)可知，$\theta=2\varphi$，于是上式可写成

$$s = OA(2\varphi) = 0.1 \times 2 \times 10t = 2t$$

这就是滑块 A 沿轨迹的运动方程。

(2)求 A 点的速度。

$$v = \frac{\mathrm{d}s}{\mathrm{d}t} = \frac{\mathrm{d}(2t)}{\mathrm{d}t} = 2 \text{ m/s}$$

（3）求 A 点的加速度。

切向加速度

$$a_\tau = \frac{\mathrm{d}v}{\mathrm{d}t} = 0$$

法向加速度

$$a_n = \frac{v^2}{\rho} = \frac{2^2}{0.1} = 40 (\text{m/s}^2)$$

故全加速度 a 的大小为

$$a = \sqrt{a_\tau^2 + a_n^2} = 40 \text{ m/s}^2$$

方向为

$$\tan\theta = \frac{|a_\tau|}{a_n} = 0$$

即沿 OA 指向 O 轴。

下面分析几种典型的点的运动。

（1）直线运动：曲率半径 $\rho \to \infty$，故 $a_n = 0$，加速度仅有切向加速度 a_τ。

（2）匀速曲线运动：v 为常数，故 $a_\tau = 0$，加速度仅有法向加速度 a_n。

（3）匀变速曲线运动：a_τ 为常数，加速度既有切向加速度，又有法向加速度。

由

$$a_\tau = \frac{\mathrm{d}v}{\mathrm{d}t} = \frac{\mathrm{d}^2 s}{\mathrm{d}t}$$

积分可求得动点沿运动轨迹做匀变速曲线运动的三个基本公式：

$$\begin{cases} v = v_0 + a_\tau t \\ s = s_0 + v_0 t + \frac{1}{2} a_\tau t^2 \\ v^2 = v_0^2 + 2a_\tau(s - s_0) \end{cases} \qquad (4\text{-}10)$$

【例 4-2】 列车进入如图 4-6 所示的曲线轨迹匀变速行驶，在 M_1 处速度 $v_1 = 54$ km/h，经过路程 1 000 m 后到达 M_2 处，此时速度 $v_2 = 18$ km/h。已知 M_1 处的曲率半径 $\rho_1 = 600$ m，M_2 处的曲率半径 $\rho_2 = 800$ m。试求列车经过这段路程所需的时间及通过 M_1、M_2 时的全加速度的大小。

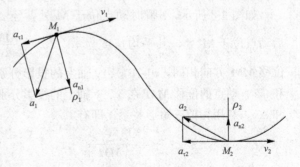

解： 因列车做匀变速曲线运动，故可用匀变速曲线运动公式进行计算。

（1）求列车的切向加速度 a_τ 的大小，由 $v^2 = v_0^2 + 2a_\tau(s - s_0)$ 得

图 4-6 列车轨迹图

$$a_\tau = \frac{v^2 - v_0^2}{2\Delta s}$$

式中，$v_0 = v_1 = \frac{54 \times 1\,000}{3\,600} = 15 (\text{m/s})$，$v = v_2 = \frac{18 \times 1\,000}{3\,600} = 5 (\text{m/s})$，$\Delta s = s - s_0 =$

1 000 m，代入上式得

$$a_\tau = \frac{5^2 - 15^2}{2\ 000} = -0.1(\text{m/s})$$

（2）求列车从 M_1 运动到 M_2 所需的时间，由 $v = v_0 + a_\tau t$ 得

$$t = \frac{v - v_0}{a_\tau} = \frac{5 - 15}{-0.1} = 100(\text{s})$$

（3）求列车通过 M_1 和 M_2 时全加速度的大小，有

$$a_1 = \sqrt{a_{\tau 1}^2 + a_{n1}^2} = \sqrt{a_\tau^2 + \left(\frac{v_1^2}{\rho_1}\right)^2} = \sqrt{(-0.1) + \left(\frac{15^2}{600}\right)^2} = 0.388(\text{m/s}^2)$$

$$a_2 = \sqrt{a_{\tau 2}^2 + a_{n2}^2} = \sqrt{a_\tau^2 + \left(\frac{v_2^2}{\rho_2}\right)^2} = \sqrt{(-0.1)^2 + \left(\frac{5^2}{800}\right)^2} = 0.105(\text{m/s}^2)$$

■ 4.1.2　直角坐标表示法

点做平面曲线运动时，对于未给出运动轨迹的问题，应考虑用直角坐标法求解。

1. 点的运动方程

设动点 M 做平面曲线运动，M 相对于直角坐标系 Oxy 的瞬时位置可用其坐标 x、y 唯一确定，如图 4-7 所示。

动点 M 运动时，其坐标 x、y 随时间 t 变化，它们都是时间 t 的单值连续函数，可以写成

$$\begin{cases} x = f_1(t) \\ y = f_2(t) \end{cases} \tag{4-11}$$

式（4-11）称为点的直角坐标形式的运动方程。

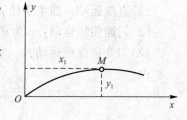

图 4-7　直角坐标法

2. 点的速度

若已知动点 M 的直角坐标运动方程为

$$\begin{cases} x = f_1(\text{t}) \\ y = f_2(\text{t}) \end{cases}$$

如图 4-8 所示，t 瞬时动点位于 M 处，经 Δt 时间后动点位于 M' 处，其平均速度为 v^*，$v^* = \dfrac{\boldsymbol{MM'}}{\Delta t}$，与位移 $\boldsymbol{MM'}$ 方向相同，v^* 在 x、y 轴上的投影分别为 v_x^* 和 v_y^*。动点的位移 $\boldsymbol{MM'}$ 在 x、y 轴上的投影分别为 Δx 和 Δy。利用相似三角形关系，即有

$$\frac{v_x^*}{v^*} = \frac{\Delta x}{|\boldsymbol{MM'}|}$$

上式可改写为

$$v_x^* = v^* \cdot \frac{\Delta x}{|\boldsymbol{MM'}|} = \frac{|\boldsymbol{MM'}|}{\Delta t} \cdot \frac{\Delta x}{|\boldsymbol{MM'}|} = \frac{\Delta x}{\Delta t}$$

同理可得

$$v_y^* = \frac{\Delta y}{\Delta t}$$

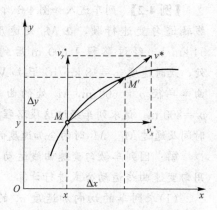

图 4-8　直角坐标表示点的速度

当 $\Delta t \rightarrow 0$ 时，得瞬时速度的投影为

$$\begin{cases} v_x = \lim\limits_{\Delta \rightarrow 0} v_x^* = \lim\limits_{\Delta \rightarrow 0} \dfrac{\Delta x}{\Delta t} = \dfrac{\mathrm{d}x}{\mathrm{d}t} = f'_1(t) \\[3mm] v_y = \lim\limits_{\Delta \rightarrow 0} v_y^* = \lim\limits_{\Delta \rightarrow 0} \dfrac{\Delta y}{\Delta t} = \dfrac{\mathrm{d}y}{\mathrm{d}t} = f'_2(t) \end{cases} \tag{4-12}$$

即动点速度在直角坐标轴上的投影等于该点对应的坐标对时间的一阶导数。

如图 4-9 所示，速度大小和方向分别为

$$v = \sqrt{v_x^2 + v_y^2} = \sqrt{\left(\dfrac{\mathrm{d}x}{\mathrm{d}t}\right)^2 + \left(\dfrac{\mathrm{d}y}{\mathrm{d}t}\right)^2} \tag{4-13}$$

$$\tan\alpha = \left| \dfrac{v_y}{v_x} \right| \tag{4-14}$$

α 为速度 v 与 x 轴所夹之锐角，v 的具体指向由 v_x 和 v_y 的正、负号来决定。

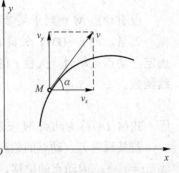

图 4-9　点的速度和方向

3. 点的加速度

仿照直角坐标求速度的方法，可求得加速度在直角坐标轴的投影为

$$\begin{cases} a_x = \dfrac{\mathrm{d}v_x}{\mathrm{d}t} = \dfrac{\mathrm{d}^2 x}{\mathrm{d}t^2} = F''_1(t) \\[3mm] a_y = \dfrac{\mathrm{d}v_y}{\mathrm{d}t} = \dfrac{\mathrm{d}^2 y}{\mathrm{d}t^2} = F''_2(t) \end{cases} \tag{4-15}$$

即动点加速度在直角坐标轴上的投影，等于该点速度对应的投影对时间的一阶导数，也等于该点对应的坐标对时间的二阶导数。

如图 4-10 所示，加速度大小和方向分别为

$$a = \sqrt{a_x^2 + a_y^2} = \sqrt{\left(\dfrac{\mathrm{d}^2 x}{\mathrm{d}t^2}\right)^2 + \left(\dfrac{\mathrm{d}^2 y}{\mathrm{d}t^2}\right)^2} \tag{4-16}$$

$$\tan\beta = \left| \dfrac{a_y}{a_x} \right| \tag{4-17}$$

β 为加速度 a 与 x 轴所夹之锐角，a 的具体指向由 a_x 和 a_y 的正、负号决定。

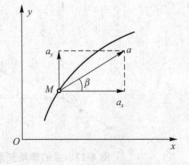

图 4-10　点的加速度方向

【例 4-3】 摆动导杆机构如图 4-11 所示，已知 $\varphi = \omega t$（ω 为常量），O 点到滑杆 CD 间的距离为 l，求滑杆上销钉 A 的运动方程、速度方程和加速度方程。

解： 取直角坐标系如图 4-11 所示。销钉 A 与滑杆一起沿水平轨道运动，其运动方程为

$$x = l\tan\varphi = l\tan(\omega t)$$

将运动方程对时间 t 求导，得销钉 A 的速度方程为

$$v_A = \dfrac{\mathrm{d}x}{\mathrm{d}t} = \dfrac{\omega l}{\cos^2(\omega t)}$$

将速度方程对时间 t 求导，得销钉 A 的加速

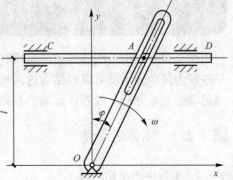

图 4-11　摆动导杆机构

度方程为

$$a_A = \frac{\mathrm{d}v_A}{\mathrm{d}t} = \frac{2\omega^2\, l\sin(\omega t)}{\cos^2(\omega t)}$$

■ 4.1.3　矢量表示法

设有动点 M 相对于某参考系 $Oxyz$ 运动，如图 4-12 所示，由坐标系原点 O 向动点 M 做一矢量，即 $r = OM$，矢量 r 称为动点 M 的矢径。动点 M 在坐标系中的位置由矢径唯一确定。动点运动时，矢径 r 的大小、方向随时间 t 而改变，故矢径 r 可写为时间的单值连续函数：

$$r = r(t) \tag{4-18}$$

式(4-18)称为动点 M 矢量形式的运动方程，其矢端曲线即为动点的运动轨迹。

若某瞬时 t_1，动点的矢径为 r_1，瞬时 t_2，动点的矢径为 r_2，则 $\Delta r = r_2 - r_1$ 称为时间间隔 $\Delta t = t_2 - t_1$ 内动点的位移，如图 4-13 所示。由速度和加速度的定义可以推出，动点的速度等于矢径对时间的一阶导数，动点的加速度等于它的速度对时间的一阶导数或其矢径对时间的二阶导数，即

$$\begin{cases} v = \lim\limits_{\Delta t \to 0} \dfrac{\Delta r}{\Delta t} = \dfrac{\mathrm{d}r}{\mathrm{d}t} \\[2mm] a = \dfrac{\mathrm{d}v}{\mathrm{d}t} = \dfrac{\mathrm{d}^2 r}{\mathrm{d}t^2} \end{cases} \tag{4-19}$$

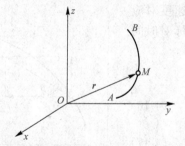

图 4-12　点的运动矢量表示法

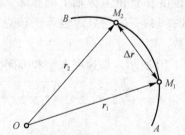

图 4-13　速度与加速度的关系

4.2　刚体的运动

在工程实践中，刚体的运动有两种最常见的基本运动形式：平动和定轴转动。刚体的一些较为复杂的运动可以归结为这两种基本运动的组合。因此，平动和定轴转动这两种基本运动形式是分析一般刚体运动的基础。

■ 4.2.1　刚体的平动

1. 工程中的平动问题

工程中的平动问题是日常生活和生产实践中常有的现象。如图 4-14 所示，沿水平直

线轨道行驶的火车车厢，其上的任一直线 AB 始终平行于初始位置 $A'B'$。又如，图 4-15 所示为筛砂机，如果在筛砂机的筛子上做任一直线 AB，则虽 A 点和 B 点的轨迹均为曲线（圆弧），但因摇杆长 $OA = O_1B$，且 $AB = OO_1$，故直线 AB 始终与其初始位置 $A'B'$ 平行。

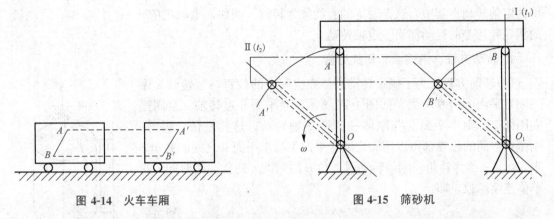

图 4-14　火车车厢　　　　　　　　　　图 4-15　筛砂机

在上述机构中，车厢的运动和筛子的运动有着一个共同的特点，即在刚体运动的过程中，刚体内任一直线始终保持与原来的位置平行。一般称这种运动为刚体的平行移动，简称平动。刚体平动时，其上各点的轨迹若是直线，则称刚体做直线平动，如上述火车车厢的运动；其上各点的轨迹若是曲线，则称刚体做曲线平动，如上述筛砂机中筛子的运动。

2. 刚体平动的特性

如图 4-16 所示，设一刚体做平动，任取刚体上的两点 A 和 B，则这两点以矢径表示的运动方程为

$$r_A = r_A(t)$$
$$r_B = r_B(t)$$

连接 B、A 得矢量 $\boldsymbol{BA}$，由图中易见：

$$r_A = r_B + \boldsymbol{BA}$$

将该式两边对时间求导，并注意到由于 A、B 为刚体上的两点，且刚体做平动，因此矢量 $\boldsymbol{BA}$ 的大小和方向始终保持不变，即 $\boldsymbol{BA}$ 为常矢量，其导数为零，故有

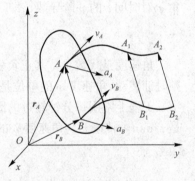

图 4-16　刚体平动

$$\frac{\mathrm{d}r_A}{\mathrm{d}t} = \frac{\mathrm{d}r_B}{\mathrm{d}t}$$

即

$$v_A = v_B \tag{4-20}$$

将式(4-20)两边再对时间求导，可得

$$\frac{\mathrm{d}v_A}{\mathrm{d}t} = \frac{\mathrm{d}v_B}{\mathrm{d}t}$$

即

$$a_A = a_B \tag{4-21}$$

由式(4-20)和式(4-21)可得结论：刚体平动时，其上各点的运动轨迹形状相同且彼此平行；在同一瞬时，刚体上各点的速度相同，各点的加速度也相同。因此，研究刚体的平动时，只需分析刚体上任意一点的运动，即可确定刚体上其余各点的运动状态。

■ 4.2.2 刚体的定轴转动

刚体运动时，若刚体上(或其延伸部分)有一条直线始终保持不动，则这种运动称为刚体的定轴转动。其中，这条固定的直线称为转轴。例如，电动机的转子、传动轴、发动机的涡轮叶片等的运动都属于定轴转动。

1. 转动方程、角速度和角加速度

(1)转动方程。为了确定转动刚体在空间中的位置，过转轴 z 做一固定平面 I 为参考面。如图 4-17 所示，半平面 II 过转轴 z 且固连在刚体上，则半平面 II 与刚体一起绕 z 轴转动。这样，任一瞬时，刚体在空间的位置都可以用固定的半平面 I 与半平面 II 之间的夹角 φ 来表示，φ 称为转角。刚体转动时，角 φ 随时间 t 变化，是时间 t 的单值连续函数，即

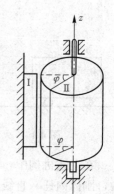

$$\varphi = \varphi(t) \tag{4-22}$$

式(4-22)被称为刚体的转动方程，它反映转动刚体任一瞬时在空间的位置，即刚体转动的规律。

转角 φ 是代数量，规定从转轴的正向看，逆时针转向的转角为正，反之为负。转角 φ 的单位是 rad。

图 4-17　转动刚体

(2)角速度。角速度是描述刚体转动快慢和转动方向的物理量，用符号 ω 表示，它是转角 φ 对时间 t 的一阶导数，即

$$\omega = \frac{\mathrm{d}\varphi}{\mathrm{d}t} \tag{4-23}$$

角速度是代数量，其正负表示刚体的转动方向。当 $\omega > 0$ 时，刚体逆时针转动；反之则顺时针转动，角速度 ω 的单位是 rad/s。

工程上常用每分钟转过的圈数表示刚体转动的快慢，称为转速，用符号 n 表示，单位是 r/min。转速 n 与角速度 ω 的关系为

$$\omega = \frac{2\pi n}{60} = \frac{\pi n}{30} \tag{4-24}$$

(3)角加速度。角加速度是表示刚体角速度变化快慢和方向的物理量，用符号 α 表示，它是角速度 ω 对时间的一阶导数，即

$$\alpha = \frac{\mathrm{d}\omega}{\mathrm{d}t} = \frac{\mathrm{d}^2 \omega}{\mathrm{d}t^2} \tag{4-25}$$

角加速度 α 是代数量，当 α 与 ω 同号时，表示角速度的绝对值随时间增加而增大，刚体加速转动；反之，减速转动。角加速度的单位是 rad/s²。

虽然刚体绕定轴转动与点的曲线运动形式不同，但它们相对应的变量之间的关系是相似的，其相似关系见表 4-1。

表 4-1　刚体绕定轴转动与点的曲线运动

点的曲线运动	刚体绕定轴转动
运动方程 $s = s(t)$	转动方程 $\varphi = \varphi(t)$
速度 $v = \dfrac{\mathrm{d}s}{\mathrm{d}t}$	角速度 $\omega = \dfrac{\mathrm{d}\varphi}{\mathrm{d}t}$

点的曲线运动	刚体绕定轴转动
切向加速度 $a_\tau = \dfrac{\mathrm{d}v}{\mathrm{d}t} = \dfrac{\mathrm{d}^2 s}{\mathrm{d}t^2}$	角加速度 $\alpha = \dfrac{\mathrm{d}\omega}{\mathrm{d}t} = \dfrac{\mathrm{d}^2\varphi}{\mathrm{d}t^2}$
匀速运动 $v=$ 常数 $s = s_0 + vt$	匀速转动 $\omega=$ 常数 $\varphi = \varphi_0 + \omega t$
匀变速运动 $a_\tau =$ 常数 $s = s_0 + v_0 t + \dfrac{a_\tau t^2}{2}$ $v = v_0 + a_\tau t$	匀变速转动 $\alpha =$ 常数 $\varphi = \varphi_0 + \omega_0 t + \dfrac{\alpha t^2}{2}$ $\omega = \omega_0 + \alpha t$

【例 4-4】 某发动机转子在启动过程中的转动方程为 $\varphi = t^3$，其中 t 以 s 计，φ 以 rad 计。试计算转子在 2 s 内转过的圈数和 $t = 2$ s 时转子的角速度、角加速度。

解：由转动方程 $\varphi = t^3$ 可知，$t = 0$ 时，$\varphi_0 = 0$，转子在 2 s 内转过的角度为

$$\varphi - \varphi_0 = t^3 - 0 = 2^3 - 0 = 8 \,(\mathrm{rad})$$

转子转过的圈数为

$$N = \frac{\varphi - \varphi_0}{2\pi} = \frac{8}{2\pi} = 1.27$$

由式(4-23)和式(4-25)得转子的角速度和角加速度为

$$\omega = \frac{\mathrm{d}\varphi}{\mathrm{d}t} = 3t^2, \quad \alpha = \frac{\mathrm{d}\omega}{\mathrm{d}t} = 6t$$

当 $t = 2$ s 时，有

$$\omega = 3 \times 2^2 = 12 \,(\mathrm{rad/s})$$
$$\alpha = 6 \times 2 = 12 \,(\mathrm{rad/s^2})$$

2. 定轴转动刚体上各点的速度和加速度

在机械加工的车、铣、磨等工序中，需要知道各种刀具的切削速度，以便设计和选择刀具；对于带轮、砂轮，要计算线速度。它们均与做定轴转动的刚体（主轴、带轮）的角速度有关，更确切地说，是与定轴转动刚体上点的速度、加速度有直接关系。因此，有必要研究定轴转动刚体的角速度、角加速度与刚体上各点的速度、加速度之间的关系。

（1）转动刚体上各点的速度。如图 4-18 所示，刚体做定轴转动时，刚体内各点始终都在各自特定的垂直于转轴的平面内做圆周运动。在刚体上任取一点 M，设该点到转轴的垂直距离为 R（称为转动半径）。显然，M 点的轨迹就是以 R 为半径的圆。若刚体的转角为 φ，则以弧坐标形式表示的 M 点的运动方程为

$$s = \widehat{MO'} = R\varphi \tag{4-26}$$

M 点的速度大小为

$$v = \frac{\mathrm{d}s}{\mathrm{d}t} = R\frac{\mathrm{d}\varphi}{\mathrm{d}t} = R\omega \tag{4-27}$$

即转动刚体上任一点的速度大小等于其转动半径与刚体角速度的乘积。

由式(4-27)可以看出，转动刚体上点的速度大小与点的转动半径成正比，方向垂直于转动半径，指向与角速度的转向一致，如图 4-19 所示。

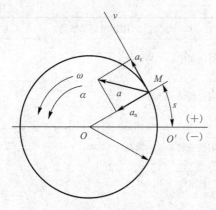

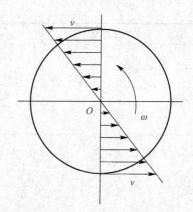

图 4-18　刚体定轴转动　　　　图 4-19　速度与半径的关系

若以转速 n 表示刚体转动的快慢，则直径为 D 的圆周上各点的速度可表示为

$$v = R\omega = \frac{D\pi n}{2 \times 30} = \frac{D\pi n}{60} \text{ m/s}$$

或

$$v = \pi D n \text{ m/min} \tag{4-28}$$

（2）转动刚体上各点的加速度。由于定轴转动刚体上的各点做圆周运动，因此其加速度分为切向加速度和法向加速度。

M 点切向加速度的大小为

$$a_\tau = \frac{\mathrm{d}v}{\mathrm{d}t} = R \frac{\mathrm{d}\omega}{\mathrm{d}t} = R\alpha \tag{4-29}$$

即转动刚体上任一点切向加速度的大小等于其转动半径与角加速度的乘积，其方向垂直于转动半径，指向与角加速度的转向一致，如图 4-18 所示。

M 点法向加速度的大小为

$$a_\mathrm{n} = \frac{v^2}{R} = \frac{(R\omega)^2}{R} = R\omega^2 \tag{4-30}$$

即转动刚体上任一点法向加速度的大小等于其转动半径与角速度平方的乘积，其方向沿转动半径指向圆心，如图 4-18 所示。

由此可确定 M 点全加速度的大小和方向，如图 4-20 所示。

$$\begin{cases} a = \sqrt{a_\tau^2 + a_\mathrm{n}^2} = \sqrt{(R\alpha)^2 + (R\omega^2)^2} = R\sqrt{\alpha^2 + \omega^4} \\ \tan\theta = \frac{a_\tau}{a_\mathrm{n}} = \frac{R\alpha}{R\omega^2} = \frac{\alpha}{\omega^2} \end{cases} \tag{4-31}$$

式中，θ 是加速度 a 与转动半径 R 的夹角。

式（4-31）表明定轴转动刚体上各点全加速度的大小与该点的转动半径成正比，方向与转动半径成 θ 角，且各点 θ 角均相同，其分布如图 4-20 所示。

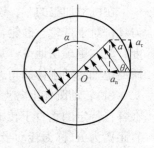

图 4-20　各点加速度

【例 4-5】　轮 Ⅰ 和轮 Ⅱ 固连，半径分别为 R_1 和 R_2，在轮 Ⅰ 上绕有不可伸长的细绳，绳端挂重物 A，如图 4-21 所示。若重物自静止以匀加速度 a 下降，带动轮 Ⅰ 和轮 Ⅱ 转动。求当重物下降了 h 高度时，轮 Ⅱ 边缘上 B_2 点的速度和加速度的大小。

解：重物自静止下降了高度 h 时，其速度大小为 $v = \sqrt{v_0^2 + 2ah}$，其中 $v_0 = 0$，故 $v = \sqrt{2ah}$。轮 Ⅰ 和轮 Ⅱ 的角速度、角加速度分别为

$$\omega = \frac{v_1}{R_1} = \frac{v}{R_1} = \frac{\sqrt{2ah}}{R_1}$$

$$\alpha = \frac{a_\tau}{R_1} = \frac{a}{R_1}$$

轮 II 边缘上 B_2 点的速度和加速度大小为

$$v_2 = R_2\omega = \frac{R_2}{R_1}\sqrt{2ah}$$

$$a_\tau = R_2\alpha = \frac{R_2}{R_1}a$$

$$a_n = R_2\omega^2 = R_2\left(\frac{\sqrt{2ah}}{R_1}\right)^2 = \frac{2R_2}{R_1^2}ah$$

$$a = \sqrt{a_\tau^2 + a_n^2} = \sqrt{\left(\frac{R_2}{R_1}a\right)^2 + \left(\frac{2R_1}{R_1^2}ah\right)^2} = \frac{R_2 a}{R_1^2}\sqrt{R_1^2 + 4h^2}$$

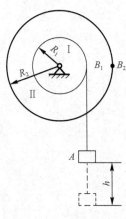

图 4-21　重物悬挂机构

4.3　点的合成运动

前面我们研究物体的运动是相对于同一参考坐标系而言的，当所研究的物体相对于不同参考坐标系运动时（它们之间存在相对运动），就形成了运动的合成。本节主要学习动点相对于不同参考坐标系运动时的运动方程、速度、加速度之间的关系。

■ 4.3.1　点的合成运动的概念

在不同的参考系中研究同一个物体的运动，看到的运动情况是不同的。例如沿直线滚动的车轮，在地面上观察轮边缘上点 M 的运动轨迹是旋轮线，但在车厢上观察是一个圆，如图 4-22(a)所示；又如在雨天观察雨滴的运动，如果在地面上观察（不计自然风的干扰），雨滴铅垂下落，而在行驶的汽车上，雨滴在车窗上留下的是倾斜的痕迹，如图 4-22(b)所示。

如图 4-22(c)所示，飞机做水平直线飞行，现观察螺旋桨上一点 M 的运动。点 M 相对于机身的运动是圆周运动，而它相对于地面的运动为螺旋线运动。这里点 M 相对于地面的螺旋线运动，显然可看作点 M 相对于机身的圆周运动和它随同机身所做的相对于地面的水平直线运动的合成。

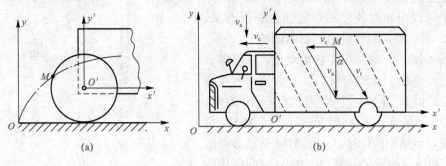

(a)　　　　　　　　　　　　　　　(b)

图 4-22　不同参考系时的运动观察

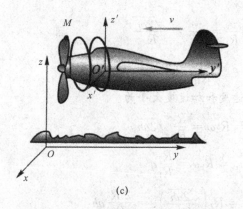

(c)

图 4-22　不同参考系时的运动观察(续)

　　从上面的例子看出：物体相对于不同参考系的运动是不同的，它们之间存在着运动的合成和分解的关系。在研究与运动相对性有关的点的运动时，将研究的点看成动点，动点相对于两个坐标系运动，其中固接在地球表面上的坐标系 Oxy 称为定参考坐标系(简称定系)，固接在运动参考体上的坐标系 $O'x'y'$ 称为动参考坐标系(简称动系)。动点相对于定系运动可以看成动点相对于动系的运动和动系相对定系的运动的合成。因此，这类运动就称为点的合成运动或复合运动。上面的例子中，定系建立在地面上，动点 M 的运动轨迹是旋轮线，动系建立在车厢上，点 M 相对于动系的运动轨迹是一个圆，而车厢做平移的运动，即动点 M 的旋轮线可以看成圆的运动和车厢平移运动的合成。

　　研究点的合成运动必须要选定两个参考坐标系，清楚以下三种运动：

　　(1)动点相对于定参考坐标系运动，称为动点的绝对运动。所对应的轨迹、速度和加速度分别称为绝对运动轨迹、绝对速度 v_a、绝对加速度 a_a。

　　(2)动点相对于动参考坐标系运动，称为动点的相对运动。所对应的轨迹、速度和加速度分别称为相对运动轨迹、相对速度 v_r、相对加速度 a_r。

　　(3)动系相对于定系的运动，称为动点的牵连运动。动系上与动点重合的点称为动点的牵连点，牵连点所对应的轨迹、速度和加速度分别称为牵连运动轨迹、牵连速度 v_e、牵连加速度 a_e。

■ 4.3.2　点的速度合成定理

　　如前所述，动点的绝对运动可以看成相对运动和牵连运动合成的结果。以此类推，动点的绝对速度也可以由相对速度和牵连速度合成而来，以图 4-23 所示桥式起重机为例加以证明。

　　在图 4-23 中，取起吊重物为动点，静参考系 Oxy 固连于地面，动参考系 $O'x'y'$ 固连于起重小车。设在瞬时 t，重物位于 M 点。在 $t+\Delta t$ 瞬时，重物运动至 M_1 点。在 Δt 时间内，矢量 $\boldsymbol{M'M_1}$ 是动点在相对运动中的位移，矢量 $\boldsymbol{MM'}$ 是动参考系在瞬时 t 与动点相重合的那一点在 Δt 时间内的位

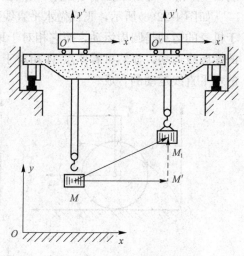

图 4-23　桥式起重机

88

移，矢量 MM_1 是动点在绝对运动中的位移。

由图可见

$$MM_1 = MM' + M'M_1$$

将上式两边同除以 Δt，并取 $\Delta t \to 0$ 时的极限，即将上式两边对时间求导，得

$$\frac{\mathrm{d}(MM_1)}{\mathrm{d}t} = \frac{\mathrm{d}(MM')}{\mathrm{d}t} + \frac{\mathrm{d}(M'M_1)}{\mathrm{d}t}$$

根据速度的定义，上式左端项是动点 M 在瞬时 t 的绝对速度 v_a，上式右端第一项是牵连点的速度，即动点的牵连速度 v_e，右端第二项是动点的相对速度 v_r，于是有

$$v_a = v_e + v_r \tag{4-32}$$

上式表明，动点的绝对速度等于同一瞬时它的牵连速度与相对速度的矢量和。这就是点的速度合成定理，也称为速度平行四边形定理；即若以动点在某瞬时的牵连速度矢量 v_e 和相对速度矢量 v_r 为邻边做一个平行四边形，则其对角线就是动点在该瞬时的绝对速度矢量 v_a。

在式(4-32)中包含 v_a、v_e、v_r 三个矢量的大小和方向共六个要素，若已知其中任意四个要素，就能求出其余两个未知要素。

【例 4-6】 图 4-24 所示为牛头刨床的摆动导杆机构。曲柄 OA 以匀角速度 $\omega = 2$ rad/s 绕 O 轴转动，通过滑块 A 带动导杆 $O_1 B$ 绕 O_1 轴转动。已知 $OA = 20$ cm，$\angle OO_1 A = 30°$，求导杆 $O_1 B$ 在图示瞬时的角速度 ω_1。

解: (1)选取动点，确定动系和静系。由题意知，曲柄 OA 转动，通过滑块 A 带动导杆 $O_1 B$ 摆动。滑块与导杆彼此间有相对运动，故可选取滑块 A 为动点，动系固连于导杆 $O_1 B$，静系固连于机座。

(2)运动分析。

绝对运动：动点 A 以 O 为圆心、以 OA 为半径的圆周运动；

相对运动：动点 A 沿导杆 $O_1 B$ 的直线运动；

牵连运动：导杆 $O_1 B$ 绕 O_1 轴的定轴转动。

(3)速度分析。

绝对速度的大小 $v_a = r\omega = 20 \times 2 = 40$(cm/s)，方向如图4-24

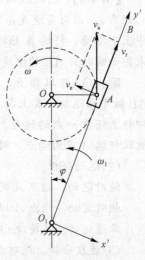

图 4-24 导杆机构

所示；相对速度和牵连速度的方向如图 4-24 所示，大小未知。如能求出牵连速度就可确定导杆的角速度。根据速度合成定理 $v_a = v_e + v_r$，做出点 A 的速度平行四边形，如图所示。由几何关系可求得

$$v_e = v_a \sin\varphi = 40 \times 0.5 = 20 \text{ (cm/s)}$$

导杆的角速度为

$$\omega_1 = \frac{v_e}{O_1 A} = \frac{20}{40} = 0.5 \text{ (rad/s)}$$

转向由 v_e 的指向确定，为逆时针转向。

【例 4-7】 曲柄移动导杆机构如图 4-25 所示。曲柄 OA 长为 r，以匀角速度 ω 绕轴 O 转动，滑块 A 可在导杆中滑动，从而带动导杆 BC 在滑槽 K 中上下运动。求图

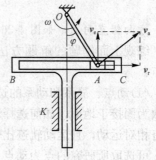

图 4-25 曲柄移动导杆机构

示瞬时连杆 BC 的速度。

解：（1）选取动点，确定动系和静系。由题意知，滑块与导杆彼此间有相对运动，故可选取滑块 A 为动点，动系固连于导杆 BC，静系固连于机座。

（2）运动分析。

绝对运动：动点以 O 点为圆心的圆周运动；

相对运动：动点在导杆中的水平直线运动；

牵连运动：导杆 BC 的直线平移。

由于导杆做平移运动，其上各点速度相同，故动点 A 的牵连速度即为所要求的连杆 BC 的速度。

（3）速度分析。绝对速度 v_a 的大小 $v_a = r\omega$，方向如图 4-25 所示；相对速度和牵连速度的方向均已知，大小待求。根据速度合成定理 $v_a = v_e + v_r$，做出 A 点的速度平行四边形，如图 4-25 所示。由几何关系得

$$v_e = v_a \sin\varphi = r\omega \sin\varphi$$

方向铅垂向上，如图 4-25 所示。

【例 4-8】 凸轮机构如图 4-26 所示。凸轮半径为 R，偏心距为 e，以匀角速度 ω 绕轴 O 转动，带动顶杆 AB 在滑槽中上下滑动，杆端 A 始终与凸轮接触，且 OAB 成一直线。求图示瞬时杆 AB 的速度。

解：（1）选取动点，确定动系和静系。由题意知，杆 AB 做平移运动，其上各点速度均相等，所以杆 AB 的速度即杆上任意一点的速度。杆端 A 点与凸轮间有相对运动，故取杆端 A 点为动点，动系固连于凸轮，静系固连于机架。

（2）运动分析。

绝对运动：动点 A 的直线运动；

相对运动：动点 A 以轮心 C 为圆心的圆周运动；

牵连运动：凸轮绕 O 轴的定轴转动。

（3）速度分析。绝对速度和相对速度的方向如图 4-26 所

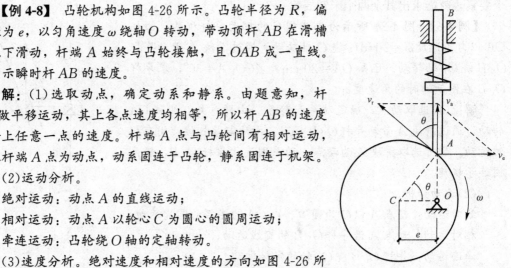

图 4-26 凸轮机构

示，大小未知；牵连速度 v_e 的大小 $v_e = OA \cdot \omega = \sqrt{r^2 + e^2}$，$\omega$ 方向如图 4-26 所示。根据速度合成定理 $v_a = v_e + v_r$，做出点 A 的速度平行四边形，如图 4-26 所示。由几何关系可得

$$v_a = v_e \cot\theta = OA \cdot \omega \cdot \frac{e}{OA} = e\omega$$

方向铅直向上，如图 4-26 所示。

综观上面例题的解题方法，可以归纳出应用点的速度合成定理解题的步骤与注意要点：

（1）动点、静系和动系的选取。动点、动系和静系必须分别选在三个物体上，静系一般取为固接于地面，如何选择动点、动系是解决问题的关键。一般来讲，动点相对于动系应有相对运动，且运动轨迹比较明显。对于没有约束联系的系统，例如雨点、矿砂、物料等，可选取所研究的点为动点，动系固定在另一运动的物体上，如车辆、传送带等。

对于有约束联系的系统，例如机构传动问题，动点多选在两构件的连接点或接触点，

并与其中一个构件固连，动系则固定在另一运动的构件上。

（2）三种运动和三种速度的分析。相对运动和绝对运动都是点的运动，要分析点的运动轨迹是直线还是圆周或是某种曲线。牵连运动是刚体的运动，要分析刚体是做平动还是转动。对各种运动的速度，都要分析它的大小和方向两个要素，弄清已知量和未知量。

分析相对速度时，可设想观察者站在参考系上，所观察到的运动即为点的相对运动。分析牵连速度时，可假定动点暂不做相对运动，而把它固接在动参考系上，然后根据牵连运动的性质去分析该点的速度，即分析牵连点的速度。

（3）根据点的速度合成定理求解未知量。按各速度的已知条件，做出速度平行四边形。应注意要使绝对速度的矢量成为平行四边形的对角线，然后根据几何关系求解未知量。

4.4 刚体的平面运动

4.4.1 刚体平面运动的基本概念

机械结构中很多构件的运动，例如行星齿轮机构中动齿轮 B 的运动，如图 4-27（a）所示；曲柄连杆机构中连杆 AB 的运动，如图 4-27（b）所示；以及沿直线轨道滚动的轮子，如图 4-27（c）所示，它们运动的共同特点是既不沿同一方向平移，又不绕某固定点做定轴转动，而是在其自身平面内的运动。即刚体运动过程中，其上任意一点与某一固定平面的距离始终保持不变。刚体的这种运动形式称为平面运动。

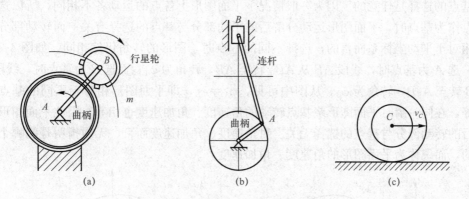

（a） （b） （c）

图 4-27 刚体的平面运动实例

在研究刚体平面运动时，根据平面运动的上述特点，可对问题加以简化。

设一刚体做平面运动，运动中刚体内每一点到固定平面 I 的距离始终保持不变，如图 4-28 所示。做一个与固定平面 I 平行的平面 II 来截割刚体，得截面 S，该截面称为平面运动刚体的平面图形。刚体运动时，平面图形 S 始终在平面 II 内运动，即始终在其自身平面内运动，而刚体内与 S 垂直的任一直线 A_1AA_2 都做平动。因此，只要知道平面图形上点 A 的运动，便可知道 A_1AA_2 线上所有各点的运动。因而，只要知道平面图形 S 内各点的运动，就可以知道整个刚体的运动。由此可知，平面图形上各点的运动可以代表刚体内

所有各点的运动，即刚体的平面运动可以简化为平面图形在其
自身平面内的运动。

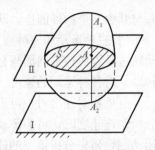

图4-28 刚体平面运动的简化

■ 4.4.2 平面图形的运动方程和平面图形运动的分解

如图 4-29(a)所示，在平面图形 S 内建立平面直角坐标系
xOy，来确定平面图形 S 的位置。为确定平面图形 S 的位置，
只需确定其上任意直线段 AB 的位置，线段 AB 的位置可由点
A 的坐标和线段 AB 与 x 轴或者与 y 轴的夹角来确定。即有

$$\begin{cases} x_A = f_1(t) \\ y_A = f_2(t) \end{cases} \tag{4-33}$$
$$\varphi = f_3(t)$$

式(4-33)称为平面图形 S 的运动方程，即刚体平面运动的运动方程。点 A 称为基点，
一般选为已知点，若已知刚体的运动方程，刚体在任一瞬时的位置和运动规律就可以确
定了。

由式(4-33)知：

(1)若基点 A 不动，基点 A 坐标 x_A、y_A 均为常数，则平面图形 S 绕基点 A 做定轴
转动；

(2)若 φ 为常数，平面图形 S 无转动，则平面图形 S 以方位不变的 φ 角做平移。

由此可见当两者都变化时，平面图形 S 的运动可以看成随着基点的平移和绕基点的转
动的合成。即平面图形的运动可以分解为随基点的平动和绕基点的转动。其中"随基点的
平动"是牵连运动，"绕基点的转动"是相对运动。

基点的选择是任意的。因为一般情况下平面图形上各点的运动各不相同，所以选取不
同的点作为基点时，平面图形运动分解后的平动部分与基点的选择有关；而转动部分的转
角是相对于平动坐标系而言的，选择不同的基点时，图形的转角仍然相同。如图 4-29(b)
所示，选 A 为基点时，线段 AB 从 AB_0 转至 AB，转角为 φ_A；而选 B 为基点时，线段 AB
从 AB 转至 A_0B，转角为 φ_B，从图中可见，$\varphi_A = \varphi_B$，即平面图形相对于不同的基点的转
角相等，在同一瞬时平面图形绕基点转动的角速度、角加速度也相等。因此平面图形运动
分解后的转动部分与基点的选择无关。对角速度、角加速度而言，无须指明是绕哪个基点
转动的，而统称为平面图形的角速度、角加速度。

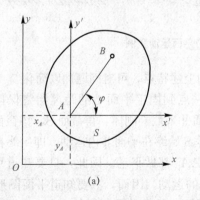

(a)

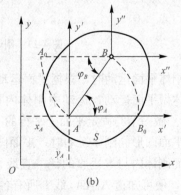

(b)

图4-29 平面图形 S 的运动

4.4.3 平面图形上各点的速度

1. 基点法

平面图形 S 的运动可以看成随着基点的平移和绕基点的转动的合成。因此，运用速度合成定理可求平面图形内各点的速度。

如图 4-30 所示，取 A 为基点，求平面图形内 B 点的速度，设图示瞬时平面图形的角速度为 ω，因为牵连运动是平动，所以点 B 的牵连速度就等于基点 A 的速度 v_A，而点 B 的相对速度就是点 B 随同平面图形绕基点 A 转动的速度，以 v_{BA} 表示，其大小等于 $BA\omega$（ω 为图形的角速度），方向垂直于 BA 连线而指向图形的转动方向。

以 v_A 和 v_{BA} 为两邻边做速度平行四边形，则点 B 的绝对速度以这个平行四边形的对角线表示，即

$$v_B = v_A + v_{BA} \tag{4-34}$$

上式称为速度合成的矢量式。注意到 A、B 是平面图形上的任意两点，选取点 A 为基点时，另一点 B 的速度由式(4-34)确定；但若选取点 B 为基点，则点 A 的速度表达式应写为 $v_A = v_B + v_{AB}$。由此可得速度合成定理：平面图形上任一点的速度等于基点的速度与该点随图形绕基点转动速度的矢量和。

应用式(4-34)分析求解平面图形上点的速度问题的方法称为速度基点法，又叫作速度合成法。式(4-34)中共有三个矢量，各有大小和方向两个要素，总计六个要素，要使问题可解，一般应有四个要素是已知的。考虑到相对速度 v_{BA} 的方向必定垂直于连线 BA，于是只需再知道任何其他三个要素，即可解得剩余的两个未知量。

2. 速度投影法

在求平面图形上点的速度时，常常应用式(4-34)在 A、B 两点连线上的投影式。

已知平面图形 S 内任意两点 A、B 速度的方位，如图 4-31 所示。将式(4-34)投影到 AB 连线上，并注意到 v_{BA} 垂直于 AB，在 AB 连线上的投影为零，则可得 v_B 在连线 AB 上的投影 $(v_B)_{AB}$ 等于 v_A 在连线 AB 上的投影 $(v_A)_{AB}$，即

$$(v_A)_{AB} = (v_B)_{AB} \tag{4-35}$$

即得速度投影定理：平面图形 S 内任意两点的速度在两点连线上的投影相等。

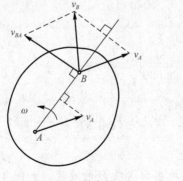

图 4-30 基点法

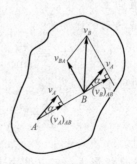

图 4-31 速度投影法

式(4-34)和式(4-35)反映刚体上各点的速度关系，一般情况下，刚体上各点的速度是

不相等的，它们相差的是相对基点转动的速度，说明选不同的点作为基点时，平面图形 S 随基点平动的速度与基点的选择是有关的。

速度投影定理反映了刚体不变形的特性。因刚体上任意两点间的距离应保持不变，所以刚体上任意两点的速度在这两点连线上的投影应该相等，否则，这两点间的距离不是伸长，就是缩短，这将与刚体的性质相矛盾。因此，速度投影定理不仅适用刚体做平面运动，而且也适用刚体的一般运动。

【例 4-9】 如图 4-32(a)所示，滑块 A、B 分别在相互垂直的滑槽中滑动，连杆 AB 的长度为 $l = 20$ cm，在图示瞬时，$v_A = 20$ cm/s，水平向左，连杆 AB 与水平线的夹角为 $\varphi = 30°$，试求滑块 B 的速度和连杆 AB 的角速度。

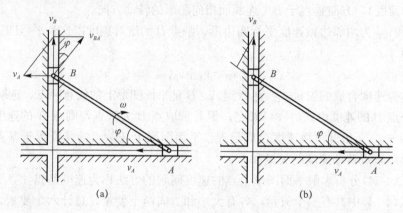

图 4-32 滑槽机构

解： 连杆 AB 做平面运动，因滑块 A 的速度是已知的，故选点 A 为基点，由基点法式(4-34)得滑块 B 的速度为

$$v_B = v_A + v_{BA}$$

上式中有三个大小和三个方向，共六个要素，其中 v_B 的方位是已知的，v_B 的大小是未知的；v_A 的大小和方位是已知的；点 B 相对基点转动的速度 v_{BA} 的大小是未知的，$v_{BA} = \omega AB$，方位是已知的，垂直于连杆 AB。在点 B 处做速度的平行四边形，应使 v_B 位于平行四边形对角线的位置，如图 4-32(a)所示。由图中的几何关系得

$$v_B = \frac{v_A}{\tan\varphi} = \frac{20}{\tan 30°} = 34.6 \ (\text{cm/s})$$

v_B 的方向垂直向上。

点 B 相对基点转动的速度为

$$v_{BA} = \frac{v_A}{\sin\varphi} = \frac{20}{\sin 30°} = 40 \ (\text{cm/s})$$

则连杆 AB 的角速度为

$$\omega = \frac{v_{BA}}{l} = \frac{40}{20} = 2 \ (\text{rad/s})$$

转向为顺时针。

本题若采用速度投影法，可以很快速地求出滑块 B 的速度。如图 4-32(b)所示，由式(4-35)有

$$(v_A)_{AB} = (v_B)_{AB}$$

即

$$v_A\cos\varphi = v_B\sin\varphi$$

则

$$v_B = \frac{\cos\varphi}{\sin\varphi}v_A = \frac{v_A}{\tan\varphi} = \frac{20}{\tan 30°} = 34.6\,(\text{cm/s})$$

3. 瞬心法

再对式(4-34)做进一步分析，若所选取基点的速度恰好是零，则得到 $v_B = v_{BA}$。即平面图形上任一点 B 的速度等于该点绕基点转动的速度，这样就把问题转化为平面图形绕基点做定轴转动，从而使问题大大简化。那么，在任意瞬时平面图形上是否存在速度恰好是零的点呢？若存在又该如何确定它的位置呢？

如图 4-33 所示，设有一平面图形 S，取图形上的点 A 为基点，它的速度为 v_A，图形的角速度为 ω，转向如图所示。图形上任一点 M 的速度由基点法可得

$$\boldsymbol{v}_M = \boldsymbol{v}_A + \boldsymbol{v}_{MA}$$

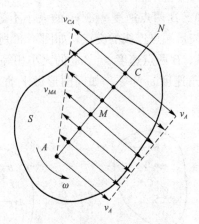

图 4-33　速度瞬心概念图

若在 v_A 的垂线 AN 上取一点 M，由图中看出，$\boldsymbol{v}_A$ 和 $\boldsymbol{v}_{MA}$ 在同一直线上，而方向相反，故 $\boldsymbol{v}_M$ 的大小为

$$v_M = v_A - \omega \cdot AM$$

由上式可知，随着点 M 在垂线 AN 上的位置不同，$\boldsymbol{v}_M$ 的大小也不同，因此总可以找到一点 C，这点的瞬时速度等于零。

$$v_C = v_A - \omega \cdot AC$$

即

$$v_A = \omega \cdot AC$$

当在不与 v_A 垂直的任何直线上取一点时，M 点的相对速度与牵连速度不可能共线，因而其速度不可能为零。

综上所述，做平面运动的平面图形，在任一瞬时必有且只有一个点的速度为零。这个点称为平面图形的瞬时速度中心，简称瞬心。瞬心可能在平面图形内，也可能在平面图形外。

如果知道以角速度 ω 做平面运动的平面图形的瞬心，则求解平面图形上各点的速度就比较简单，只需把平面图形看成绕瞬心做定轴转动，运用定轴转动刚体上各点速度的求法

进行计算即可。这种利用瞬心求解平面图形上各点速度的方法称为速度瞬心法，简称瞬心法。

显然，确定瞬心的位置是使用瞬心法的关键。确定瞬心位置的方法如下：

（1）当平面图形沿固定面做纯滚动时，瞬心是其接触点，如图 4-34 所示。

（2）若已知平面图形上 A、B 两点速度 v_A、v_B 的方向，且方向不同，则瞬心是两点速度垂线的交点，如图 4-35 所示。

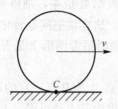
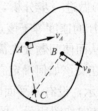

图 4-34　瞬心位置的确定方法 1 　　　图 4-35　瞬心位置的确定方法 2

（3）若已知平面图形上 A、B 两点速度 v_A、v_B 的大小不等，而方向与 AB 连线垂直，则瞬心是 AB 连线与两速度矢量端点连线的交点，如图 4-36 所示。

（4）若已知平面图形上 A、B 两点速度 v_A、v_B 的大小相等，方向也相同，则瞬心在无穷远处。在该瞬时，图形的角速度 ω 为零，如同图形做平动，称为瞬时平动，如图 4-37 所示。

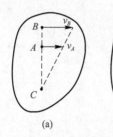
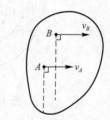

(a)　　　　(b)

图 4-36　瞬心位置的确定方法 3 　　　图 4-37　瞬心位置的确定方法 4

需要指出：瞬心在运动过程中不是固定不变的，瞬心在图形上的位置是随时变换的，在不同的瞬时有不同的瞬心。瞬心处只是速度为零，但加速度一般并不为零，因此瞬心不同于固定的转轴，仅在分析速度问题时把过瞬心而与平面图形垂直的一条线视为瞬时的转轴。

【例 4-10】　如图 4-38 所示，火车以 $v_O=15$ m/s 的速度在直线轨道上匀速行驶，车轮半径 $r=0.4$ m，设车轮做纯滚动，求车轮上 A、B、C 和 D 四个点的速度。

解：　由于车轮做纯滚动，则车轮在该瞬时与地面的接触点 C 即为瞬心，$v_C=0$。

根据瞬心法，车轮的角速度为

$$\omega = \frac{v_O}{r} = \frac{15}{0.4} = 37.5 \, (\text{rad/s})$$

车轮上 A、B、D 三点的速度分别为

$$v_A = AC \cdot \omega = 2r\omega = 2 \times 0.4 \times 37.5 = 30 \, (\text{m/s})$$

$$v_B = BC \cdot \omega = \sqrt{2} r\omega = \sqrt{2} \times 0.4 \times 37.5 = 21.2 \, (\text{m/s})$$

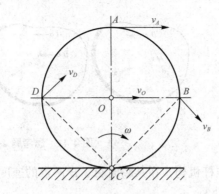

图 4-38　车轮上点的速度分析

$$v_D = DC \cdot \omega = \sqrt{2}r\omega = \sqrt{2} \times 0.4 \times 37.5 = 21.2\,(\text{m/s})$$

思考题

4-1　切向加速度和法向加速度的物理意义是什么？在运动过程中，若动点的切向加速度与法向加速度为下列四种情况：(1)$a_\tau = 0$，$a_n = 0$；(2)$a_\tau \neq 0$，$a_n = 0$；(3)$a_\tau = 0$，$a_n \neq 0$；(4)$a_\tau \neq 0$，$a_n \neq 0$。动点做何种运动？

4-2　试指出图 4-39 中所示的点做曲线运动时，哪些是加速运动？哪些是减速运动？又有哪些是不可能实现的运动？

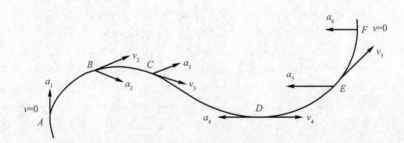

图 4-39　思考题 4-2 图

4-3　点做直线运动，某瞬时其速度 $v = 2$ m/s，此时它的加速度 a 是否为零，为什么？若其速度 v 为零，其加速度 a 是否为零？

4-4　用绳吊一重物，使其上点 P 沿一圆周运动，试问重物的运动是平动还是转动？

4-5　刚体绕定轴转动时，转轴是否一定通过物体本身？汽车在十字路口的圆形环行路上行驶时，车厢的运动是平动还是转动？

4-6　为什么平面运动刚体的转动角速度与基点的选择无关，又为什么它的平动速度与基点选择有关？

4-7　如图 4-40 所示，悬挂重物的绳绕在鼓轮上，设轮上点 A 和绳上点 B 在切点接触。当重物上升时，点 A 和 B 的加速度是否一样？当重物下降时，点 A、B 的加速度又是否相同？

4-8　图 4-41 所示各平面图形上各点速度的分布是否可能？

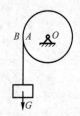

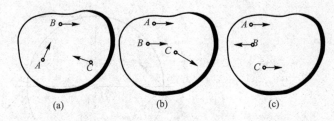

图 4-40 思考题 4-7 图   图 4-41 思考题 4-8 图

4-9 图 4-42 所示为四连杆机构，在某瞬时 A、B 两点的速度大小相同，方向也相同。试问 AB 板的运动是否为平动？

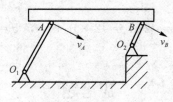

图 4-42 思考题 4-9 图

工作手册

【任务名称】 求解飞机轨道运动周期　　参考学时：　1　学时
【项目团队】

【任务实施关键点】

实施条件：

工序	工作步骤	实施方案(列关键作业点，详记在工作活页)	
1. 各段运行速度与时间计算	$A \rightarrow B$ 的速度与时间		
	$B \rightarrow C$ 的速度与时间		
	$C \rightarrow D$ 的速度与时间		
	$D \rightarrow A$ 的速度与时间		
2. 周期增量求解	求解整个运动周期的增量		
工作小结			
评价			

99

习 题

4-1 如图 4-43 所示，一人在岸上自 O 点出发以匀速 v_0 拉着在静水中的船向前行走。绳长 $OM_0 = l$，人、绳子、船均在同一铅垂面内运动，且水平段绳子距水面高度为 h。试列出小船的运动方程，并求出小船的速度。

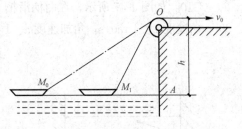

图 4-43 习题 4-1 图

4-2 点做直线运动，其运动方程为 $s = 40 + 2t + 0.5t^2$（s 以 m 计，t 以 s 计）。试求经过 10 s 时的速度与加速度的大小及所经过的路程。

4-3 物体做直线运动，制动后，物体的运动方程为 $s = 16t - 0.2t^2$（s 以 m 计，t 以 s 计）。试求制动开始时的速度、加速度、制动时间及停车前运动的距离。

4-4 点的运动方程为 $x = 10t^2$，$y = 7.5t^2$（x、y 以 cm 计，t 以 s 计）。试求 $t = 4$ s 时点的速度、加速度的大小和方向。

4-5 飞轮以 $n = 210$ r/min 转动，截断电流后，飞轮做匀减速转动，经 264 s 停止。试求飞轮的角速度和停止之前所转过的转数。

4-6 刚体做定轴转动，其转动方程为 $\varphi = t^3$（φ 的单位为 rad，t 的单位为 s）。试求 $t = 2$ s 时刚体转过的圈数、角速度和角加速度。

4-7 图 4-44 所示为固接在一起的两滑轮，其半径分别为 $r = 5$ cm，$R = 10$ cm，A、B 两物体与滑轮以绳相连，设物体 A 以运动方程 $s = 80t^2$ 向下运动（s 以 m 计，t 以 s 计）。试求：

(1) 滑轮的转动方程及第 2 s 末大滑轮轮缘上一点的速度、加速度。

(2) 物体 B 的运动方程。

4-8 如图 4-45 所示，电动绞车由带轮 Ⅰ、Ⅱ 和鼓轮 Ⅲ 组成，鼓轮 Ⅲ 与带轮 Ⅱ 固定在同一轴上，各轮的半径分别为 $R_1 = 30$ cm、$R_2 = 75$ cm、$R_3 = 40$ cm，轮 Ⅰ 的转速 $n_1 = 100$ r/min。设带轮与胶带间无相对滑动，求重物 G 上升速度及胶带 A、B、G、D 各点的加速度。

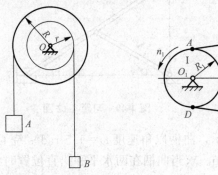

图 4-44 习题 4-7 图

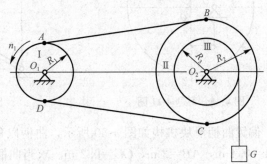

图 4-45 习题 4-8 图

4-9 如图 4-46 所示，河岸相互平行，一船以匀速 v_0 由 A 点向对岸垂直行驶，经

10 min到达对岸。由于水流影响，这时船到达 A 点下游 120 m 处的 C 点。为使船从 A 点到达 B 点，船应逆流并与 AB 成某一角度行驶，在此情况下，船经 12.5 min 到达对岸 B 点，求河宽 l、船对水的相对速度及水流的速度。

4-10　如图 4-47 所示，在曲柄滑槽机构中，曲柄 $OA=10$ cm，绕轴 O 转动，$\angle AOB=30°$，角速度 $\omega=1$ rad/s，角加速度 $\alpha=1$ rad/s²，方向如图所示。求此时滑槽的加速度。

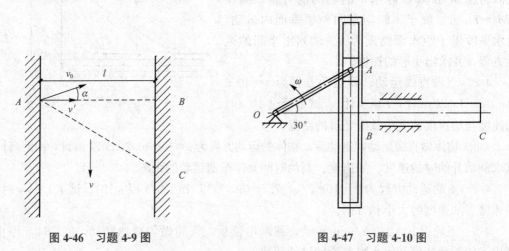

图 4-46　习题 4-9 图　　　　　图 4-47　习题 4-10 图

4-11　图 4-48 所示盘状凸轮机构中，凸轮的半径 $R=80$ mm，偏心距 $OO_1=e=25$ mm。若凸轮的角速度 $\omega=0.5$ rad/s，角加速度 $\alpha=0$，试求在图示位置时推杆 ABE 上升的速度。

4-12　如图 4-49 所示，椭圆规尺 AB 由曲柄 OC 带动，曲柄以角速度 $\omega=2$ rad/s 绕 O 轴转动。已知 $OC=BC=AC=0.12$ m，求当 $\varphi=45°$ 时 A 点与 B 点的速度。

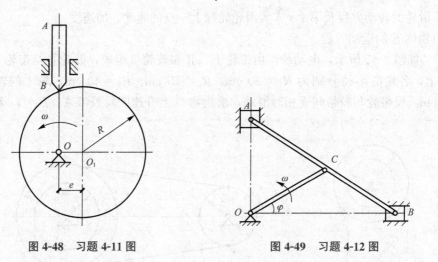

图 4-48　习题 4-11 图　　　　　图 4-49　习题 4-12 图

4-13　偏置曲柄滑块机构如图 4-50 所示，曲柄以角速度 $\omega=1.5$ rad/s 绕 O 轴转动。若已知 $OA=0.4$ m，$AB=2$ m，$OC=0.2$ m。求当曲柄在两水平和铅直位置时滑块 B 的速度。

4-14　平面机构如图 4-51 所示，曲柄 $OA=25$ cm，以角速度 $\omega=8$ rad/s 转动。已知 $DE=100$ cm，$AC=BC$，求图示位置 $\angle CDE=90°$、$\angle ACD=45°$ 时，DE 杆的角速度。

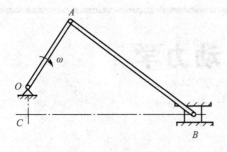

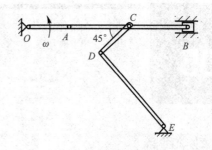

图 4-50 习题 4-13 图   图 4-51 习题 4-14 图

4-15 如图 4-52 所示，半径 $r=80$ cm 的轮子在速度 $v=2$ m/s 的水平传送带上反向滚动，站在地面上的人测得轮子中心 C 点的速度 $v_C=6$ m/s，其方向向右。求 $\theta=30°$ 的轮缘上一点 P 的绝对速度。

4-16 圆轮 O 在地面上做纯滚动，通过杆 AB 带动套筒 A 在铅垂杆上滑动，几何尺寸如图 4-53 所示。当轮心 O 与 B 的连线水平时，轮心速度 $v_O=120$ cm/s，加速度 $a=0$，$y=175$ mm。求此时套筒 A 的速度。

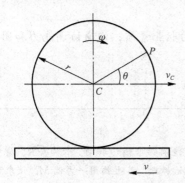

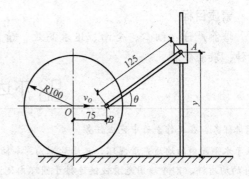

图 4-52 习题 4-15 图   图 4-53 习题 4-16 图

4-17 如图 4-54 所示，自行车的驱动轮盘 A 直径比飞轮 B 的直径大一倍。飞轮 B 与后轮共轴，与后轮具有相同的角速度，前后轮直径 $d=70$ cm，轮前进时均做纯滚动。如自行车以 $v=4$ m/s 的速度行驶，试求轮盘 A 的角速度 ω_A 应为多少？转速 n_A 又应为多少？

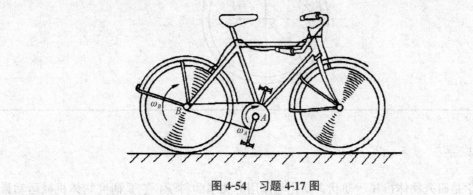

图 4-54 习题 4-17 图

动力学

能力目标

能运用动力学知识进行点、刚体的动力学分析，并解决运动中的实际问题。

知识目标

(1)掌握质点动力学知识及应用。

(2)掌握刚体动力学知识及应用。

(3)掌握动静法及应用。

(4)掌握动能定理及应用。

素质目标

培养严谨、细心、全面、追求高效、精益求精的职业素质；沟通协调能力和团队合作精神、敬业精神。

⊞ 下达任务

阅读任务，在工作手册中完成任务。

位于水平面内的均质光滑圆环，其质量为 m，半径为 R，可绕前铅垂轴 O 转动。长为 $\sqrt{2}R$、质量也为 m 的均质杆，其 A 端用光滑铰链连接于圆环内侧。圆环初始静止，其上作用一力偶 M。试求杆端 A、B 所受的约束反力。

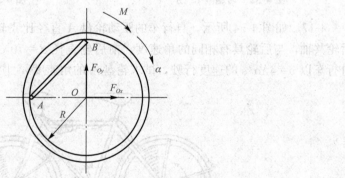

动力学是研究物体机械运动状态变化与作用力关系的科学，它是研究物体机械运动最一般、最普遍的规律。在动力学中将物体抽象为质点、质点系及刚体。本项目主要研究质点、质点系及刚体的动力学问题。

5.1 质点动力学基础

质点是物体最简单、最基本的模型，是构成复杂物体的基础。质点动力学基本方程给出了质点受力与其运动变化之间的关系。

5.1.1 动力学基本定律

动力学基本定律是牛顿在总结前人，特别是在总结伽利略研究成果的基础上提出来的，是研究物体宏观机械运动规律和揭示物体受力与运动变化之间关系的理论依据。

1. 牛顿第一定律(惯性定律)

牛顿第一定律：质点如不受力或受平衡力作用，将保持静止或匀速直线运动状态。

此定律定性地表明了力与运动之间的关系，即力是改变质点运动状态的根本原因。不受力作用或受平衡力作用的质点，不是处于静止状态，就是保持其原有的匀速直线运动状态，质点的这种保持其原有运动状态不变的固有属性称为惯性。由于牛顿第一定律阐述了质点做惯性运动的条件，所以该定律又称为惯性定律，而匀速直线运动也即惯性运动。

在生产和生活中经常遇到物体的惯性表现。比如，汽车突然启动时，站在车中的人有向后倾的趋势，原因是要保持原有的静止状态；而突然刹车时，人有向前倾的趋势，原因是要保持原有的运动状态。

2. 牛顿第二定律(力与加速度关系定律)

牛顿第二定律：质点受力作用将产生加速度，其方向与力的方向相同，大小与力的大小成正比，而与质点的质量成反比。即

$$F = ma \text{ 或 } a = \frac{F}{m} \tag{5-1}$$

式中，F 表示质点所受的力，m 表示质点的质量，a 表示质点在力 F 作用下产生的加速度。该表达式又称质点动力学基本方程，这一基本方程定性、定量地表明了质点受力与运动之间存在如下关系：

(1)质点受力与其加速度的瞬时性。如果质点在某瞬时受外力为 F，那么在该瞬时质点必有确定的加速度 a；若外力 F 为零，则加速度 a 必为零，质点做惯性运动。

(2)作用于质点的外力的方向与加速度方向的一致性。也就是说无论质点的运动方向如何，其加速度的方向始终与外力的方向相同。

(3)质量是质点惯性大小的度量。若在相同的外力作用下，则质量大的质点产生的加速度小，质点保持原有运动状态的能力强，质点的惯性大；反之，质点的惯性小。

在地球表面，任何物体都受到重力的作用。在重力 G 作用下得到的加速度称为重力加速度，用 g 表示，其方向向下与重力的方向相同，由牛顿第二定律有

$$G = mg \text{ 或 } m = \frac{G}{g} \tag{5-2}$$

按国际计量委员会规定的标准，重力加速度 g 的数值为 9.806 65 m/s²。实际上在地球表面的不同地区，g 的数值略有变化，故在计算中常取其平均值，即 $g = 9.8$ m/s²。

在国际单位制(SI)中，长度、时间和质量是基本单位，分别是米(m)、秒(s)、千克(kg)；力的单位是牛或牛顿(N)，是导出单位，由 $F = ma$ 导出。其关系为

$$1\ \text{N} = 1\ \text{kg} \times 1\ \text{m/s}^2$$

3. 牛顿第三定律(作用和反作用定律)

牛顿第三定律：两个物体相互作用的作用力和反作用力，总是大小相等、方向相反、沿着同一直线，并分别作用在这两个物体上。

这一定律也属静力学公理之一，它既适用平衡物体，也适用不平衡的物体。

注意，以上所述的牛顿三定律仅适用惯性参考系。在一般工程实际问题中，常取与地球表面相固定的坐标系或相对于地面做匀速直线平动的坐标系为惯性参考系。

■ 5.1.2　质点动力学基本方程及应用

5.1.2.1　质点动力学基本方程

牛顿第二定律建立了质点的加速度与作用力的关系。当质量为 m 的质点 M 受到几个力 F_1、F_2、…、F_n 作用时，其合力 $F_R = \sum F_i$，如图 5-1 所示。式(5-1)应写成

$$ma = F_R = \sum F_i \tag{5-3}$$

这就是矢量形式的质点运动微分方程。但在解决工程实际问题时，常用投影形式的运动微分方程。质点的投影式运动微分方程有以下两种。

1. 直角坐标形式的运动微分方程

质量为 m 的质点 M 在力系 F_1、F_2、…、F_n 作用下做曲线运动，其加速度为 a，建立直角坐标系 $Oxyz$ (图 5-1)，将式(5-3)向直角坐标轴上投影，即得直角坐标形式的质点运动微分方程：

$$\left.\begin{array}{l} \sum F_x = ma_x = m\,\dfrac{\mathrm{d}^2 x}{\mathrm{d}t^2} \\[2mm] \sum F_y = ma_y = m\,\dfrac{\mathrm{d}^2 y}{\mathrm{d}t^2} \\[2mm] \sum F_z = ma_z = m\,\dfrac{\mathrm{d}^2 z}{\mathrm{d}t^2} \end{array}\right\} \tag{5-4}$$

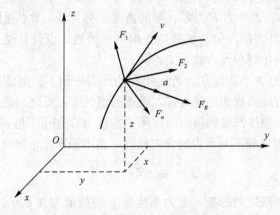

图 5-1　直角坐标中质点在力系作用下的运动

式中，$\sum F_x$、$\sum F_y$、$\sum F_z$ 是作用于质点上各力的合力 F_R 在直角坐标系 $Oxyz$ 各轴上的投影；a_x、a_y、a_z 是质点加速度 a 在直角坐标 $Oxyz$ 各轴上的投影；x、y、z 是质点在直角坐标系 $Oxyz$ 中的相应坐标。

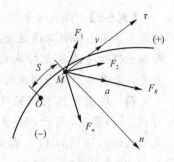

图 5-2　自然坐标中质点在力系作用下的运动

2. 自然坐标形式的质点运动微分方程

如图 5-2 所示，设质量为 m 的质点 M 在力系 F_1、F_2、$\cdots$、F_n 作用下以加速度 a 做平面曲线运动，现过质点 M 建立自然坐标系 $\tau M n$，将式(5-3)向自然坐标系各轴投影，即得自然坐标形式的质点运动微分方程

$$\left.\begin{aligned}\sum F_\tau = ma_\tau = m\frac{\mathrm{d}^2 s}{\mathrm{d}t^2}\\ \sum F_n = ma_n = m\frac{v^2}{\rho}\end{aligned}\right\} \tag{5-5}$$

式中，$\sum F_\tau$、$\sum F_n$ 是作用于质点上各力的合力 F_R 在自然坐标轴 $M\tau$ 和 Mn 上的投影；a_τ、a_n 分别是质点的切向与法向加速度在自然坐标轴 $M\tau$ 和 Mn 上的投影；S 是质点沿已知轨迹的弧坐标；ρ 是质点运动轨迹曲线在点 M 处的曲率半径。

5.1.2.2　质点动力学基本方程的应用

应用质点动力学基本方程可求解质点动力学的两类基本问题：
(1)已知质点的运动，求作用于质点的力。
(2)已知作用于质点的力，求质点的运动。
现举例说明两类基本问题的求解方法与步骤。

1. 第一类问题：已知运动求力

【例 5-1】　升降台以匀加速 a 上升，台面上放置一重量为 G 的物体，如图 5-3(a)所示，求重物对台面的压力。

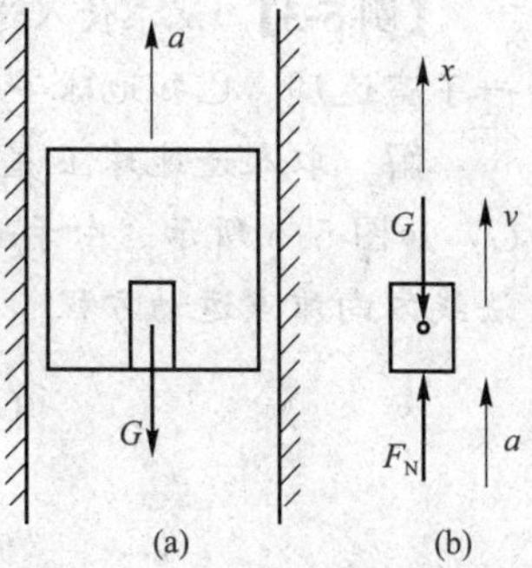

解： 取重物为研究对象，把它视为质点，对其进行受力分析，其上作用有 G 和 F_N，如图 5-3(b)所示。选坐标轴 x，列质点运动微分方程有

$$F_N - G = \frac{G}{g}a$$

故　　　　　　　　　$$F_N = G\left(1 + \frac{a}{g}\right)$$

图 5-3　升降台提升重物

由此可见，压力由两部分组成：一部分是重物的重量，是当升降台处于静止或匀速直线运动时台面所受的压力，称为静压力；另一部分等于 Ga/g，它只在重物做加速运动时才发生，称为附加压力。以上两项合称动压力。当动压力大于静压力时，这种现象称为超重。不难看出，当加速度向下时，动压力为

$$F_N = G\left(1 - \frac{a}{g}\right)$$

这时动压力小于静压力，这种现象称为失重。超重和失重都是宇宙航行中所需要解决的问题。

【例 5-2】 桥式起重机上吊着重量为 G 的物体 A，沿桥架以速度 $v_0 = 4$ m/s 做匀速运动，如图 5-4 所示。因故急刹车后，重物由于惯性绕悬挂点 O 向前摆动。已知绳长 $l = 3$ m，不计绳的自重，求刹车后绳子的最大拉力。

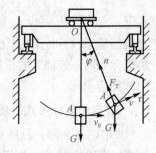

图 5-4　重物的惯性摆动

解： 取重物 A 为研究对象，其上作用有重力 G 和绳子的拉力 F_T，如图 5-4 所示。起重机急刹车后，重物绕点 O 摆动，其质心轨迹为一段以 O 为圆心、l 为半径的圆弧。选取自然轴系 $An\tau$，由式 (5-5) 得

$$-G\sin\varphi = \frac{G}{g}\frac{\mathrm{d}v}{\mathrm{d}t} \tag{a}$$

$$F_T - G\cos\varphi = \frac{G}{g}\frac{v^2}{l} \tag{b}$$

由式 (b) 得绳子的拉力为

$$F_T = G\left(\cos\varphi + \frac{v^2}{g \cdot l}\right)$$

由式 (a) 知，重物做减速运动，即摆角 φ 越大，重物的速度越小。因此当 $\varphi = 0$，$v = v_0$ 时，也就是在刚刹车，重物在铅垂位置时，绳子的拉力最大，其值为

$$F_T = G\left(1 + \frac{v_0^2}{g \cdot l}\right) = G\left(1 + \frac{4^2}{9.8 \times 3}\right) = 1.54G$$

由上式可见，起重机刚开始刹车的瞬时，钢丝绳的拉力约为重物静平衡时绳拉力的 1.5 倍。因此起重机在运行时，应尽量平稳，且运行速度不能太高，尽量避免急刹车，以确保安全。

2. 第二类问题：已知力求运动

【例 5-3】 试求使人造地球卫星绕地球做圆周运动的第一宇宙速度。已知地球半径 $R = 6\ 370$ km。

解： 取人造地球卫星为研究对象，其上只作用有重力 G，如图 5-5 所示。由于轨迹已知，选取自然轴系 $Mn\tau$，列法线方向质点运动方程

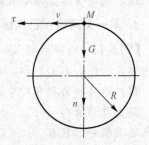

$$G = m\frac{v^2}{R}$$

$$mg = m\frac{v^2}{R}$$

图 5-5　人造卫星的运动速度

$$v = \sqrt{gR} = \sqrt{9.8 \times 10^{-3} \times 6\ 370} = 7.9\ (\text{km/s})$$

这就是第一宇宙速度。

【例 5-4】 如图 5-6 所示，液压减振器工作时，活塞在液压缸内做直线运动。若液体对活塞的阻力 F_R 正比于活塞的速度 v，即 $F_R = \mu v$，其中 μ 为比例系数。设初始速度为 v_0，试求活塞相对于液压缸的运动规律，并确定液压缸的长度值。

解： 取活塞为研究对象，选水平轴 Ox，并取活塞初始位置为原点。活塞在任意位置受到液体阻力为 $F_R = -\mu\dfrac{\mathrm{d}x}{\mathrm{d}t}$，负

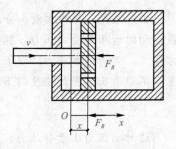

图 5-6　液压减振器

号表示阻力方向与速度方向相反。建立质点微分方程：

$$m\frac{\mathrm{d}^2 x}{\mathrm{d}t^2} = -\mu\frac{\mathrm{d}x}{\mathrm{d}t}$$

$$\frac{\mathrm{d}v}{\mathrm{d}t} = -\frac{\mu}{m}v$$

$$\frac{1}{v}\mathrm{d}v = -\frac{\mu}{m}\mathrm{d}t$$

令 $k = \dfrac{\mu}{m}$，对等式两边积分，且当 $t = 0$ 时，$v = v_0$：

$$\int_{v_0}^{v}\frac{\mathrm{d}v}{v} = \int_0^t -k\mathrm{d}t$$

$$v = v_0\,\mathrm{e}^{-kt}$$

因为

$$\mathrm{d}x = v\mathrm{d}t$$

再次积分，当 $t = 0$ 时，$x = 0$：

$$\int_0^x \mathrm{d}x = \int_0^t v_0\,\mathrm{e}^{-kt}\mathrm{d}t$$

$$x = \frac{1}{k}v_0(1 - \mathrm{e}^{-kt})$$

可见，经过一定时间后，e^{-kt} 趋近于零，活塞的速度也趋近于零。此时 x 趋于最大值：

$$x_{\max} = \frac{m}{\mu}v_0$$

由以上例题可见，对动力学两类基本问题的求解，无论是哪一类，都必须先对质点进行受力分析，分析运动，画受力图，选择适当的坐标系，然后建立相应形式的质点运动微分方程以求解未知量。第二类问题明显要比第一类问题复杂些，因为求质点的运动（速度、运动方程等），从数学角度来看，属于解微分方程的问题。在积分时，要根据题意，合理地运用初始条件确定积分常数，以使问题得到确切答案。

5.2　刚体动力学基础

刚体由无数个质点组成，在研究刚体动力学时，可在质点动力学的研究基础上，进行进一步的探讨，且两者有许多相似之处。

5.2.1　平动刚体的动力学方程

平面运动刚体的位置，可由基点的位置和刚体绕基点的转角确定。取质心 C 为基点，如图 5-7 所示，它的坐标为 x_C、y_C。设 D 为刚体上任一点，CD 与 x 轴的夹角为 φ，则刚体的位置可由 x_C、y_C、φ 确定。刚体的运动分解为随质心的平移和绕质心的转动两部分。

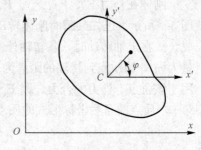

图 5-7　平动刚体

图 5-7 中 $Cx'y'$ 为固连于质心 C 的平移参考系，平面运动刚体相对于此动系的运动就是绕质心 C 的转动，则刚体对质心的动量矩为

$$l_C = J_C \omega \tag{5-6}$$

其中 J_C 为刚体对通过质心 C 且与运动平面垂直的轴的转动惯量，ω 为其角速度。

设在刚体上作用的外力可向质心所在的运动平面简化，则应用质心运动定理和刚体相对于质心的动量矩定理，得

$$Ma_C = \sum F_i^{(e)}, J_C \alpha = \sum M_C[F_i^{(e)}] \tag{5-7}$$

其中 M 为刚体的质量，a_C 为质心的加速度，$\alpha = \dfrac{D\omega}{Dt}$ 为刚体的角加速度。

式(5-7)可写成

$$M \frac{\mathrm{d}^2 r_C}{\mathrm{d}t^2} = \sum F_i^{(e)}, J_C \frac{\mathrm{d}^2 \varphi}{\mathrm{d}t^2} = \sum M_C[F_i^{(e)}] \tag{5-8}$$

式(5-8)称为平动刚体的动力学方程。

【例 5-5】 半径为 r，质量为 m 的均质圆轮沿水平直线做纯滚动，如图 5-8 所示。设圆轮的惯性半径为 ρ_c，作用在圆轮上的力偶矩为 M。求轮心的加速度。如果圆轮对地面的静摩擦因数为 μ_s，则力偶矩 M 必须符合什么条件才能不致使圆轮滑动？

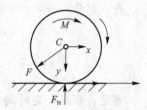

解：取圆轮为研究对象。作用在圆轮上的外力有重物的重量 mg、地面对圆轮的支持力 F_N、滑动摩擦力 F，以及作用在圆轮上的力偶矩 M，如图 5-8 所示。根据刚体平面运动微分方程可列出如下三个方程：

图 5-8　圆轮的平面运动

$$ma_{Cx} = F$$
$$ma_{Cy} = F_N = -mg$$
$$m\rho_C^2 a = M - Fr$$

因为 $a_{Cx} = a_C, a_{Cy} = 0$，根据圆轮滚而不滑的条件，有 $a_C = r\alpha$。联立求解得

$$F = ma_C, F_N = mg, a_C = \frac{Mr}{m(\rho_C^2 + r^2)}, M = \frac{F(\rho_C^2 + r^2)}{r}$$

欲使圆轮滚而不滑，必须有 $F \leqslant \mu_s F_N = \mu_s mg$。于是圆轮滚而不滑的条件为

$$M \leqslant \mu_s mg \frac{\rho_C^2 + r^2}{r}$$

■ 5.2.2　刚体绕定轴转动基本方程

刚体在外力 F_1、F_2、$\cdots$、F_n 和轴承约束力 F_{N1}、F_{N2} 作用下绕 z 轴做定轴转动，如图 5-9 所示。已知某瞬时刚体转动的角速度为 ω，角加速度为 α。因刚体由无数个质点组成，故在定轴转动时，除转轴外的各质点均做圆周运动。对于刚体中第 i 个质点，设其质量为 m_i，该质点到转轴的距离为 r_i，切向加速度为 a_{it}，法向加速度为 a_{in}。若以 F_i 代表作用于该质点上外力的合力，以 F_i' 代表作用于该质点上的内力的合力，则由式(5-5)可得出第 i 个质点的自然坐标形式的质点运动微分方程：

$$\begin{cases} F_{it} + F'_{it} = m_i a_{it} = m_i r_i \alpha & \text{(5-9a)} \\ F_{in} + F'_{in} = m_i a_{in} = m_i r_i \omega^2 & \text{(5-9b)} \end{cases}$$

因这里研究刚体的转动，故只考虑力矩的作用效应，而法向力总是指向转轴，对转轴的力矩恒为零，只有切向力产生力矩，所以上述式(5-9b)与我们所研究的问题无关，不予考虑。为了分析力矩的作用效应，将式(5-9a)两边均乘以 r_i，得

$$F_{i\tau}r_i + F'_{i\tau}r_i = m_i r_i^2 \alpha$$

或 $$M_z(F_{i\tau}) + M(F'_{i\tau}) = m_i r_i^2 \alpha$$

对于由 n 个质点组成的刚体，每一个质点均可列出上式，将式左、右求和，得

$$\sum M_z(F_{i\tau}) + \sum M_z(F'_{i\tau}) = \sum m_i r_i^2 \alpha$$

因为刚体的内力，即刚体内各质点间的相互作用力总是成对出现，故 $\sum M_z(F'_{i\tau}) = 0$，于是上式即可写为

$$\sum M_z(F_{i\tau}) = \sum M_z(F) = \sum m_i r_i^2 \alpha = \alpha \sum m_i r_i^2$$

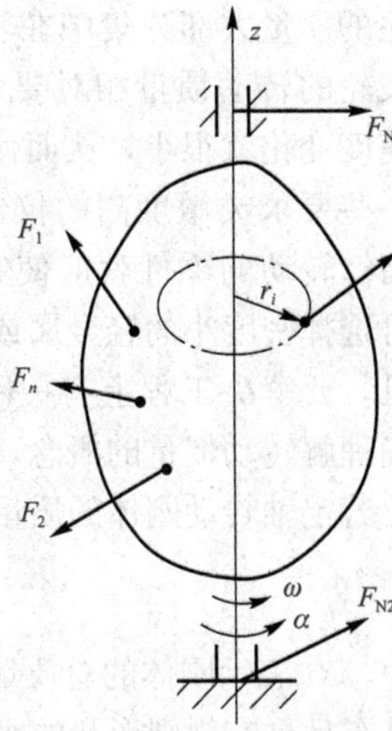

令 $J_z = \sum m_i r_i^2$，称为刚体对轴 z 的转动惯量，于是有

$$\sum M_z(F) = J_z \alpha = J_z \frac{\mathrm{d}^2\varphi}{\mathrm{d}t^2} \tag{5-10}$$

图 5-9 刚体绕定轴转动

式(5-10)即称为刚体定轴转动微分方程。此式表明：作用于定轴转动刚体上的各外力对转轴的矩的代数和，等于刚体对该轴的转动惯量与角加速度的乘积。转动惯量是度量刚体转动惯性大小的一个物理量。

将刚体定轴转动微分方程与质点运动微分方程相比较，可以看出它们的形式是相同的，而且两方程中的各物理量也非常相似。因此，应用它们来求解动力学问题的方法与步骤也有许多共同之处。

■ 5.2.3　刚体的转动惯量

5.2.3.1　转动惯量

从式(5-10)可以看出，在一定的外力作用下，刚体对转轴 z 的转动惯量越大，它所产生的角加速度越小，即刚体越不容易改变原有的运动状态。反之，刚体对转轴 z 的转动惯量越小，它所产生的角加速度越大，刚体就越容易改变原有的运动状态。这就是说，刚体转动惯量的大小可以反映刚体转动状态改变的难易程度。因此，转动惯量是度量刚体转动大小的一个物理量。

由前面所述可知，刚体对转轴 z 的转动惯量，等于刚体内各质点的质量与质点到转轴距离平方的乘积之和，即

$$J_z = \sum M_i r_i^2 \tag{5-11}$$

由上式可知，刚体的转动惯量是标量，它的大小取决于刚体的质量大小和质量分布情况，其单位是千克·米²(kg·m²)。

在工程实际中，常常根据工作需要来选定转动惯量的大小。例如，为了使一些受冲击的机器，如冲床、剪床、往复式活塞发动机等运转平稳，就在其转轴上安装一飞轮，并使

飞轮的质量大部分集中在轮缘上，如图 5-10 所示。这样的飞轮的转动惯量相对要大些，在机器受到冲击时，角加速度变化就很小，从而使机器的运转比较平稳。相反，在一些要求灵敏度高的仪器、仪表中，对某些零件如带动指针转动的零件就应使它的转动惯量尽可能小。这时就可选择密度小的轻金属或塑料等材料来制作这些零件。可见，要解决工程上有关刚体转动的动力学问题，必须正确理解转动惯量的概念，并会计算或测定转动惯量。

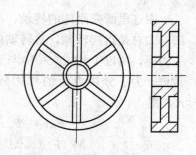

图 5-10　飞轮的质量分布

若定轴转动刚体的质量是连续分布的，则转动惯量的计算公式可写成定积分形式，即

$$J_z = \int_M r^2 \mathrm{d}m \qquad (5\text{-}12)$$

式中，M 表示刚体的总质量，r 表示质量为 $\mathrm{d}m$ 的微元到转轴的距离。该式只适用质量均匀分布且具有规则形状的刚体，否则采用近似方法或通过试验来测定其转动惯量。

5.2.3.2　简单图形转动惯量的计算

转动惯量可以由式(5-12)计算。对于形状简单、质量分布均匀连续的物体，可用积分法求得。常见的均质物体的转动惯量，可通过表 5-1 或手册查得。

表 5-1　几种均质简单物体的转动惯量

刚体形状	简图	转动惯量 J_z	惯性半径 ρ
细直杆		$J_z = \dfrac{1}{12}Ml^2$	$\rho = \dfrac{l}{2\sqrt{3}} = 0.289\,l$
圆柱或圆盘		$J_z = \dfrac{1}{2}MR^2$	$\rho = \dfrac{R}{\sqrt{2}} = 0.707\,R$
空心圆柱		$J_z = \dfrac{1}{2}M(R^2+r^2)$	$\rho = 0.707\,\sqrt{R^2+r^2}$
细圆环		$J_z = MR^2$	$\rho = R$

刚体形状	简图	转动惯量 J_z	惯性半径 ρ
实心球	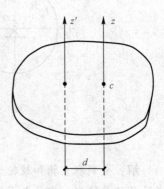	$J_z = \dfrac{2}{5}MR^2$	$\rho = 0.632\,R$
矩形块		$J_z = \dfrac{1}{12}M(a^2+b^2)$	$\rho = 0.289\sqrt{a^2+b^2}$

5.2.3.3　惯性半径

工程中为表达和计算方便，常用到惯性半径这一概念。设想刚体的全部质量集中在与轴 z 相距为 ρ 的一质点上，则此质点对轴 z 的转动惯量等于原刚体对同一轴的转动惯量。ρ 称为刚体对该轴的回转（惯性）半径，于是有

$$J_z = m\rho^2 \tag{5-13}$$

应注意：回转半径是一个假想的长度，并不是质心到转轴的半径。

5.2.3.4　平行轴定理

转动惯量在手册中给出的通常是刚体对通过质心轴的转动惯量，工程中有些刚体的转动惯量并不通过刚体的质心，如偏心凸轮的旋转。要计算刚体平行于质心轴的转动惯量，就需要用到平行轴定理，平行轴定理给出了刚体对通过质心轴的转动惯量和它平行的轴的转动惯量之间的关系。如图 5-11 所示，设刚体质量为 m，对质心轴 z 的转动惯量为 J_z，则对另一与质心轴 z 平行且相距为 d 的轴 z' 的转动惯量 $J_{z'}$ 为

$$J_{z'} = J_z + md^2 \tag{5-14}$$

平行轴定理：刚体对任意轴的转动惯量，等于刚体对与此轴平行的质心轴的转动惯量加上刚体质量与此两平行轴间的距离的平方之积。

由该定理知，在一组平行轴中，刚体对于通过其质心的轴的转动惯量最小。

例如，均质细直杆质量为 M，长为 l，如图 5-12 所示，$d = l/2$，查表 5-1，得到该杆对质心轴 z 的转动惯量为 $J_z = \dfrac{1}{12}Ml^2$，通过平行轴定理，可得到该杆对平行于质心轴 z 的轴 z' 的转动惯

图 5-11　偏心凸轮

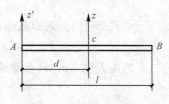

图 5-12　均质细直杆

113

量为

$$J_{z'} = J_z + Md^2 = \frac{1}{12}Ml^2 + M\left(\frac{l}{2}\right)^2 = \frac{1}{3}Ml^2$$

【例 5-6】 已知飞轮(图 5-13)的转动惯量 $J = 18 \times 10^3 \text{ kg} \cdot \text{m}^2$，在恒力矩 M 的作用下，由静止开始转动，经过 20 s，飞轮的转速 n 达到 120 r/min。若不计摩擦的影响，试求启动力矩 M。

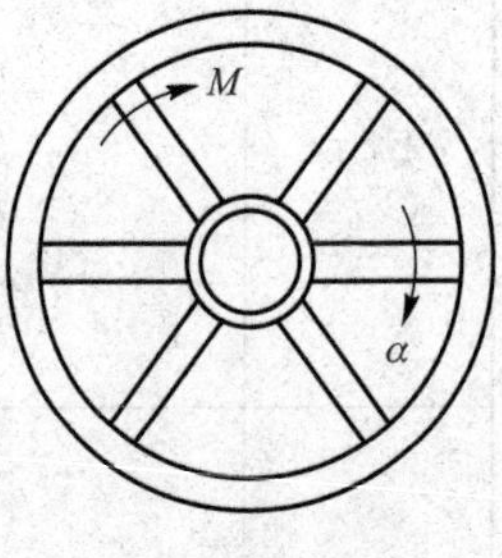

解： 取飞轮为研究对象。由于飞轮在恒力矩 M 的作用下启动，所以角加速度 α 也是常量，即飞轮做匀速转动，经过 20 s，飞轮的角速度为

$$\omega = \frac{\pi n}{30} = \frac{\pi \times 120}{30} = 4\pi(\text{rad/s})$$

图 5-13　飞轮

根据匀变速转动的运动规律，得角加速度为

$$\alpha = \frac{\omega - \omega_0}{t} = \frac{4\pi}{20} = 0.2\pi(\text{rad/s}^2)$$

由式(5-10)，写出飞轮的定轴转动微分方程为

$$M = J\alpha$$

将 J、α 的数据代入上式，得出飞轮的启动力矩为

$$M = 18 \times 10^3 \times 0.2\pi = 1.13 \times 10^4(\text{N} \cdot \text{m}) = 11.3 \text{ kN} \cdot \text{m}$$

【例 5-7】 图 5-14(a)所示为卷扬机的运动简图。被吊重物质量为 m_1，半径为 r 的鼓轮质量为 m_2，且质量分布在轮缘上。不计吊绳的质量，当作用于鼓轮上的力矩为 M_O 时，试求重物的加速度。

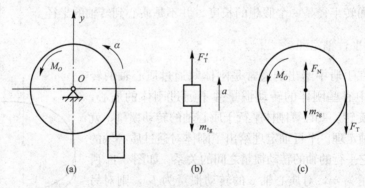

图 5-14　卷扬机

解： 分别取重物和鼓轮为研究对象，受力图如图 5-14(b)、(c)所示。在重物和鼓轮组成的物体系中，重物做直线平动，鼓轮做定轴转动，由运动学知识可知，鼓轮轮缘上任意一点的切向加速度的大小与重物直线运动的加速度大小相等，即

$$a = a_\tau = r\alpha \tag{a}$$

由式(5-10)，列出鼓轮的定轴转动微分方程为

$$M_O - F_T r = J_O \alpha = M_2 r^2 \alpha \tag{b}$$

再由式(5-4)，列出重物的运动微分方程为

$$F'_T - m_1 g = m_1 \alpha \tag{c}$$

解方程(a)、(b)、(c)，即得重物的加速度为

$$a = \frac{M_O - m_1 \, gr}{(m_1 + m_2)r}$$

■ 5.2.4 刚体绕定轴转动的动力学两类问题

刚体绕定轴转动的动力分析基本方程，可以解决刚体转动时动力分析的两类基本问题：一类为已知刚体的转动规律，求作用于刚体上的外力矩或外力；另一类为已知作用于刚体上的外力矩，求转动规律。

1. 第一类问题：已知运动求力

【例 5-8】 如图 5-15 所示，已知飞轮的转动惯量 $J = 2 \times 10^3 \, \text{kg} \cdot \text{m}^2$，在一不变力矩 M 的作用下，由静止开始转动，经过 10 s 后，飞轮的转速达到 60 r/min。若不计摩擦的影响，求力矩 M 的大小。

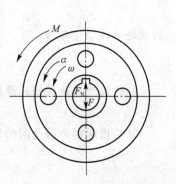

图 5-15 飞轮

解：取飞轮为研究对象，画受力图，如图 5-15 所示。由于力矩 M 为常量，因此飞轮的角加速度 α 也是常量，飞轮做匀变速运动。

根据公式 $M = J\alpha$，又

$$\alpha = \frac{\omega - \omega_0}{t} = \frac{2\pi}{10} = 0.2\pi$$

则

$$M = J\alpha = 2 \times 10^3 \times 0.2\pi$$
$$= 1.256 \times 10^3 (\text{N} \cdot \text{m})$$

2. 第二类问题：已知力求运动

【例 5-9】 如图 5-16 所示，摩擦制动装置的鼓轮质量为 m，半径为 R，以等角速度 ω_0 旋转。在力 F 的作用下，摩擦块 K 给鼓轮以制动作用。设摩擦块与鼓轮的滑动摩擦因数为 μ。试问需要多少时间才能使鼓轮停止转动(不计摩擦块的厚度)？

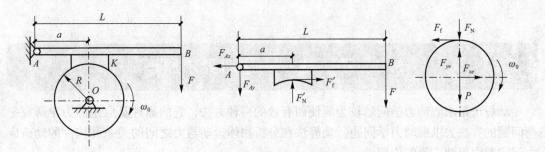

图 5-16 鼓轮的制动
(a)制动原理；(b)制动杆受力；(c)鼓轮受力

解：(1)选取研究对象，画受力图。分别取制动杆 AB 和鼓轮为研究对象，受力如图 5-16(b)、(c)所示。

(2)运动分析。制动杆静止不动，鼓轮绕定轴转动。

(3)列方程，求未知量。先讨论制动杆 AB，由于其处于平衡状态，因此有

$$\sum M_A = 0$$

即

$$\sum M_A = F'_n a - FL = 0$$

所以

$$F'_n = \frac{L}{a}F$$

再讨论鼓轮，由于鼓轮绕定轴转动，则有

$$J \frac{d\omega}{dt} = M$$

则鼓轮的转动惯量为

$$J = \frac{1}{2}MR^2$$

鼓轮与摩擦块之间的摩擦力为

$$F_f = \mu F_N$$

鼓轮因摩擦力而受到的摩擦力矩为

$$M = -F_f R = -\frac{L}{a}\mu RF$$

所以

$$J \frac{d\omega}{dt} = -\frac{L}{a}\mu RF$$

将上式两边积分得

$$\int_{\omega_0}^{0} d\omega = \int_{0}^{t} -\frac{L}{Ja}\mu RF dt$$

即

$$-\omega_0 = -\frac{L}{Ja}\mu RFt$$

即

$$t = \frac{aJ}{L\mu RF}\omega_0 = \frac{1}{2}\frac{amR}{L\mu F}\omega_0$$

5.3 动静法——达朗贝尔原理

动静法是求解动力学问题较为简便而有效的一种方法，它的原理是应用静力学研究平衡问题的方法去求解动力学问题。动静法在分析物体运动与力之间的关系和构件的动荷应力等问题中得到广泛的应用。

■ 5.3.1 惯性力的概念

当物体受到其他物体的作用而引起运动状态发生改变时，由于物体具有保持其原有运动状态不变的惯性，因此对施力物体有反作用力，这种反作用力称为惯性力。

例如，在水平直线轨道上，人用水平推力 F 推动质量为 m 的小车，使小车获得加速度 a，如图 5-17 所示，由动力学第二定律知，$F = ma$。同时小车给人手一反作用力 F_Q，

即为小车的惯性力。由作用力和反作用力定律，有

$$F_Q = -F = -ma$$

式中，负号表示惯性力 F_Q 的方向与加速度 a 的方向相反。

又如，质量为 m 的小球，用绳子系住并在水平面内做匀速圆周运动，如图 5-18 所示。小球在绳的拉力 F_T 的作用下，产生向心加速度 a_n，同时惯性小球给绳以反作用力 F_{TQ}，即为小球的惯性力。F_T 称为向心力，F_{TQ} 称为离心力，有

$$F_{TQ} = -F_T = -ma_n$$

综上所述，当质点受力改变其运动状态时，由于质点的惯性，质点必将给施力体一反作用力，这个反作用力称为质点的惯性力。质点的惯性大小等于质点的质量与加速度的乘积，方向与质点加速度的方向相反，作用在使质点改变运动状态的施力物体上。

通常用 F_Q 表示惯性力，则有

$$F_Q = -ma \tag{5-15}$$

图 5-17　直线运动的惯性力

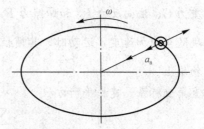

图 5-18　圆周运动的惯性力

■ 5.3.2　质点的动静法

设有一质量为 m 的质点，在主动力 F 和约束力 F_N 的作用下，沿轨迹 AB 运动，其加速度为 a，如图 5-19 所示。根据牛顿第二定律，有

$$F + F_N = ma$$

将上式等号右端项移到左端，则有

$$F + F_N + (-ma) = 0$$

式中，$-ma$ 即为质点的惯性力，用 F_Q 表示，于是

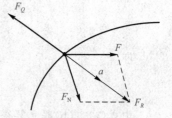

图 5-19　质点的曲线运动

$$\boldsymbol{F} + \boldsymbol{F}_N + \boldsymbol{F}_Q = 0 \tag{5-16}$$

可见，若在质点上假想地加上惯性力 F_Q 后，式(5-16)在形式上就成为一个平衡方程。该平衡方程的含义：质点运动的每一瞬时，作用于质点上的主动力、约束力以及虚加在质点上的惯性力在形式上组成一平衡力系。这就是质点的达朗贝尔原理。

应当强调指出，这里的惯性力 F_Q 并不是作用于质点上的真实力，而质点也并非受 F、F_N 与 F_Q 作用而处于平衡状态，式(5-16)表示的只不过是作用于不同物体上三个力之间的矢量关系，因质点仍处于变速运动状态，故这里的平衡并没有实际的物理意义，它只是借用人们熟知的静力平衡方程来求解动力学问题，而使之便于掌握和应用而已。这种在变速运动质点上加惯性力，而把动力学问题转化为静力学问题来求解的方法称为动静法。

利用动静法解题时，首先要明确研究对象，分析它所受的力，画出受力图；其次分析

它的运动，确定惯性力，并将惯性力虚加在质点上；最后利用静力学平衡方程求解。

【例5-10】 小物块 A 放在车的斜面上，斜面倾角为 $30°$，如图5-20所示。物块 A 与斜面的摩擦因数 $\mu=0.2$。若车向左加速运动，试问物块不致沿斜面下滑的加速度 a。

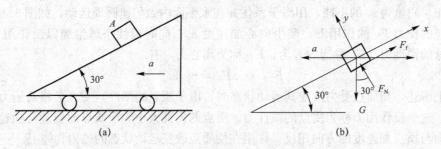

图 5-20 例 5-10 图

解：以小物块 A 为研究对象，视其为质点。物块 A 的受力图如图 5-20(b) 所示，其上作用有重力 G、法向反力 F_N 和摩擦力 F_f。

物块随车以加速度 a 运动时，其惯性力大小为 $F_Q=\dfrac{G}{g}a$。将此惯性力以与 a 相反的方向加到物块上。

取直角坐标系，建立平衡方程

$$\sum F_x = 0$$

$$F_f + F_Q\cos30° - G\sin30° = 0$$

即

$$\mu F_N + \frac{G}{g}a\cos30° - G\sin30° = 0 \tag{a}$$

$$\sum F_y = 0$$

$$F_N - F_Q\sin30° - G\cos30° = 0$$

即

$$F_N - \frac{G}{g}a\sin30° - G\cos30° = 0 \tag{b}$$

由式 (a)、(b) 联立解得

$$a = \frac{\sin30° - \mu\cos30°}{\mu\sin30° + \cos30°}g = 3.32\,(\text{m/s}^2)$$

故欲使物块不沿斜面下滑，必须满足 $a \geqslant 3.32\ \text{m/s}^2$。

【例5-11】 如图 5-21(a) 所示，一架飞机以匀加速度 a 沿着与水平线成仰角 β 的方向做直线起飞，此时飞机内挂有一质量为 m 的小球，其悬线与铅垂线成偏角 α。试求此瞬时飞机的加速度 a 与悬线张力 F_T。

解：取小球为研究对象，小球具有与飞机相同的加速度 a，其惯性力大小为 $F_Q=ma$，方向与加速度 a 的方向相反。这时惯性力 F_Q、重力 mg 和绳子的拉力 F_T 在形式上构成平衡力系，如图 5-21(b) 所示。取直角坐标系 Oxy，列平衡方程有

$$\sum F_x = 0$$

$$F_T\sin\alpha - F_Q\cos\beta = 0$$

$$\sum F_y = 0$$

$$F_T\cos\alpha - F_Q\sin\beta - mg = 0$$

联立解上述方程组，得飞机的加速度 a 与悬线张力 F_T 的大小为

$$a = \frac{\sin\alpha}{\cos(\alpha+\beta)}g, F_T = \frac{\cos\beta}{\cos(\alpha+\beta)}mg$$

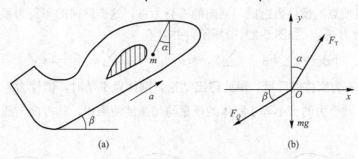

(a)　　　　　　　　　　　　　(b)

图 5-21　飞机起飞

(a)飞机起飞瞬间；(b)小球运动及受力

■5.3.3　质点系的动静法

设质点系由 n 个质量分别为 m_1、m_2、$\cdots$、m_n 的质点组成。在任意瞬时，质点系内第 i 个质点 M_i 上所受主动力和约束力的合力分别为 F_i 和 F_{Ni}，质点的加速度为 a_i，若对该质点虚加上该质点的惯性力 $F_Q = -m_i a_i$，并将质点的达朗贝尔原理应用于质点系中每个质点，则有

$$F_i + F_{Ni} + F_Q = 0 \qquad (i=1, 2, \cdots, n)$$

上式表明：在任意瞬时，质点系中每个质点上真实作用的主动力、约束力和虚加上的惯性力在形式上组成一平衡力系。这就是质点系的达朗贝尔原理。

由此可见，把上述 n 个平衡力系合在一起而构成的任意力系也必然是平衡力系，对于这一假想的平衡力系，可通过任意力系的平衡条件列平衡方程求解。例如，对于平面问题，在直角坐标系中，其相应的平衡方程为

$$\left. \begin{array}{l} \sum F_{ix} + \sum F_{Nix} + \sum F_{Qx} = 0 \\ \sum F_{iy} + \sum F_{Niy} + \sum F_{Qy} = 0 \\ \sum M_O(F_i) + \sum M_O(F_{Ni}) + \sum M_O(F_Q) = 0 \end{array} \right\} \qquad (5\text{-}17)$$

需要说明的是，质点系中的每个质点或一部分质点，乃至整个质点系的主动力，约束力和惯性力组成的都是平衡力系。因质点的内力总是成对的，并且彼此等值反向，所以在以上这些平衡力系的平衡方程中，无论是主动力还是约束力所包含的内力都将自动消去。

■5.3.4　刚体惯性力系的简化

用动静法求解刚体动力学问题时，需要对刚体内的每个质点加上它的惯性力，因组成刚体的质点数目有无限多个，故要在每个质点上加惯性力，显然不方便。若采用静力学中简化力系的方法将刚体的惯性力系加以简化，则解题就方便多了。下面分别对刚体做平动和绕定轴转动时的惯性力系进行简化。

5.3.4.1 刚体做平动

刚体做平动时，体内各质点的加速度相同并都等于质心的加速度，即 $a_i = a_C$，如图 5-22(a)所示。

现给平动刚体内的各质点都加上惯性力，而任意一质点的惯性力为 $F_Q = -m_i a_i = -m_i a_C$，于是各质点的惯性力组成一同向的平行力系，这个同向的平行力系可简化为一个通过质心 C 的合力 F_{QR}，如图 5-22(b)所示，并且有

$$F_{QR} = \sum F_Q = \sum (-m_i a_C) = -a_C \sum m_i = -m a_C \tag{5-18}$$

式中，$m = \sum m_i$ 为刚体的质量。由此得出结论，刚体做平动时，惯性力系简化为一个通过质心的合力，此合力的大小等于刚体的质量与加速度的乘积，其方向与质心加速度的方向相反。

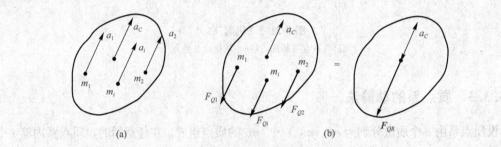

图 5-22 刚体的平动
(a)各点加速度；(b)质点惯性力

5.3.4.2 刚体绕定轴转动

在工程实际中，大多数转动物体都具有与转轴垂直的质量对称平面，例如圆轴、齿轮、圆盘等。故在这种情况下，刚体上各质点的惯性力对于质量对称平面是完全对称的，相应地惯性力系就可简化为在质量对称平面内的平面力系。设一定轴转动刚体的质量对称平面绕轴 z 以角速度 ω 和角加速度 α 转动，如图 5-23(a)所示。此刚体的惯性力系可以简化为质量对称平面力系，将此平面力系向质量对称平面与转轴 z 的交点 O 简化，可得一力和一力偶[图 5-23(b)]。惯性力系向 O 简化所得到的力为

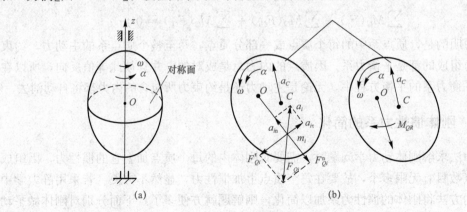

图 5-23 刚体绕定轴转动
(a)角速度和角加速度；(b)力系的简化

120

$$F_{QR} = \sum F_{Q} = -\sum m_i a_i = -m a_C \qquad (5-19)$$

式中，m 为刚体的质量，a_C 为刚体质心的加速度。而惯性力系向点 O 简化所得到的力偶矩为

$$M_{QO} = \sum M_O(F_Q) = \sum M_O(F_Q^t) = \sum (-m_i r_i \alpha \cdot r^2) = -\alpha \sum m_i r_i^2 = -J_z \alpha$$
$$(5-20)$$

在求惯性力 F_Q 对点 O 的矩 M_{QO} 时，其中的法向惯性力 F_Q^n 对点 O 的矩为零，而只有切向惯性力 F_Q^t 对点 O 的矩及其代数和。在式(5-20)中，J_z 表示刚体对转轴 z 的转动惯量，负号表示惯性力偶的方向与角加速度 α 的方向相反。由此得出结论：刚体绕垂直于质量对称平面的轴转动时，其惯性力系可简化为在对称平面内的一个力和一个力偶，这个力的作用线通过转轴，其大小等于刚体质量与质心加速度的乘积，方向与质心加速度的方向相反；这个力偶的力偶矩等于刚体对转轴的转动惯量与角加速度的乘积，其方向与角加速度方向相反。

下面讨论几种特殊情况：

(1)若刚体绕通过质心的轴做加速转动[图 5-24(a)]，则因质心的加速度 $a_C = 0$，故惯性力系简化为一力偶，此力偶的力偶矩 $M_{QC} = -J_C \alpha$。

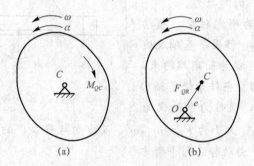

图 5-24 刚体绕定轴转动

(a)绕质心轴加速转动；(b)绕非质心轴匀速转动

(2)若刚体绕不通过质心的转轴做匀速转动[图 5-24(b)]，则因角加速度 $\alpha = 0$，有 $M_{QO} = 0$，故惯性力系简化为一通过点 O 的合力，此合力大小为 $F_{QR} = m a_C = me\omega^2$。

(3)若刚体绕通过质心的轴做匀速转动，则角加速度 $\alpha = 0$，加速度 $a_C = 0$，故惯性力系简化的力和力偶都为零，惯性力系是一平衡力系。

【例 5-12】 质量为 m 的汽车以加速度 a 做水平直线运动。汽车的重心离地面的高度为 h，汽车的前后轮到重心垂线的距离分别等于 b 和 c（图 5-25），试求汽车前后轮的正压力以及欲保证前后轮正压力相等时汽车的加速度。

解： 取汽车为研究对象，汽车受力有重力 mg，地面的正压力 F_{NA}、F_{NB} 和摩擦力 F_{fA}、F_{fB}。因汽车做平动，所以惯性力系的合力 F_{QR} 通过质心 C，其大小 $F_{QR} =$

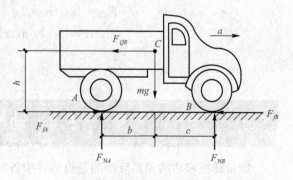

图 5-25 汽车的水平直线运动

ma，方向与加速度方向相反，如图 5-25 所示。由动静法可知以上这些力在形式上组成平衡力系，列平衡方程，即有

$$\sum M_A = 0, \quad F_{QR}h - mgb + F_{NB}(b+c) = 0$$

$$\sum M_B = 0, \quad F_{QR}h + mgc - F_{NA}(b+c) = 0$$

代入 $F_{QR} = ma$，得

$$F_{NA} = \frac{m(gc+ah)}{b+c}, \quad F_{NB} = \frac{m(gb-ah)}{b+c}$$

欲保证汽车前后轮的压力相等，即 $F_{NA} = F_{NB}$，由此求得汽车的加速度为

$$a = \frac{g(b-c)}{2h}$$

【例 5-13】 如图 5-26 所示，电动机定子的质量为 m_1，安装在水平的基础上，转轴 O 与水平面距离为 h，转子质量为 m_2，其质心为 C，偏心距 $OC = e$，运动开始时质心 C 在最低位置。设转子以匀角速度 ω 转动，试求基础对电动机的约束力。

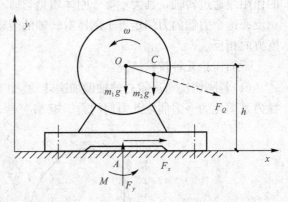

图 5-26 电动机

解：以电动机整体为研究对象，电动机受到主动力 m_1g 和 m_2g 作用，基础及地脚螺栓对电动机的约束可视为固定端约束，其约束力为 F_x、F_y 和 M。当转子绕定轴 O 以角速度 ω 匀速转动时，惯性力系简化为一个通过转轴 O 的力 F_Q，大小为 $F_Q = m_2 e\omega^2$，其方向与质心 C 的加速度方向相反，即沿 OC 连线离开轴 O 指向，由动静法列平衡方程。

即有

$$\sum F_x = 0, \quad F_x + F_Q\sin\varphi = 0$$

$$\sum F_x = 0, \quad F_y - m_1 g - m_2 g - F_Q\cos\varphi = 0$$

$$\sum M_A(F) = 0, \quad M - m_2 ge\sin\varphi - F_Q h\sin\varphi = 0$$

因转子匀速转动，故有 $\varphi = \omega t$，将其代入以上方程解之，即得基础对电动机的约束力为

$$F_x = -m_2 e\omega^2 \sin\omega t$$

$$F_y = (m_1 + m_2)g + m_2 e\omega^2 \cos(\omega t)$$

$$M = m_2 e\sin(\omega t)(g + \omega^2 h)$$

5.4 动能定理

能量转换和功的关系反映的是自然界中各种形式运动的普遍规律。通过功与能的转换关系来研究物体的机械运动，可使它与其他运动联系起来，具有广泛的意义；同时它提供

了用标量来研究力学问题的方法。动能定理就是从能量的角度分析质点和质点系的动力学问题。本节将介绍力的功、功率，质点和刚体的动能，以及通过能量转换解决动力学问题的动能定理。

■ 5.4.1 功和功率

5.4.1.1 力的功

力的功是力对物体的作用在一段路程中累积效应的度量。

物体受力的作用引起运动形态的改变，不仅取决于力的大小和方向，而且与物体在力的作用下经过的路程有关。例如，从高处下落的物体速度越来越大，相应的物体能量也越来越大，这就是重力对物体的作用在一段路程中积累效应的表现。可见，力的功含有力和路程两个因素。

在工程实际中，力的作用形式有常力、变力和力偶等，而力作用点的运动轨迹通常有直线或曲线。下面讨论几种不同作用形式的力的功的计算方法。

1. 常力的功

设质点 M 在大小的方向都不变的常力 F 作用下做直线运动，由 M_1 点运动到 M_2 点，如图 5-27 所示。若以 α 表示力与位移方向之间的夹角，s 表示力作用点移动的路程，则常力 F 在运动方向的投影与该力作用点移动的路程 s 的乘积，就定义为此力在这一段路程上所做的功，用 W 表示，即

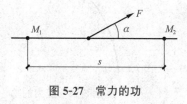

图 5-27　常力的功

$$W = F\cos\alpha \cdot s \tag{5-21}$$

由上式可以看出，力的功是代数量，当 $\alpha < 90°$ 时，力的功为正值，质点的运动效果增强；当 $\alpha > 90°$ 时，力的功为负值，质点的运动效果减弱；当 $\alpha = 90°$ 时，力与质点的位移方向垂直，则力不做功。

力的功的单位在国际单位制中是 J（焦耳），即 1 N（牛顿）的力使物体沿力的方向移动 1 m（米）的路程所做的功，也就是：1 J（焦耳）＝1 N（牛顿）×1 m（米）。

2. 变力的功

所谓变力，就是作用于质点 M 的力的大小和方向均随作用点位置的移动而变化的力。设质点在变力 F 的作用下沿曲线由 M_1 点运动到 M_2 点，如图 5-28 所示。在曲线上取一微小弧段 ds，在微小弧段上的力 F 可视为常力，同时微小弧段 ds 也可视为直线段，于是变力 F 在 ds 上所做的功称为元功。用 δW 表示，则有

$$\delta W = F\cos\alpha \cdot ds = F_\tau ds$$

式中，α 表示变力 F 与点 M 处的切线之间的夹角。

变力 F 沿曲线运动所做的功，就等于该力在各微段的元功之和，即

$$W = \int_{M_1}^{M_2} F_\tau ds = \int_{M_1}^{M_2} F\cos\alpha \cdot ds \tag{5-22}$$

若力 F 的作用点沿直线坐标轴 x 移动，则该力在从 x_1 移到 x_2 的一段路程上所做的功可简化为

$$W = \int_{x_1}^{x_2} F_x \mathrm{d}x \qquad (5\text{-}23)$$

式中，上、下限 x_1、x_2 分别为这一段路程的终点与起点在 x 轴上的坐标。

3. 几种常见力的功

（1）重力的功。重力为 G 的质点，沿任意轨迹曲线由 M_1 点运动到 M_2 点（图 5-29），重力 G 在其路程上所做的功，由式（5-22）得

$$W = \int_{M_1}^{M_2} G\mathrm{d}z = \int_{z_1}^{z_2} -G\mathrm{d}z = \pm Gh \qquad (5\text{-}24)$$

式中，h 为质点在运动过程中重心位置的高度差，即 $h = z_1 - z_2$。此式表明，重力的功等于质点的重量与其重心在运动始末位置的高度差的乘积，且与质点运动的轨迹形状无关。质点在运动过程中，当其重心位置降低时，重力做正功；当其重心位置升高时，重力做负功。

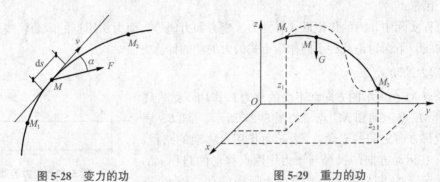

图 5-28 变力的功   图 5-29 重力的功

（2）弹性力的功。一端固定的弹簧与一质点 M 相连接，弹簧的原始长度为 l_0（图 5-30），在弹簧的极限变形范围内，弹簧弹性力 F 的大小与其变形量 δ 成正比，即

$$F = k\delta$$

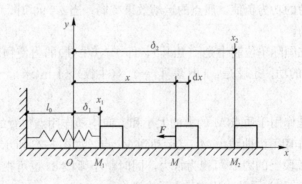

图 5-30 弹性力的功

式中，k 为弹簧的刚度系数（单位是 N/m 或 N/mm），弹性力 F 的方向总指向自然位置，也即弹簧未变形时端点 O 的位置。当质点 M 由 M_1 点运动到 M_2 点时，弹性力做功由式（5-22）得

$$W = \int_{M_1}^{M_2} F\mathrm{d}x = \int_{x_1}^{x_2} -kx\mathrm{d}x = \frac{k}{2}(\delta_1^2 - \delta_2^2)$$

上式表明，弹性力的功等于弹簧初变形的平方和未变形的平方之差与弹簧刚性系数乘

积的一半，且与质点的运动轨迹无关。

（3）定轴转动刚体上作用力的功。刚体在力 F 的作用下绕定轴 Oz 转动，现将力 F 分解为三个力 F_r、F_t 和 F_z（图 5-31）。可以看出，三个力中轴向力 F_z 和径向力 F_r 不做功，只有切向力 F_t 做功。设力 F 作用点到转轴的距离为 r，由式(5-22)可得力 F 在刚体由零转过角 φ 时所做的功为

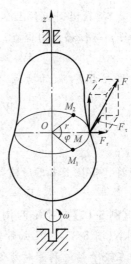

$$W = \int_{M_1}^{M_2} F_t r \mathrm{d}\varphi = \int_{\varphi_1}^{\varphi_2} M_z \mathrm{d}\varphi = \pm M_z \varphi \qquad (5\text{-}25)$$

式中，$\phi = \phi_2 - \phi_1$，M_z 为力 F 对转轴 Oz 的力矩，且 M_z 为常量。

此式表明，刚体绕定轴转动时，若作用在刚体上的力对转轴的矩为常量，则其功等于该力对转轴的矩乘以刚体所转过的角度。

图 5-31　刚体绕定轴转动

当力矩与转角的转向一致时，其功为正，反之为负。若刚体上作用的是力偶，其力偶矩 M 为常量，且力偶作用面垂直于转轴，则力偶使刚体转过转角 φ 时所做的功仍可用上式计算，即

$$W = \pm M\varphi \qquad (5\text{-}26)$$

显然，当力偶与转角的转向一致时，其功为正，反之为负。

4. 合力的功

质点 M 受 n 个力 F_1、F_2、$\cdots$、F_n 的作用，其合力为 F_R，这些力使质点沿曲线从 M_1 点运动到 M_2 点，由合力投影定理可知，各力在自然坐标系的轴 $M\tau$ 上的投影有

$$F_R \cos\alpha = F_1 \cos\alpha_1 + F_2 \cos\alpha_2 + \cdots + F_n \cos\alpha_n$$

将上式两边同乘以路程微段 $\mathrm{d}s$，即由下式计算出质点在整个路程上做的功为

$$\int_{M_1}^{M_2} F_R \cos\alpha \cdot \mathrm{d}s = \int_{M_1}^{M_2} F_1 \cos\alpha_1 \cdot \mathrm{d}s + \int_{M_1}^{M_2} F_2 \cos\alpha_2 \cdot \mathrm{d}s + \cdots + \int_{M_1}^{M_2} F_n \cos\alpha_n \cdot \mathrm{d}s$$

由式(5-22)，上式又可简写成

$$W = W_1 + W_2 + \cdots + W_n \qquad (5\text{-}27)$$

上式表明，作用于质点上力系的合力在任意一路程中所做的功等于各分力在同一路程中所做的功的代数和。

【例 5-14】 一货箱质量 $m = 300$ kg，现有一力 F_T 将它沿斜板拉到汽车车厢上，已知货箱与斜板的摩擦因数 $\mu = 0.5$，斜板的倾角 $\alpha = 20°$，汽车车厢高 $h = 1.5$ m（图 5-32）。问将货箱拉上车厢时，所消耗的功应为多少？

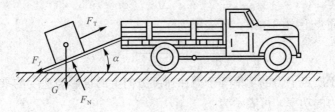

图 5-32　装货的功

解： 取货箱为研究对象，它受重力 mg、斜板法向约束力 F_N、摩擦力 F_f 及绳索的拉

125

力 F_T。货箱沿斜板拉上车厢时，拉力 F_T 做正功，摩擦力 F_f 与重力 mg 做负功，法向约束力 F_N 与位移方向垂直，不做功。当货箱升高 1.5 m 时，重力 mg 做的功为

$$W_1 = -mgh = -300 \times 9.8 \times 1.5 = -4\ 410(\text{J})$$

摩擦力 F_f 做的功为

$$W_2 = -\mu s = -\mu F_N \frac{h}{\sin\alpha} = -\mu mg\cos\frac{h}{\sin\alpha}$$

$$= \frac{-0.5 \times 300 \times 9.8\cos20° \times 1.5}{\sin20°} = -6\ 058(\text{J})$$

将货箱拉上车厢所消耗的功即为

$$W = W_1 + W_2 = -4\ 410 - 6\ 058 = -10\ 468(\text{J})$$

【例 5-15】 带轮两侧的拉力分别为 $F_{T1} = 1.6$ kN 和 $F_{T2} = 0.8$ kN（图 5-33）。已知带轮的直径 $D = 0.5$ m，试求带轮两侧的拉力在轮子转过两圈时所做的功。

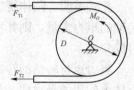

图 5-33 带拉力的功

解： 作用于带轮上的转矩为

$$M_O = (F_{T1} - F_{T2})\frac{D}{2}$$

$$= (1.6 - 0.8) \times 10^3 \times \frac{0.5}{2} = 200(\text{N} \cdot \text{m})$$

当轮子转过两圈时，其转角为

$$\varphi = 2 \times 2\pi = 12.56(\text{rad})$$

因此，带轮两侧的拉力在轮子转过两圈时所做的功为

$$W = M_O\varphi = 200 \times 12.56 = 2.512 \times 10^3(\text{J})$$

5.4.1.2 功率

在工程实际中，我们不仅要计算力做功的大小，而且还要知道力做功的快慢。力做功的快慢通常用功率表示。所谓功率，就是在单位时间内力所做的功，它是衡量机器工作能力的一个重要指标，功率越大，说明它在给定的时间内能做的功就越多。

设作用于质点上的力 F 在时间 Δt 内所做的元功为 δW，该力在这段时间内的平均功率可写成

$$P^* = \frac{\delta W}{\Delta t}$$

当时间 Δt 趋于零时，即得瞬时功率为

$$P = \lim_{\Delta t \to 0}\frac{\delta W}{\Delta t} = \frac{\text{d}W}{\text{d}t}$$

对于作用于质点上力的功率，可表示为

$$P = \frac{\delta W}{\text{d}t} = \frac{F\cos\alpha \cdot \text{d}s}{\text{d}t} = F_\tau v \tag{5-28}$$

可见，作用于质点上力的功率等于力在速度方向上的投影与速度的乘积。对于作用于定轴转动刚体上力的功率，可表示为

$$P = \frac{\delta W}{\text{d}t} = \frac{F_\tau r\text{d}\varphi}{\text{d}t} = \frac{M_z\text{d}\varphi}{\text{d}t} = M_z\omega \tag{5-29}$$

上式表明，作用于定轴转动刚体上力的功率等于该力对转轴的矩与角速度的乘积。若

刚体上作用的是力偶，其力偶矩为 M，则由式(5-28)即得力偶的功率为

$$P = M\omega$$

在国际单位制中，当每秒钟力所做的功为 1 J 时，其功率定为 1 J/s(焦耳/秒)或 1 W (瓦)，1 000 W＝1 kW。若以转速 n(r/min)代替速度 ω，力对转轴的矩用 M 表示，则式 (5-29)可写成

$$P = \frac{M\omega}{1\,000} = \frac{M}{1\,000} \times \frac{n\pi}{30} = \frac{Mn}{9\,549} \ (\text{kW}) \tag{5-30}$$

上式表示了功率、转速和转矩三者之间的数量关系，这一关系在工程实际中经常用到。由此式也可以看出，在功率不变的情况下，转速低，转矩大，而转速高，转矩小。例如，在机械加工中用机床切削工件时，常把电动机的高转速通过减速器换成主轴的低转速来提高切削力。

5.4.1.3 机械效率

任何一部机器工作时，都需要从外界输入一定的功率，称为输入功率 P_0。机器在工作中用于能量转化而消耗的一部分功率，称为有用功率 P_1，用于克服摩擦等有害阻力所消耗的功率，称为无用功率 P_2。机器在稳定运转时，它们之间必然存在 $P_0 = P_1 + P_2$ 的关系。在工程中，机器的有用功率与输入功率的比值，称为机器的机械效率，用 η 来表示，即

$$\eta = \frac{P_1}{P_0} \tag{5-31}$$

机械效率 η 和机器的传动形式及工作条件有关。一般齿轮传动系统的机械效率 $\eta = 0.9$ 左右，而蜗轮蜗杆传动系统的机械效率 $\eta = 0.6$ 左右，这就是说蜗轮蜗杆传动系统中有 40%左右的功率消耗在克服摩擦等有害阻力上。由于摩擦是不可避免的，故机械效率 η 的值总小于 1。机械效率 η 越接近 1，有用功率就越接近输入功率，而克服摩擦等有害阻力所消耗的功率也就越小，机器的工作性能也就越好。所以，机械效率 η 表明机器对输入功率的有效利用程度，它的大小是衡量机器工作性能的重要指标之一。

【例 5-16】 单级齿轮减速器如图 5-34 所示。已知电动机的功率 $P = 7.5$ kW，输入轴Ⅰ的转速 $n = 1\,450$ r/min，齿轮的齿数 $z_1 = 20$，$z_2 = 50$，减速器的机械效率 $\eta = 0.9$。试求输出轴Ⅱ所传递的转矩与功率。

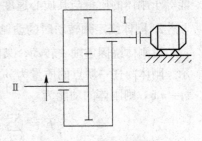

图 5-34 齿轮减速器

解： 由题意可知，减速箱的传动比为

$$i_{12} = \frac{n_1}{n_2} = \frac{z_2}{z_1} = \frac{50}{20} = 2.5$$

由此得出输出轴Ⅱ的转速为

$$n_2 = \frac{n_1}{i_{12}} = \frac{1\,450}{2.5} = 580 \ (\text{r/min})$$

由式(5-31)，得减速器输出轴Ⅱ的有用功率，即轴Ⅱ所传递的功率为

$$P_1 = P_0\eta = 7.5 \times 0.9 = 6.75 (\text{kW})$$

由式(5-30)得减速器输出轴Ⅱ所传递的转矩为

$$M = 9\,549 \frac{P_1}{n} = 9\,549 \times \frac{6.75}{580} = 111.1 (\text{N} \cdot \text{m})$$

▪ 5.4.2 质点、质点系和刚体的动能

任何运动的物体都具有能量，例如，飞行的子弹能穿透钢板，流水可以推动水轮机转动。物体由于机械运动所具有的能量称为动能。

5.4.2.1 质点的动能

设质点的质量为 m，速度为 v，则质点的动能表示为

$$E = \frac{1}{2}mv^2 \tag{5-32}$$

即质点的动能等于它的质量与该瞬时速度大小的平方乘积的一半。动能是标量，恒为正值，且与质点运动的方向无关。在国际单位制中，其单位与功的单位相同，也为 J（焦耳）。

5.4.2.2 质点系的动能

质点系的动能为质点系内各质点的动能的总和。设质点系中任意一质点的质量为 m_i，某瞬时速度为 v_i，则质点系的动能为

$$E = \sum \frac{1}{2}m_i v_i^2 \tag{5-33}$$

5.4.2.3 刚体的动能

刚体在做不同运动时，因刚体上各质点速度分布不同，其动能的计算式也不同。

1. 刚体平动时的动能

刚体在平动时，同一瞬时各点的速度相同并等于质心速度 v_C，故刚体平动时的动能为

$$E = \sum \frac{1}{2}m_i v_i^2 = \frac{1}{2}\sum m_i v_i^2 = \frac{1}{2}Mv_C^2 \tag{5-34}$$

式中，$M = \sum m_i$，是刚体的质量。上式表明，刚体平动的动能等于刚体的质量与其质心速度平方乘积的一半。

2. 刚体绕定轴转动时的动能

设刚体绕固定轴 z 转动，某瞬时角速度为 ω，如图 5-35 所示。刚体内任一质点的质量为 m_i，离 z 轴的距离为 r_i，速度为 $v_i = r_i\omega$，则刚体的动能为

$$
\begin{aligned}
E &= \sum \frac{1}{2}m_i v_i^2 \\
&= \frac{1}{2}\sum m_i r_i^2 \omega^2 \\
&= \frac{1}{2}J_z \omega^2
\end{aligned} \tag{5-35}
$$

式中，$J_z = \sum m_i r_i^2$，是刚体对转轴 z 的转动惯量。上式表明，定轴转动刚体的动能等于刚体对转轴的转动惯量与角速度平方乘积的一半。

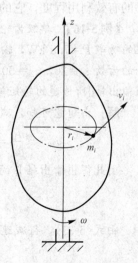

图 5-35 刚体绕定轴转动

3. 刚体平面运动时的动能

一平面运动刚体，取其质心 C 所在的截面图形如图 5-36 所示。设图形在某瞬时的速度瞬心为 P，角速度为 ω，于是做平面运动刚体的动能为

$$E = \frac{1}{2} J_P \omega^2$$

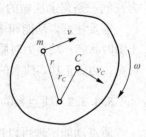

图 5-36　平动刚体

式中，J_P 是刚体对通过速度瞬心的轴的转动惯量。由于在不同的时刻，刚体以不同的点作为瞬心，因此用上式计算动能并不方便。若刚体的质心为 C，则由计算转动惯量的平行轴定理，有

$$J_P = J_C + m r_C^2$$

式中，m 为刚体的质量，r_C 是刚体质心 C 到速度瞬心 P 的距离，将其代入以上计算动能的公式，得

$$E = \frac{1}{2}(J_C + m r_C^2)\omega^2 = \frac{1}{2} J_C \omega^2 + \frac{1}{2} m r_C^2 \omega^2 = \frac{1}{2} J_C \omega^2 + \frac{1}{2} m v_C^2 \tag{5-36}$$

上式表明，刚体平面运动时的动能等于随质心平动的动能与绕质心转动的动能的和。

■ 5.4.3　动能定理及应用

前面所述的功是质点或质点系之间相互机械运动作用累积效应的一种度量；而动能是质点或质点系机械运动的另一种度量，它们之间有着密切的联系。动能定理就是研究两者之间关系的。

5.4.3.1　质点的动能定理

设一质量为 m 的质点 M，在力 F 的作用下沿曲线由点 M_1 运动到点 M_2，它的速度由 v_1 变为 v_2（图 5-37）。质点沿切线方向的微分方程为

$$F_\tau = m \frac{\mathrm{d}v}{\mathrm{d}t}$$

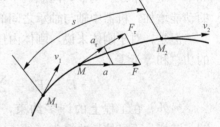

图 5-37　质点曲线运动

在上式两边分别乘以路程的微段 $\mathrm{d}s$，得

$$F_\tau \mathrm{d}s = m \frac{\mathrm{d}v}{\mathrm{d}t}\mathrm{d}s = m \frac{\mathrm{d}s}{\mathrm{d}t}\mathrm{d}v$$

$$= m v \mathrm{d}v = \mathrm{d}\left(\frac{1}{2}m v^2\right)$$

因 $F_\tau \mathrm{d}s$ 为力 F 在 $\mathrm{d}s$ 上的元功，所以上式可写成

$$\delta W = \mathrm{d}\left(\frac{1}{2}m v^2\right) \tag{5-37}$$

这就是质点动能的微分形式。它表明质点动能的微分等于作用在质点上力的元功。

将式(5-37)沿路径 $M_1 M_2$ 积分，即

$$\int_{v_1}^{v_2} \mathrm{d}\left(\frac{1}{2}m v^2\right) = \int_{M_1}^{M_2} F_\tau \mathrm{d}s$$

得

$$W = \frac{1}{2}m v_2^2 - \frac{1}{2}m v_1^2 = E_2 - E_1 \tag{5-38}$$

这就是质点动能的积分形式。它表明质点在某一段路程上动能的改变等于作用在质点上的力在同一路程上所做的功。

需要注意，动能和功的单位相同，但两者意义不同。动能是质点机械运动的度量，对应于瞬时状态；功是力对质点作用效果的度量，对应于某一过程。同时由式(5-37)或式(5-38)可见，力做正功，质点的动能增加；力做负功，质点的动能减少。

5.4.3.2　质点系的动能定理

质点动能定理可以推广到质点系，设质点系由 n 个质点组成，任取质点系中一个质点，其质量为 m_i，速度为 v_i，应用质点动能定理，有

$$\frac{1}{2}m_i v_{i2}^2 - \frac{1}{2}m_i v_{i1}^2 = W_i^{(e)} + W_i^{(i)}$$

式中，$W_i^{(e)}$ 和 $W_i^{(i)}$ 分别表示作用在所取质点上所有外力和内力的功，因为对于质点来说，作用在每个质点上的力有外力和内力之分。对质点系中每个质点都写出上式并相加，得

$$\sum \frac{1}{2}m_i v_{i2}^2 - \sum \frac{1}{2}m_i v_{i1}^2 = \sum W_i^{(e)} + \sum W_i^{(i)}$$

由式(5-32)知，上式等号左边两项分别为质点系在某一段路程中末了和起始位置的动能 E_2 和 E_1，于是上式又可写为

$$E_2 - E_1 = \sum W^{(e)} + \sum W^{(i)}$$

上式表明，质点系在某一段路程上动能的改变，等于作用于该质点系上所有的力在同一段路程上所做的功的总和，这就是质点系的动能定理。

必须注意，一般情况下，质点系内各质点之间的距离是可变的，故内力所做的功的总和不一定等于零。例如，内燃机中燃气膨胀对活塞的推力是内力，该内力做正功，使汽车的动能增加；机器中轴与轴承之间的相互摩擦力也是内力，但其所做的功是负功。

但是，对于刚体来说，刚体内任意两质点间的距离始终保持不变，所以刚体内力所做的功总和等于零。

$$E_2 - E_1 = \sum W^{(e)} \tag{5-39}$$

另外，在工程上的许多约束，如光滑接触面、光滑圆柱铰链、链杆、不可伸长的绳索等约束，它们的约束力均不做功。约束力做功为零的约束称为理想约束。所以，在理想约束条件下应用动能定理时，只需计算作用在刚体上的主动力所做的功。

【例 5-17】　重量为 G 的物体悬挂在一根弹簧刚度系数为 k 的弹簧上(图 5-38)。如在弹簧处于原长为 l_0 的位置时，把物体突然释放，试求重物下降的距离，并与弹簧在静荷载 G 作用下的伸长量进行比较。

解：取物体为研究对象，物体在下降的过程中，作用于其上的力是重力 G 和弹性力 F。因物体在被释放位置和下降到最低位置时的速度为零，故相应的动能也为零。若弹簧的最大伸长量为 $\delta_{\max}$，则重力 G 与弹性力 F 的功分别为

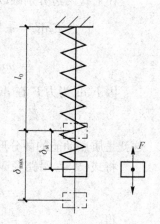

图 5-38　弹簧做的功

$$W_G = G\delta_{max}, W_F = \frac{k}{2}(\delta_1^2 - \delta_2^2) = -\frac{k}{2}\delta_{max}^2$$

由质点动能定理的积分形式即式(5-38)，得

$$G\delta_{max} + \left(-\frac{k}{2}\delta_{max}^2\right) = 0$$

求解上式，即得

$$\delta_{max} = \frac{2G}{k}$$

或以 δ_{st} 表示弹簧在静荷载 G 作用下的伸长，则有

$$\delta_{st} = \frac{G}{k}$$

以上求得的两个结果表明，弹性体受到突然增加荷载作用时的变形，将比静荷载的变形大得多（此题情况为大一倍）。因此，在进行机械设计时，必须考虑突然增加荷载对构件承载能力的影响。

【例5-18】 如图5-39所示，绞车的鼓轮可视为均质圆柱体，已知其质量为 m_1，半径为 r_1，绕中心 O 轴转动。绳索的一端卷绕在鼓轮上，另一端系有一质量为 m_2 的重物。鼓轮在不变力偶矩 M 的作用下，通过绳索牵引重物沿倾角为 θ 的光滑斜面上升。设开始时物体系统静止，不计各处摩擦，试求当鼓轮转过转角 φ 后的角速度 ω 和角加速度 α。

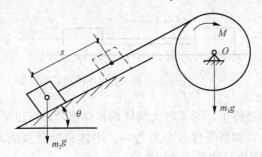

图 5-39 绞车鼓轮

解： 当鼓轮从静止开始转过转角 φ 时，角速度为 ω；重物沿斜面移动距离 $s = r\varphi$，速度为 $v = r\omega$。该物体系统的初动能为

$$E_1 = 0$$

末动能为

$$E_2 = \frac{1}{2}m_2 v^2 + \frac{1}{2}J_O\omega^2$$

$$= \frac{1}{2}m_2 r^2\omega^2 + \frac{1}{2}\left(\frac{1}{2}m_1 r^2\right)\omega^2 = \frac{1}{4}r^2\omega^2(m_1 + 2m_2)$$

系统的约束均为理想约束，其约束力均不做功；系统主动力有主动力偶矩和重物的重力，它们所做的功总和为

$$W = M\varphi - m_2 gs\sin\theta = (M - m_2 gr\sin\theta)\varphi$$

由质点系动能定理，有

$$\frac{1}{4}r^2\omega^2(m_1 + 2m_2) - 0 = (M - m_2 gr\sin\theta)\varphi \tag{a}$$

由此式解得

$$\omega = \frac{2}{r}\sqrt{\frac{(M - m_2\,gr\sin\theta)\varphi}{m_1 + 2m_2}}$$

欲求解加速度 α，将式(a)中的 ω 和 φ 视为时间 t 的函数，并两端对 t 求一阶导数，得

$$\frac{1}{2}r^2(m_1 + 2M_2)\omega\alpha = (M - m_2\,gr\sin\theta)\omega$$

于是，解得

$$\alpha = \frac{2(M - m_2\,gr\sin\theta)}{(m_1 + 2m_2)r^2}$$

思考题

5-1   质点受到的力大则其速度也大，质点受到的力小则其速度也小，对吗？为什么？已知质点的质量及其上的作用力，问该质点的运动是否可以完全确定？

5-2   重物 A、B 由不计重量的刚性杆连接，置于光滑水平面上，如图 5-40 所示。现用 300 N 的力推动物块 A，使之加速运动，此时刚性杆所受的力的大小为多少？

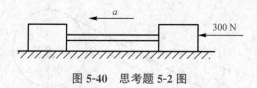

图 5-40   思考题 5-2 图

5-3   在质量相同的条件下，为了增大物体的转动惯量，可以采取哪些办法？

5-4   平面运动刚体，如所受外力主矢为零，刚体只能是绕质心的转动吗？如所受外力对质心的主矩为零，刚体只能是平移吗？

5-5   有一个圆柱体和一个圆筒，设它们的质量和半径相同，且同时从粗糙的斜面上滚下，问哪个先滚到底，为什么？

5-6   一半径为 R 的均质圆轮在水平面上只滚不滑。试问在下列两种情况下，轮心的加速度是否相等？接触面的摩擦力是否相同？

(1)在轮上作用一顺时针转向的力偶，力偶矩为 M；

(2)在轮上作用一水平向右的力 F，力的大小为 M/R。

5-7   判断以下论述的正误：

(1)一细直杆 AB 绕其端点 A 转动时的转动惯量为 $J_A = ml^2/3$，按平行轴定理，当此细直杆绕其端点 B 转动时的转动惯量应为 $J_B = J_A + ml^2 = 4\,ml^2/3$。（   ）

(2)有一刚体绕定轴转动，若在某瞬时其角加速度为零，则该瞬时外力的合力矩为零。（   ）

5-8   试分析图 5-41 所示揉茶机中揉桶惯性力的大小、方向和作用点。

5-9   如图 5-42 所示，两种情况中的滑轮质量 m 和半径 r 均相同，一个是在恒力 F 作用下拉绳子，另一个是在绳子上挂一个重量为 $G = F$ 的物体，试问在这两种情况下，滑轮的角加速度是否相同？

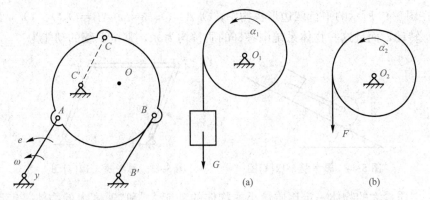

图 5-41　思考题 5-8 图　　　　　　图 5-42　思考题 5-9 图

5-10　判断以下论述的正误：

(1)若两物体质量相同，加速度大小相同，则其惯性力必然相同。（　　）

(2)火车在直线轨道上加速行驶时，最后一节车厢挂钩受力最大（　　）；匀速行驶时各挂钩受力相同（　　）；火车转弯时，离心惯性力作用在车上。（　　）

(3)在用质点动静法求解动力学问题时，凡运动着的质点都应加惯性力。（　　）

(4)下雨天旋转雨伞雨滴会沿伞边切向飞出，在雨滴脱离雨伞时，因只有重力作用，故惯性力的作用对象是地球。（　　）

5-11　将下列问题中正确答案的选项填入括号。

(1)在动静法理论基础中涉及的运动质点的惯性力是一个（　　）的力。

A. 实际存在　　　　　　　　　　B. 实际不存在

C. 与质点运动无关　　　　　　　D. 作用于运动质点

(2)质量分别为 m_A、m_B 的两物块，在力 F 的作用下沿光滑水平面以加速度 a 移动，如图 5-43 所示。若物块 A、B 之间相互作用力的大小为 F_N，则 F 与 F_N 的大小关系为（　　）。

A. $F > F_N$　　　　　B. $F < F_N$　　　　　C. $F = F_N$

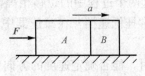

图 5-43　思考题 5-11 图

5-12　填空

(1)轮 A 与物块 B 用刚性杆 AB 铰接，如图 5-44 所示。轮 A 沿斜面滚而不滑，其间的滑动摩擦力为 F_1，物块与斜面间的滑动摩擦力为 F_2。当系统移动距离 s 后，F_1 所做的功为____，F_2 所做的功为_____。

(2)发射卫星时，火箭推力对卫星做_____功，重力对卫星做_____功；卫星在运行轨道上做匀速圆周运动时，地球引力对卫星_____功。

(3)一列质量为 20 t 的列车，从静止开始沿平直铁道驶出做匀加速直线运动，所受阻力为总重的 10%，驶出 400 m 时速度达 72 km/h。由此可知，列车启动的加速度为____ m/s²，列车开出 10 s 时的动能为_____ J，牵引力为_____ N。

（4）在图 5-45 所示的平行四边形机构中，$O_1A = O_2B = l$，$AB = O_1O_2$。O_1A 以角速度 ω 绕轴 O_1 转动，而且这一物体系统中各杆的质量均为 m，整个系统的动能为 _____ 。

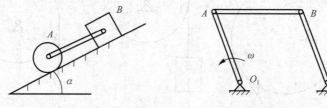

图 5-44　思考题 5-12(1)图　　　　图 5-45　思考题 5-12(4)图

5-13　"质量大的物体一定比质量小的物体的动能大"和"速度大的物体一定比速度小的物体的动能大"这两种说法是否正确？为什么？

5-14　如图 5-46 所示，两种滑轮装置都能把重量为 G 的物体匀速提升到高度 h，问两种情况下所需的拉力是否相等？拉力所做的功是否相等？

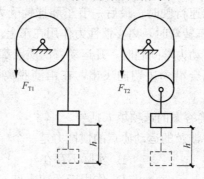

图 5-46　思考题 5-14 图

5-15　机器运转时，摩擦力的功是否一定是无用功？研磨机工作时，作用在工件上的摩擦力的功是否为无用功？

5-16　弹簧由其自然位置拉长 10 mm 或压缩 10 mm，弹性力的功是否相等？将弹簧拉长 10 mm 和再拉长 10 mm，即这两个过程中的位移相等，问弹性力的功又是否相等？

5-17　汽车上坡时，为什么常挂低速挡？在减速器中，为什么高速轴的直径一般比低速轴的直径小？

5-18　应用动能定理求速度时，能否确定速度的方向？

工作手册

【任务名称】 求杆端 A、B 的约束反力	参考学时： 1 学时

【项目团队】

【任务实施关键点】

实施条件：

工序	工作步骤	实施方案(列关键作业点，详记在工作活页)
1. 杆端 A 的约束反力求解	列动力方程	
	求解约束反力	
2. 杆端 B 的约束反力求解	列动力方程	
	求解约束反力	
工作小结		
评价		

习　题

5-1　物块重力 $G=400$ N，静摩擦因数 $\mu_s=0.15$，作用于物体上的水平方向力 $F=50$ N，如图 5-47 所示。求物块惯性力的大小和方向。

5-2　缆车质量为 700 kg，沿斜面以初速度 $v=1.6$ m/s 下滑，如图 5-48 所示。已知轨道倾角 $\alpha=15°$，摩擦因数为 $\mu=0.015$。欲使缆车静止，设制动时间为 $t=4$ s，在制动时缆车做匀减速运动，求此时缆绳的拉力。

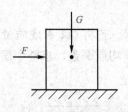

图 5-47　习题 5-1 图

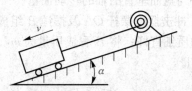

图 5-48　习题 5-2 图

5-3　质量为 m 的物块放在匀速转动的水平台上，其重心距转轴的距离为 r，物块与台面之间的摩擦因数为 μ_s，如图 5-49 所示。求使物体不因转台旋转而滑出的最大转速 n。

5-4　质量为 m 的小球 M 由两根各长为 l 的无重细杆支承，如图 5-50 所示。小球与细杆一起以匀角速度 ω 绕铅垂轴 AB 转动，设 $AB=l$，求两杆所受的拉力。

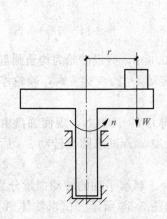

图 5-49　习题 5-3 图

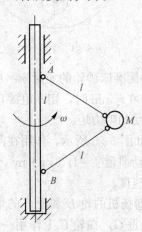

图 5-50　习题 5-4 图

5-5　重量 $G=98$ N 的圆柱放在框架内，框架以加速度 $a=2g$ 做水平直线平动，如图 5-51 所示。已知框架内斜面与水平夹角 $\alpha=15°$，不计摩擦，试求圆柱和框架铅垂侧面间的压力 F_{NA}。

5-6　曲柄连杆机构如图 5-52 所示。滑块 B 的质量为 m，忽略摩擦及连杆 AB 的质量，曲柄 OA 以匀角速度 ω 转动，$OA=r$，$AB=l$，$\lambda=r/l$，当 λ 比较小时，以 O 为坐标原点，滑块 B 的运动方程可近似写为 $x=l\left(1-\dfrac{\lambda^2}{4}\right)+r\left[\cos(\omega t)+\dfrac{\lambda}{4}\cos(2\omega t)\right]$，试求当 $\varphi=\omega t=0$ 和 $\dfrac{\pi}{2}$ 时，连杆 AB 所受的力。

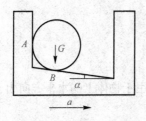

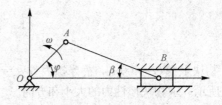

图 5-51 习题 5-5 图   图 5-52 习题 5-6 图

5-7 均质圆盘如图 5-53 所示。外径 $D=60$ cm，厚 $h=10$ cm，其上钻有四个圆孔，直径均为 $d_1=10$ cm，尺寸 $d=30$ cm，钢的密度 $\rho=7.9\times10^{-3}$ kg/cm³。求此圆盘对过其中心 O 并与盘面垂直的轴的转动惯量。

5-8 冲击摆由摆杆 OA 及摆锤 B 组成，如图 5-54 所示。若将 OA 看成质量为 m、长为 L 的均质细直杆；将 B 看成质量为 m_2、半径为 R 的等厚均质圆盘，求整个摆对转轴 O 的转动惯量。

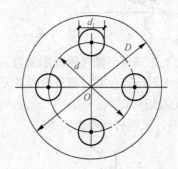

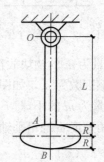

图 5-53 习题 5-7 图   图 5-54 习题 5-8 图

5-9 平面磨床砂轮的质量 $m=10$ kg，直径 $D=0.6$ m，假设砂轮为均质圆盘。当砂轮转速 $n=2\,400$ r/min 时，切断电源，砂轮做匀减速转动，当 $t=80$ s 时，砂轮停转，试求砂轮轴上所受的阻力矩。

5-10 如图 5-55 所示，作用在圆盘上的不变圆周力 $F=100$ N，现使圆盘由静止开始转动，其转动惯量 $J=1.5$ kg·m²，圆盘直径 $D=0.3$ m。试求圆盘转动 2 s 后，圆盘圆周上一点的速度。

5-11 卷扬机的轮 B 和轮 C 的半径分别为 R 和 r，对水平轴的转动惯量分别为 J_B 和 J_C，物体 A 重 G，在轮 C 上作用一不变力矩 M，如图 5-56 所示。试求物体 A 上升的加速度。

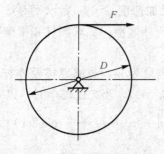

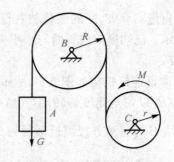

图 5-55 习题 5-10 图   图 5-56 习题 5-11 图

138

5-12 如图 5-57 所示，轮子的质量 $m=100$ kg，半径 $r=1$ m，现视其为均质圆盘，以转速 $n=120$ r/min 绕定轴 C 转动。若在杆端 A 点沿垂直方向施加一常力 F，10 s 后轮子即停止转动。轮与闸块间的动摩擦因数 $\mu=0.1$，轴承摩擦和闸块厚度忽略不计。试求 F 的大小。

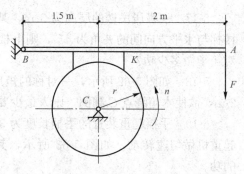

图 5-57 习题 5-12 图

5-13 重量为 G_1 的物块 A 沿光滑斜面 D 下滑，同时借一绕过滑轮 C 的绳子而使重量为 G_2 的重物 B 运动，如图 5-58 所示。已知斜面与水平面的倾角为 α，若忽略绳子和滑轮的重量，且不计绳子的伸长，试求斜面给凸出部分 E 的水平压力。

5-14 如图 5-59 所示，长为 l 的悬臂梁 AB 的 B 端用铰链连接一半径为 R 的滑轮，其上绕以不可伸长并不计自重的绳，绳端悬挂有重量为 G_1 的物体 C。当物体 C 下落时，带动重量为 G_2 的滑轮转动，已知滑轮为均质圆盘，不计轴上的摩擦及梁和绳的自重，试求固定端 A 的约束力。

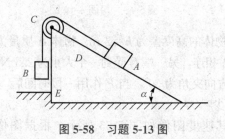

图 5-58 习题 5-13 图

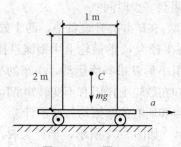

图 5-59 习题 5-14 图

5-15 质量为 600 kg 的举重叉车，搬运质量为 300 kg 的箱子，箱子与举重叉车之间的摩擦因数 $\mu_s=0.5$。举重叉车的高度以及车和箱子的重心位置如图 5-60 所示。设叉车向左运动，在制动时其加速度 $a=3$ m/s²。试求：(1)箱子是否能从举重叉车上滑出或翻倒；(2)举重叉车的 A 轮与 B 轮的铅垂约束力。

5-16 运送货物的平板车载着质量为 m 的货物，如图 5-61 所示。货箱可视为均质长方体，货箱与平板之间的摩擦因数 $\mu_s=0.35$，试求平板车在安全运行(货物不滑动也不翻倒)时所容许的最大加速度。

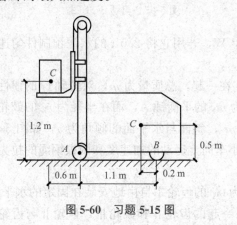

图 5-60 习题 5-15 图

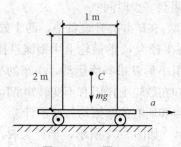

图 5-61 习题 5-16 图

5-17　一幢居民楼的层高为 3 m，某人提着重为 200 N 的箱子从一楼匀速走上二楼，楼梯与水平方向间的夹角为 45°，则上楼的过程中，人提箱子的力对箱子做多少功？重力对箱子做多少功？

5-18　如图 5-62 所示，一对称的矩形木箱的质量为 2 000 kg，宽度为 1.5 m，高度为 2 m，欲使木箱绕点 C 翻倒，则人最少要对它做多少功？

5-19　手摇起重装置的手柄长度为 360 mm，工人在手柄端施加作用力 $F=15$ kN，使起重机做匀速转动，如图 5-63 所示，其转速 $n=4$ r/min，试求工人在 10 min 内所做的功。

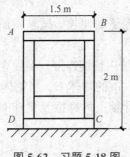

图 5-62　习题 5-18 图

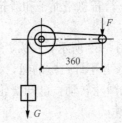

图 5-63　习题 5-19 图

5-20　如图 5-64 所示，B 为定滑轮，它距物体的高度差为 $h=2$ m。物体 A 质量为 10 kg，置于光滑水平面上。一绳跨过定滑轮，一端与 A 相连，另一端 C 受到一个大小为 2.5 N 的竖直向下的拉力 F，开始与物体 A 相连的绳与水平方向夹角为 30°，当 F 作用一段时间后，绳与水平方向夹角为 60°，那么拉力 F 对物体做功是多少？

5-21　质量 2 kg 的物体做直线运动，其速度图像如图 5-65 所示。根据图像计算：(1)20 s 内合力做功是多少？(2)在物体的不同运动阶段动力做的功各是多少？（已知物体与地面之间的动摩擦因数 $\mu=0.2$）

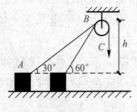

图 5-64　习题 5-20 图

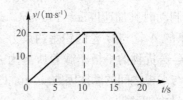

图 5-65　习题 5-21 图

5-22　一台起重机的输出功率是 5.0×10^4 W，若用它将 2.0 t 的水泥预制件匀速吊起 10 m，需要多少时间？

5-23　在矿井提升设备中，两个鼓轮固连在一起，总质量为 m，对转轴 O 的惯性半径为 ρ。在半径为 r_1 的鼓轮上用钢绳悬挂质量为 m_1 的平衡锤 A，而在半径为 r_2 的鼓轮上用钢绳牵引小车 B 沿斜面运动，小车的质量为 m_2，斜面与水平面的倾角为 α，如图 5-66 所示。已知在鼓轮上作用有不变转矩 M，试求小车向上运动的加速度和两根钢绳的拉力。钢绳的质量和所有的摩擦均忽略不计。

5-24　如图 5-67 所示，半径为 R、重量为 G_1 的齿轮 I 自由地安装在固定的水平轴 O_1 上，在另一与其平行的轴 O_2 上安装着固连在一起的齿轮 II 和鼓轮 III，齿轮 II 与齿轮 I 具有相同的半径和重量，鼓轮Ⅲ的半径为 r，重量为 G_2，绳子绕在鼓轮上，它的另一端连接重量为 G 的重物。视齿轮为均质圆盘，视鼓轮为均质圆柱，不计摩擦。试求重物由初始点下落距离 h 时的速度和加速度。

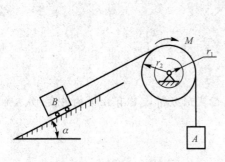

图 5-66　习题 5-23 图

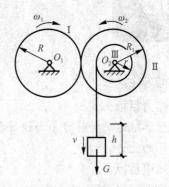

图 5-67　习题 5-24 图

材料力学简介

教学目标

能力目标

能熟练运用材料力学知识对各种构件进行变形分析,具有分析构件变形、确定强度计算条件的能力。

知识目标

(1)掌握材料力学的基本知识。

(2)掌握截面法的计算原理。

(3)掌握构件的四种变形。

(4)掌握现代飞机设计的静强度设计法。

素质目标

培养严谨、细心、全面、追求高效、精益求精的职业素质;沟通协调能力和团队合作精神、敬业精神。

◫◇ 下达任务

阅读任务,在工作手册中完成任务。

试分析Ⅰ轴和Ⅱ轴的变形特点。

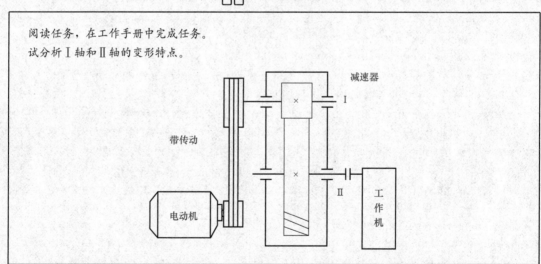

理论学习

材料力学是研究各类构件(主要是杆件)的强度、刚度和稳定性的学科,它提供了有关的基本理论、计算方法和试验技术,使我们能合理地确定构件的材料和形状尺寸,以达到安全与经济的设计要求。

6.1　基本概念

强度：即构件在外力作用下能够抵抗破坏的能力。

刚度：即构件在外力作用下能够抵抗变形的能力。

稳定性：即构件在外力作用下能保持原有直线平衡状态的能力。

为保证构件正常工作，构件应具有足够的能力来负担所承受的荷载。因此，构件应当满足以下要求：

(1)强度要求：在规定的荷载作用下，构件不应被破坏，包括断裂和发生较大的塑性变形。例如，冲床曲轴不可折断；建筑物的梁和板不应发生较大塑性变形。强度要求就是指构件在规定的使用条件下不发生意外断裂或塑性变形。

(2)刚度要求：在荷载作用下，构件即使有足够的强度，但若变形过大，则仍不能正常工作。例如，机床主轴的变形过大，将影响加工精度；齿轮轴变形过大，将造成齿轮和轴承的不均匀磨损，引起噪声。刚度要求就是指构件在规定的使用条件下不发生较大的变形。

(3)稳定性要求：即构件在外力作用下能保持原有直线平衡状态的能力。承受压力作用的细长杆，如千斤顶的螺杆、内燃机的顶杆等应始终维持原有的直线平衡状态，保证不被压弯。稳定性要求就是指构件在规定的使用条件下不产生丧失稳定性的破坏。

6.2　截面法及应力

6.2.1　截面法

材料力学中已知外力求内力的基本方法称为截面法，以拉伸为例，如图 6-1 所示。

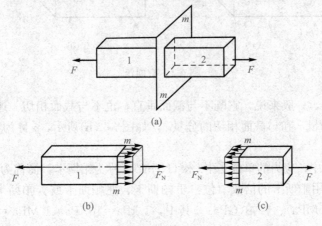

(a)

(b)　　　　　　　　　(c)

图 6-1　截面法

截面法的基本步骤可概括如下：

(1)截。在欲求内力的截面处用假想截面将杆件切开，使其分为两部分[图 6-1(a)]。

(2)取。取其中一部分(例如左段)为研究对象，拿去其他部分[图 6-1(b)]。

(3)代。将拿去部分对研究对象的作用力用内力 F_N 来代替[图 6-1(b)]。

(4)平。列平衡方程求出横截面上的内力大小。

$$\sum F_x = 0$$
$$F_N - F = 0$$
$$F_N = F$$

如果选取右段为研究对象，可得到同样的结果，如图 6-1(c)所示。

按照材料连续性假设，$m-m$ 截面上各处都有内力作用，所以 F_N 应是一个分布内力系的合力。

注意：在求解内力过程中，截面不能选在外力作用点所在的截面上。

■ 6.2.2　应力

用截面法确定的内力，不能说明分布内力系在截面内某一点处的强弱程度，为此，我们引入内力集度的概念。设在图 6-2(a)中所示受力构件的 $m-m$ 截面上 C 点附近取微小面积 ΔA，ΔA 上分布内力的合力为 ΔF_R。ΔF_R 的大小与 C 点的位置和 ΔA 的大小有关。把 ΔF_R 和 ΔA 的比值称为平均应力 p_M，用来表征 ΔA 上内力的平均集度，即

$$p_M = \frac{\Delta F_R}{dA}$$

p 称为 C 点的应力，它是分布内力系在 C 点的集度，反映内力系在 C 点的强弱程度。当截面上各点的应力都相同(截面上应力均匀分布)时，应力 p 就等于截面单位面积上的内力。

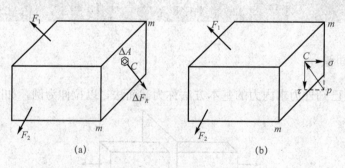

图 6-2　截面法

p 是一个矢量，一般来说，它既不与截面垂直，也不与截面相切。通常把应力 p 分解成垂直于截面的分量 σ 和与截面相切的分量 τ，如图 6-2(b)所示，σ 称为正应力，τ 称为切应力。

在国际制单位中，应力的单位是牛/米^2(N/m^2)，称为帕斯卡，简称为帕(Pa)，即1 帕＝1 牛/米^2。也可采用帕斯卡的倍数单位：千帕斯卡、兆帕斯卡或吉帕斯卡，其代号分别为千帕(kPa)、兆帕(MPa)、吉帕(GPa)。其中，1 kPa＝10^3 Pa，1 MPa＝10^6 Pa，1 GPa＝10^9 Pa。

6.3 构件的基本变形

构件在工作过程中受的外力是各种各样的，所以构件的变形也是各种各样的。但归纳起来可分为以下四种。

1. 轴向拉伸与压缩

若构件受到沿轴线方向作用的一对大小相等、方向相反的外力作用，则构件的主要变形是轴向拉伸或轴向压缩，如图 6-3 所示。

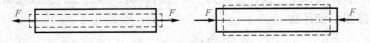

图 6-3　轴向拉伸与压缩

2. 剪切

若构件受到一对大小相等、方向相反且相距很近的横向外力作用，则构件的主要变形是两外力之间的横截面产生相对错动，如图 6-4 所示。

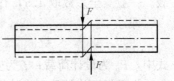

图 6-4　剪切

3. 扭转

若构件受到垂直轴线方向的一对大小相等、转向相反的力偶作用，则构件的相邻横截面将绕轴线发生相对转动，构件表面纵向线将成螺旋线，而轴线仍为直线，如图 6-5 所示。

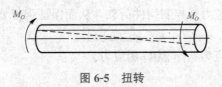

图 6-5　扭转

4. 弯曲

若构件受到垂直于轴线的横向力或力偶作用，则构件的轴线由直线弯成曲线，如图 6-6 所示。梁在自重的作用下就会发生弯曲变形。

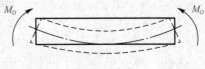

图 6-6　弯曲

6.4　现代飞机结构的静强度设计

现代飞机使用性能和寿命越来越高，随着高科技飞速发展，飞机越来越复杂，机载设备不断更新，新材料、新工艺、新结构不断出现，交叉学科、边缘学科的发展以及新技术的大量涌现，都使飞机的结构设计更加重要。

现代飞机结构设计包括静强度、稳定性设计；气动弹性与刚度设计；安全寿命设计；损伤容限设计；耐久性设计；可靠性设计等。其中与材料力学相关的主要是静强度、稳定性设计。

6.4.1 静强度、稳定性设计概念

静强度、稳定性设计同属结构的静力学设计问题，即主要关心工程上结构元件材料本身的最大承载能力(或称抗力、强度)及结构元件内力平衡形态发生变化时引起的结构承载能力下降，即出现屈服变形形态问题。

静强度设计考虑结构元件上局部点的工作应力是否有大于其强度极限的危险，问题的分析相对简单一些；而稳定性设计需要关心结构的材料、构型、约束以及荷载形式等。本项目主要讨论静强度设计法。

6.4.2 静强度设计方法

通常飞机结构静强度设计采用设计荷载法，即取案例系数，乘上使用荷载即为设计荷载。一般安全系数取 1.5，有时视情况还需要乘上附加安全系数。

即

$$P_d = fP_e$$

式中，P_d 为设计荷载；f 为安全系数；P_e 为使用荷载(同种工况取最大值)。

为了保证构件的正常使用及寿命，设计荷载应小于构件能承受的极限荷载。即

$$P_d \leqslant P_u$$

式中，P_u 为极限荷载。

实际应用中，构件的极限荷载难以把控，但材料的极限(许用)应力可以通过试验获得，于是我们可以用许用应力来控制构件荷载，从而保证强度要求。

$$\sigma_d \leqslant [\sigma]$$

式中，σ_d 为设计荷载下的应力；$[\sigma]$ 为许用应力。

工作手册

【任务名称】 分析减速器轴的变形	参考学时： 1 学时

【项目团队】

【任务实施关键点】

实施条件：

工序	工作步骤	实施方案(列关键作业点，详记在工作活页)
1. 轴Ⅰ的 变形判断	轴Ⅰ受力分析	
	判断轴Ⅰ的变形	
2. 轴Ⅱ的 变形判断	轴Ⅱ受力分析	
	判断轴Ⅱ的变形	
工作小结		
评价		

工作笔记

习　题

6-1　试解释何谓强度、刚度、稳定性?

6-2　为保证构件正常工作，构件应满足哪些方面的要求?

6-3　材料力学中使用截面法求内力时的基本步骤有哪些?

6-4　应力是指什么? 通常可将应力分成哪几种?

6-5　材料力学研究的基本变形有哪几种，各有何特点?

6-6　现代飞机结构设计主要包括哪些方面的设计?

轴向拉伸与压缩

教学目标

能力目标

能熟练运用拉伸与压缩知识对各种拉压变形进行强度计算，具有解决拉伸与压缩强度校核、设计截面尺寸、确定许可荷载等实际问题的能力。

知识目标

(1)掌握拉伸与压缩的受力分析知识。

(2)掌握拉伸与压缩的轴力图绘制。

(3)掌握拉伸与压缩的应力计算。

(4)掌握拉伸与压缩的强度计算。

素质目标

培养严谨、细心、全面、追求高效、精益求精的职业素质；沟通协调能力和团队合作精神、敬业精神。

下达任务

阅读任务，在工作手册中完成任务。

某型飞机拉杆如图所示，已知拉杆受力 $P = 40$ kN，若拉杆材料的许用应力$[\sigma] = 100$ MPa，横截面为矩形，且 $b = 2a$，试确定 a、b 的大小。

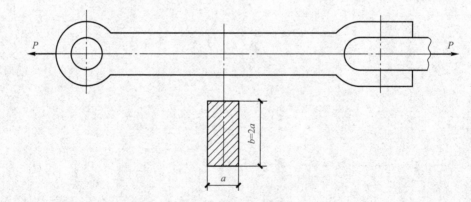

理论学习

构件工作时受到拉伸和压缩是其受力与变形的一种最简单形式。掌握其基本原理和分析方法，对材料力学的实际应用具有普遍意义。

7.1 轴向拉伸与压缩的概念

在工程实际中有很多构件可以简化为直杆，作用于杆上的外力（或外力的合力）的作用线与杆轴线重合，此时，杆的变形是纵向伸长或缩短。这类构件称为拉（压）杆，如图 7-1(a) 中的起重机吊钩、图 7-1(b) 中的活塞杆、图 7-1(c) 中的 *AB* 杆及 *BC* 杆。

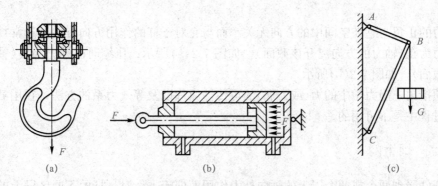

图 7-1　拉伸与压缩应用实例

实际工作中受拉伸或压缩的构件都可简化成简图形式。

7.2 轴力及轴力图

■ 7.2.1 轴力

因外力 F 的作用线与杆的轴线重合，所以内力 F_N 的作用线也必然与杆的轴线重合，故此时内力又称为轴力。

轴力的求解采用截面法，具体过程如图 7-2 所示。

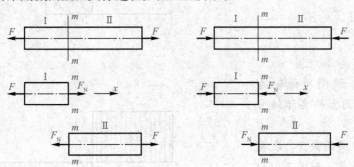

图 7-2　截面法求轴力

（a）拉伸；（b）压缩

截面法可分为四个步骤：

（1）截。在杆的内部（两外力之间）用假想截面将杆件切开，使其分为Ⅰ、Ⅱ部分。

（2）取。取其中一部分Ⅰ或Ⅱ为研究对象，拿去其他部分。

（3）代。将拿去部分对研究对象的作用力用内力 F_N 来代替。

（4）平。列平衡方程求出横截面上的轴力大小。

$$\sum F_x = 0$$
$$F_N - F = 0 \ \text{或} \ F - F_N = 0$$
$$F_N = F$$

轴力的正负与它在空间中的方向无关，而与它对于杆的作用方向有关。通常规定拉伸时的轴力为正（轴力的方向离开该截面），如图 7-2（a）所示；压缩时的轴力为负（轴力方向指向该截面），如图 7-2（b）所示。

必须指出，静力学中的力（或力偶）的可传性原理以及等效力系的方法，在用截面法求内力的过程中是不可用的。

7.2.2　轴力图

当杆件受到两个或两个以上的轴向外力作用而处于平衡时，杆的不同区段上的轴力一般是不同的。为了表示各横截面上轴力沿轴线的变化情况，可以用图形来表示轴力与横截面位置的关系。用平行于杆轴线的坐标表示横截面的位置，用垂直于杆轴线的坐标表示横截面上轴力的数值，绘出的表示轴力与横截面位置关系的图形称为轴力图。习惯上按选定的比例尺和轴力的正负把轴力绘在轴的上下两侧。从轴力图上可确定出最大轴力及其所在的横截面位置。

【例 7-1】　图 7-3（a）表示一等直杆受力情况，试作其轴力图。

解：用截面法求各段截面上的轴力。

（1）沿 1—1 截面截开，取左侧部分为研究对象，如图 7-3（b）所示，设截面上轴力为正（拉力），建立平衡方程：

$$\sum F_x = 0, \ F_{N1} - F_1 = 0$$

解得

$$F_{N1} = F_1 = 50 \text{ kN}$$

结果为正，说明所设轴力方向与 1—1 截面上的实际轴力方向相同。

（2）沿 2—2 截面截开，取左侧部分为研究对象，如图 7-3（c）所示，仍设截面上轴力为拉力，建立平衡方程：

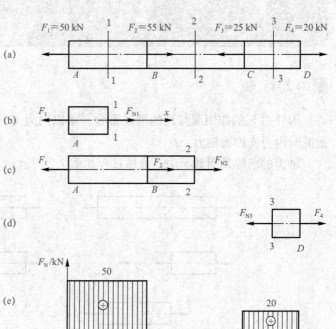

图 7-3　轴力图绘制

$$\sum F_x = 0, \quad F_{N2} - F_1 + F_2 = 0$$

解得

$$F_{N2} = F_1 - F_2 = -5 \text{ kN}$$

结果为负，说明所设轴力方向与 2—2 截面上的实际轴力方向相反，应是指向截面的压力。

(3)沿 3—3 截面截开，取右侧部分为研究对象，如图 7-3(d)所示，同理可求得 CD 段的轴力：

$$\sum F_x = 0, \quad F_4 - F_{N3} = 0$$

解得

$$F_{N3} = F_4 = 20 \text{ kN}$$

结果为正，说明所设轴力方向与 3—3 截面上的实际轴力方向相同，为拉力。

由计算结果可知，杆件在 BC 段受压，其他两段都受拉，其轴力图如图 7-3(e)所示。最大轴力在 AB 段，即 $F_{Nmax} = 50$ kN。

从例 7-1 的轴力求解中，可归纳出用截面法求轴力的规律如下：

(1)轴上任一截面上的轴力等于截面一侧(左或右)所有外力的代数和。外力与截面外法线(离开截面)相反者取正号，相同者取负号。

(2)轴力得正值时，表明其沿截面外法线方向，杆件受拉；轴力得负值时，表明其与截面外法线方向相反，指向截面，杆件受压。

应用上述规律求某截面上的轴力非常简便。以上题为例，各段轴力求解如下：

AB 段：

$\qquad F_{N1} = F_1 = 50$ kN(取左侧为研究对象)

$\qquad F_{N1} = F_2 + F_4 - F_3 = 55 + 20 - 25 = 50$ (kN)(取右侧为研究对象)

BC 段：

$\qquad F_{N2} = F_1 - F_2 = 50 - 55 = -5$ (kN)(取左侧为研究对象)

$\qquad F_{N2} = F_4 - F_3 = 50 - 55 = -5$ (kN)(取右侧为研究对象)

CD 段：

$\qquad F_{N3} = F_1 - F_2 + F_3 = 50 - 55 + 25 = 20$ (kN)(取左侧为研究对象)

$\qquad F_{N3} = F_4 = 20$ kN(取右侧为研究对象)

7.3 拉、压杆横截面上的应力

取一等直杆，在其侧面作相邻的两条横向线 ab 和 cd，然后在杆件两端施加一对拉力使杆发生变形。此时，可观察到 ab 和 cd 移到 $a'b'$ 和 $c'd'$(图 7-4)，根据这一现象，设想横向线代表杆的横截面。于是可做平面假设：原为平面的横截面在杆变形后仍为平面。

图 7-4 平面假设

根据平面假设，拉杆变形后两横截面将沿杆轴线做相对平移，也就是说，拉杆在其任意两个横截面之间的纵向变形是均匀的，如图 7-5 所示。

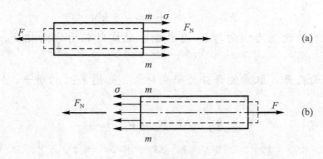

图 7-5　横截面应力分布

由图可以看出横截面上各点的正应力 σ 都相等，因此，轴向拉伸或压缩时横截面上的正应力为

$$\sigma = \frac{F_{\mathrm{N}}}{A} \tag{7-1}$$

式中，σ 为截面上的正应力；F_{N} 为横截面上的轴力；A 为杆的横截面面积。

当等直杆受两个以上的轴向外力作用时，由轴力图可求得其最大轴力 F_{Nmax}。代入式 (7-1) 即得杆内的最大正应力为

$$\sigma_{\max} = \frac{F_{\mathrm{Nmax}}}{A} \tag{7-2}$$

最大应力所在的横截面称为危险截面，危险截面上的正应力称为最大工作应力。

【例 7-2】 一阶梯杆如图 7-6(a) 所示。已知 $d_{AB}=50$ mm，$d_{BC}=20$ mm，试求荷载引起的最大工作应力。

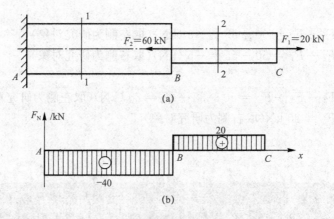

图 7-6　阶梯杆应力计算

解： (1) 作阶梯杆的轴力图，如图 7-6(b) 所示。

(2) 由于杆为变截面杆，故须利用式 (7-1) 求出每段杆的横截面上的正应力，从而确定阶梯杆的最大工作应力。

阶梯杆两段横截面 1—1 和 2—2 的正应力 σ_1、σ_2 计算如下：

$$\sigma_1 = \frac{F_{\mathrm{N1}}}{A_1} = \frac{-40 \times 10^3}{3.14 \times 25^2} = -20.4 \, (\mathrm{MPa}) \, (\text{压应力})$$

154

$$\sigma_2 = \frac{F_{N2}}{A_2} = \frac{20 \times 10^3}{3.14 \times 10^2} = 63.7\ (\text{MPa})(\text{拉应力})$$

由上述结果可见，阶梯杆的最大工作应力在杆的右段，其值为 $\sigma_{max} = 63.7$ MPa，是拉应力。

7.4 拉(压)杆的变形与胡克定律

杆件在轴向拉伸或压缩时，将引起轴向及横向尺寸的变化。现在以拉杆为例来研究这种变形。

设杆件的原长为 l，横向尺寸为 b(图 7-7)。在一对轴向拉力 F 的作用下，变形后的长度增为 l_1，变形后的直径缩为 b_1。

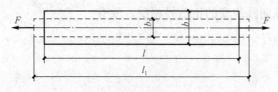

图 7-7　拉杆的变形

■ 7.4.1　绝对变形

1. 纵向绝对变形

杆件的纵向尺寸的改变(伸长或缩短)称为纵向绝对变形，若以 Δl 表示，则

$$\Delta l = l_1 - l \tag{7-3}$$

由式(7-3)可知，拉杆的纵向伸长 Δl 为正，压杆的纵向缩短 Δl 为负。

2. 横向绝对变形

杆件的横向尺寸的改变(缩小或增大)称为横向绝对变形，若以 Δb 表示，则

$$\Delta b = b_1 - b \tag{7-4}$$

由式(7-4)可知，杆件受拉时 Δb 为负，杆件受压时 Δb 为正。

绝对变形只反映杆的总变形量，而无法说明沿杆长度方向上各段的变形程度。由于拉杆各段的伸长是均匀的，因此，其变形程度可以用每单位长度的变形来表示，称为相对变形或线应变。

■ 7.4.2　相对变形

1. 纵向相对变形

沿轴线方向单位长度的变形称为纵向相对变形或纵向线应变，若以 ε 表示，则

$$\varepsilon = \frac{\Delta l}{l} \tag{7-5}$$

由式(7-5)可知,杆件拉伸时 ε 为正,杆件压缩时 ε 为负。

2. 横向相对变形

横向单位长度的变形称为横向相对变形或横向线应变,若以 ε' 表示,则

$$\varepsilon' = \frac{\Delta b}{b} \qquad (7\text{-}6)$$

由式(7-6)可知,杆件拉伸时 ε' 为负,杆件压缩时 ε' 为正。

■ 7.4.3 泊松比

试验结果指出,当杆件内的应力不超过材料的比例极限时,横向线应变 ε' 与纵向线应变 ε 的绝对值之比为一常数,此比值称为横向变形因数或泊松比,通常用 v 表示,即

$$v = \left| \frac{\varepsilon'}{\varepsilon} \right| \qquad (7\text{-}7)$$

泊松比 v 是一个无量纲的量,其值随材料的不同而不同。

因横向线应变与纵向线应变的正负号相反,故有

$$\varepsilon' = -v\varepsilon$$

■ 7.4.4 胡克定律

拉(压)杆的变形量和其受力之间的关系与材料的性能有关,只能通过试验来获得。对低碳钢、合金钢等常用材料制成的拉杆,由试验证明:当杆件上的应力不超过材料的比例极限时,杆的轴向变形 Δl 与其所受轴向荷载 F 及杆的原长 l 成正比,与杆的横截面面积 A 成反比,即

$$\Delta l \propto \frac{Fl}{A}$$

引入比例常数 E,则有

$$\Delta l = \frac{Fl}{EA}$$

由于 $F = F_N$,故上式可改写为

$$\Delta l = \frac{F_N l}{EA} \qquad (7\text{-}8)$$

这一关系就称为胡克定律。式中的比例常数 E 称为弹性模量,单位为 Pa。不同材料的弹性模量不同,都是通过试验方法测定的。由式(7-8)可知,对长度及横截面面积相同、受力相等的直杆,弹性模量越大,则变形越小。所以,E 表征材料抵抗弹性变形的能力,E 值越大,抵抗变形的能力越强;反之,E 值越小,抵抗变形的能力越弱。

式(7-8)同样适用于压杆。轴力 F_N 和变形 Δl 的正负号是对应的,即杆件受拉,轴力 F_N 为正时,所求的变形 Δl 为正,表示杆件伸长,反之亦然。还可看出,对长度相同、受力相等的杆件,EA 越大,则杆件的变形越小。所以,EA 称为抗拉(压)刚度,它表示杆件抵抗变形的能力。

将上述公式改写成

$$\frac{\Delta l}{l} = \frac{1}{E} \cdot \frac{F_N}{A}$$

由于 $\dfrac{\Delta l}{l} = \varepsilon, \dfrac{F_N}{A} = \dfrac{N}{A} = \sigma$，于是得胡克定律的另一表达形式：

$$\varepsilon = \frac{\sigma}{E} \text{ 或 } \sigma = E\varepsilon \qquad (7\text{-}9)$$

即当应力不超过材料的比例极限时，应力和应变成正比。显然，式中纵向线应变 ε 和横截面上的正应力 σ 的正负号也是相对应的，当为拉应力时，引起纵向伸长线应变。

弹性模量 E 和泊松比 v 都是材料的弹性常数。表 7-1 给出了一些常用材料的 E 和 v 的约值。

表 7-1　常用材料的弹性模量 E 及泊松比 v

材料名称	牌号	E/GPa	v
低碳钢	Q235	200～210	0.24～0.28
中碳钢	45	205	0.24～0.28
低合金钢	16Mn	200	0.25～0.30
合金钢	40CrNiMoA	210	0.25～0.30
灰口铸铁	—	60～162	0.23～0.27
球墨铸铁	—	150～180	—
铝合金	LY12	71	0.33
硬铝合金	—	70	0.3
混凝土	—	15.2～36	0.16～0.18
木材（顺纹）	—	9.8～11.8	0.053 9
木材（横纹）	—	0.49～0.98	—

【例 7-3】　一阶梯形钢杆如图 7-8 所示，AB 段的横截面面积 $A_1 = 400\ \text{mm}^2$，BC 段的横截面面积 $A_2 = 250\ \text{mm}^2$，钢的弹性模量 $E = 210\ \text{GPa}$。试求：AB、BC 段的伸长量和杆的总伸长量；C 截面相对 B 截面的位移和 C 截面的绝对位移。

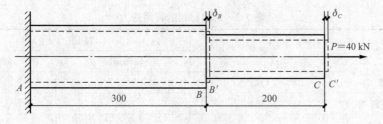

图 7-8　阶梯杆的变形

解：（1）求各段杆横截面上的轴力。

AB、BC 段的轴力相等，均为

$$F_N = P = 40\ \text{kN}$$

（2）求 AB、BC 段的伸长量和杆的总伸长量。

AB 段：

$$\Delta l_1 = \frac{F_N l_1}{EA_1} = \frac{40 \times 10^3 \times 300}{210 \times 10^9 \times 400} = 0.143\,(\text{mm})$$

BC 段：

$$\Delta l_2 = \frac{F_N l_2}{E A_2} = \frac{40 \times 10^3 \times 200}{210 \times 10^9 \times 250} = 0.152 (\text{mm})$$

AC 杆的总伸长量为

$$\Delta l = \Delta l_1 + \Delta l_2 = 0.143 + 0.152 = 0.295 (\text{mm})$$

（3）求 C 截面相对 B 截面的位移和 C 截面的绝对位移。

位移是指物体上的一些点、线或面在空间位置上的改变。由于 P 的作用，杆件发生伸长变形，使 B、C 截面分别移到了 B' 和 C' 的位置，它们的位移（有时称为绝对位移）分别是 δ_B 和 δ_C。

显然，两个截面的相对位移，在数值上等于两个截面之间那段杆的伸长（或缩短）量。因此，C 截面与 B 截面间的相对位移是

$$\delta_{BC} = \Delta l_2 = 0.152 \text{ mm}$$

结果为正，表明两截面相对位移的方向是相对离开。

A 截面不动时，C 截面的位移是由 AC 杆的伸长而引起的，数值上就等于 AC 杆的伸长量，即

$$\delta_C = \Delta l = 0.295 \text{ mm}$$

位移和变形是两个不同的概念，但是它们在数值上有密切的联系。位移在数值上取决于杆件的变形量和杆件受到的外部约束或杆件之间的相互约束。

7.5 拉、压杆的强度计算

确保拉（压）杆不致因强度不足而破坏的强度条件为

$$\sigma_{max} \leqslant [\sigma] \qquad\qquad (7\text{-}10)$$

式中，$[\sigma]$ 为许用应力，由试验得到，表 7-2 为常用材料的许用应力值。

表 7-2 常用材料的许用应力

材料名称	牌号	许用应力$[\sigma]$/MPa	
		轴向拉伸	轴向压缩
低碳钢	Q235	170	170
低合金钢	16Mn	230	230
灰口铸铁	—	34～54	160～200
混凝土	C20	0.44	7
注：本表适用常温、静载和一般工作条件的拉杆和压杆。			

强度条件可以用于下面三类强度问题：

（1）强度校核。在已知拉（压）杆的材料、尺寸及所受荷载的情况下，检验构件能否满足强度条件，称为强度校核。

$$\sigma_{max} = \frac{F_{max}}{A} \leqslant [\sigma] \qquad\qquad (7\text{-}11)$$

（2）设计杆件的截面尺寸。在已知拉（压）杆所受荷载及所用材料的情况下，可按强度条件设计杆件的横截面面积或尺寸。为此，式（7-11）可改写为

$$A \geqslant \frac{F_{Nmax}}{[\sigma]} \tag{7-12}$$

（3）确定许可荷载。在已知拉（压）杆的材料和尺寸的情况下，可根据强度条件计算出杆件所能承受的最大轴力，也称为许用轴力。为此，式（7-11）可改写为

$$F_{Nmax} \leqslant [\sigma]A \tag{7-13}$$

然后根据静力学平衡条件，确定结构所允许承受的荷载。

【例 7-4】 一阶梯杆如图 7-9(a)所示。已知 $d_{AB}=40$ mm，$d_{BD}=20$ mm，$[\sigma]=100$ MPa，试校核该杆强度。

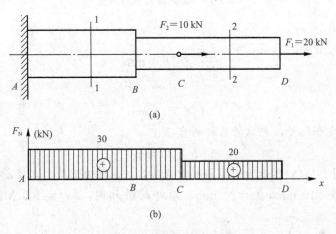

图 7-9 阶梯杆强度计算

解：（1）作阶梯杆的轴力图。如图 7-9(b)所示。

（2）求杆的最大工作应力。从轴力图可知 AB 段和 BC 段的轴力都为 30 kN，但 BC 段的直径较小，为 20 mm，故可确定 AB 段工作应力为最大工作应力。

$$\sigma_{max} = \frac{F_{max}}{A_{BC}} = \frac{30 \times 10^3}{3.14 \times 10^2} \approx 95.5 (\text{MPa})$$

（3）强度校核。

$$\sigma_{max} = 95.5 \text{ MPa} < [\sigma]$$

故该杆强度足够。

【例 7-5】 一压力容器如图 7-10(a)所示。已知活塞直径 $D=100$ mm，作用在活塞上的压强为 10 MPa，活塞杆的许用压应力为$[\sigma]=100$ MPa，试设计活塞杆直径。

解：（1）计算活塞杆上的压力。

活塞受力面积：$A_{活塞} = \pi r^2 = 3.14 \times 50^2 = 7\,850\,(\text{mm}^2)$

活塞杆受力：$F = pA_{活塞} = 10 \times 7\,850 = 78\,500\,(\text{N})$

由图 7-10(b)可知，活塞杆轴力：$F_N = F = -78\,500$ N（压应力）

（2）设计活塞杆直径。

由式（7-12）得

$$A_{活塞杆} \geqslant \frac{F_N}{[\sigma]} = \frac{78\,500}{100} = 785\,(\text{mm}^2)$$

159

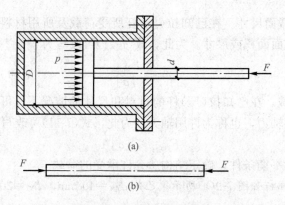

(a)

(b)

图 7-10 设计拉杆截面尺寸

即

$$\frac{\pi d^2}{4} \geqslant 785 \text{ (mm)}$$

得

$$d \geqslant 31.6 \text{ mm}$$

最后考虑到安全裕量，可取活塞杆的直径：

$$d = 32 \text{ mm}$$

【例 7-6】 图 7-11(a)所示为一简易起重设备，杆 AC 为圆杆，直径 $d=20$ mm，杆 AB 的截面为矩形，$b=10$ mm，$h=20$ mm，两杆材料相同，$[\sigma]=100$ MPa。试计算许可荷载。

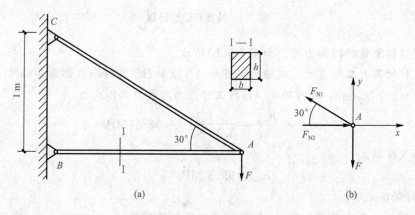

图 7-11 确定许可荷载

解：(1)计算两杆轴力与荷载 F 的关系。

设 AC 杆轴力为 F_{N1}，AB 杆轴力为 F_{N2}。取节点 A 为研究对象，如图 7-11(b)所示，得到

$$\sum F_x = 0, F_{N2} - F_{N2}\cos30° = 0$$

$$\sum F_y = 0, F_{N1}\sin30° - F = 0$$

解得

$$F_{N1} = 2F$$

$$F_{N2} = 1.732F$$

(2)确定许可荷载。

计算 AC 杆横截面面积 A_1。

$$A_1 = \frac{\pi d^2}{4} = \frac{\pi \times 20^2}{4} = 314(\text{mm}^2)$$

计算 AB 杆横截面面积 A_2。

$$A_2 = b \times h = 10 \times 20 = 200(\text{mm}^2)$$

① 由 AC 杆确定许可荷载。

根据公式(7-13)可得

$$F_{N1} \leqslant [\sigma]A_1$$

即

$$2F \leqslant 100 \times 314$$
$$F \leqslant 15\,700\ \text{N} = 15.7\ \text{kN}$$

②由 AB 杆确定许可荷载。

根据公式(7-13)可得

$$F_{N2} \leqslant [\sigma]A_2$$

即

$$1.732F \leqslant 100 \times 200$$
$$F \leqslant 11\,547\ \text{N} = 11.5\ \text{kN}$$

考虑到两杆的安全性,最大许可荷载应取其中的小值,故该结构的许可荷载为 11.5 kN。

7.6　应力集中的概念

在工程实际中,由于实际需要,很多拉(压)杆上有切口、切槽、螺纹、油孔等,以致这些部位的横截面尺寸和形状发生突然改变。在杆件的截面突然变化时,将出现局部应力骤增的现象。如图 7-12 所示,有小圆孔的板条受拉时,在圆孔附近的局部区域内,应力急剧增加,而距孔较远处的应力就迅速下降并趋于均匀。这种由于杆件截面尺寸和形状的突然变化而引起局部应力急剧增加的现象,称为应力集中。

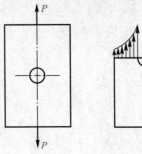
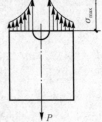

图 7-12　应力集中

设在杆件截面骤变处的最大局部应力为 σ_{max},同一截面上的平均应力为 σ,则比值

$$k = \frac{\sigma_{max}}{\sigma}$$

称为理论应力集中因数。它反映了应力集中的程度,是一个大于 1 的数。一般地说,杆件外形骤变得越剧烈(如角越尖、孔越小),则应力集中的程度就越严重。因此,杆件上应尽

量避免截面尺寸的急剧改变，以减缓应力集中的影响。

各种材料对应力集中的敏感程度并不相同。承受静荷载时，塑性材料有屈服阶段，当孔边的最大局部应力达到材料的屈服极限 σ_s 时，该处材料应力不再增加，应变则继续增大，而继续增加的荷载由尚未屈服的材料来承担。当整个截面上各点的应力都达到屈服极限时，杆件才因屈服而丧失正常的工作能力。因此，在静荷载作用下，由塑性材料制成的杆件可以不考虑应力集中的影响。由脆性材料或塑性差的材料(如高强度钢)制成的杆件，在静荷载作用下，应力集中处的最大应力首先达到材料的强度极限 σ_b，该处将首先产生裂纹，因而应按局部的最大应力来进行强度计算。但是，脆性材料灰铸铁内部组织的不均匀和缺陷(如气孔、杂质)往往是产生应力集中的主要原因，而杆件外形骤变引起的应力集中的影响反而不明显，就可以不考虑应力集中的影响。

当受到动荷载或交变荷载作用时，则无论是塑性材料还是脆性材料制成的杆件，都要考虑应力集中的影响。

工作手册

【任务名称】 设计某型飞机拉杆截面尺寸	参考学时： 1 学时

【项目团队】

【任务实施关键点】

实施条件：

工序	工作步骤	实施方案（列关键作业点，详记在工作活页）
1. 拉杆 受力分析	对拉杆进行受力分析	
	绘制拉杆的轴力图	
2. 设计 拉杆截面	设计拉杆宽度尺寸 a	
	设计拉杆高度尺寸 b	
工作小结		
评价		

习 题

7-1 试绘制图 7-13 中杆件的轴力图。

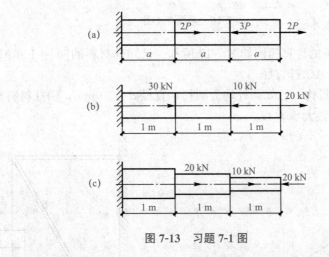

图 7-13 习题 7-1 图

7-2 一等直杆受力如图 7-14 所示，已知杆的横截面面积 A 和材料的弹性模量 E，试作轴力图，并求杆端点 D 的位移。

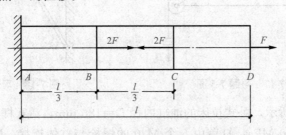

图 7-14 习题 7-2 图

7-3 圆杆上有一槽，如图 7-15 所示，已知圆杆受拉力 $P=15$ kN 作用，圆杆直径 $d=20$ mm，试求 1—1 和 2—2 截面上的应力(槽的面积可近似看成矩形，不考虑应力集中)。

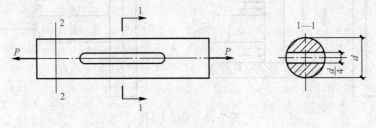

图 7-15 习题 7-3 图

7-4 图 7-16 所示阶梯杆，已知 $d_1=d_3=40$ mm，$d_2=20$ mm，$[\sigma]=80$ MPa，试校核杆的强度。

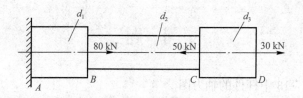

图 7-16　习题 7-4 图

7-5　简易起重设备的计算简图如图 7-17 所示。已知杆材料的$[\sigma]=100$ MPa，采用圆形截面，试设计 AB 及 AC 杆直径。

7-6　图 7-18 所示机构，已知两杆均为圆杆，直径 $d=20$ mm，两杆材料相同，$[\sigma]=100$ MPa，试计算机构最大承重 G。

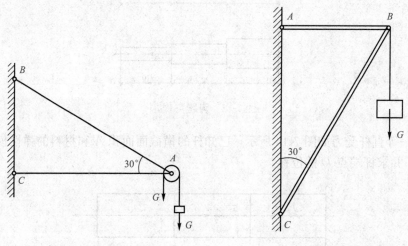

图 7-17　习题 7-5 图　　　　　　　　图 7-18　习题 7-6 图

7-7　如图 7-19 所示，卧式拉床的油缸内径 $D=186$ mm，活塞杆直径 $d_1=65$ mm，材料许用应力$[\sigma]_{杆}=130$ MPa，缸盖由 6 个 M20 的螺栓与缸体连接，M20 螺栓的内径 $d=17.3$ mm，材料许用应力$[\sigma]_{螺}=110$ MPa。试按活塞杆和螺栓的强度确定最大油压 p_1。

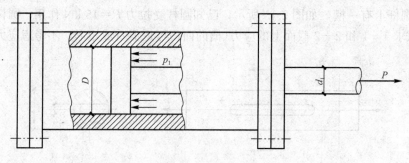

图 7-19　习题 7-7 图

剪切与挤压

能力目标

能熟练运用剪切与挤压知识对剪切与挤压构件进行强度计算，具有解决剪切与挤压强度校核、设计截面尺寸、确定许可荷载等实际问题的能力。

知识目标

(1)掌握剪切与挤压的受力分析知识。

(2)掌握剪切与挤压的轴力图绘制。

(3)掌握剪切与挤压的应力计算。

(4)掌握剪切与挤压的强度计算。

素质目标

培养严谨、细心、全面、追求高效、精益求精的职业素质；沟通协调能力和团队合作精神、敬业精神。

▱▱ 下达任务

阅读任务，在工作手册中完成任务。

如图所示为一飞机上的螺栓连接，已知所连接的两板厚均为 $\delta=50$ mm，荷载 $F=2$ kN，螺栓直径 $d=20$ mm，螺栓材料的许用应力 $[\tau]=80$ MPa，$[\sigma_{jy}]=120$ MPa，试校核螺栓的剪切与挤压强度。

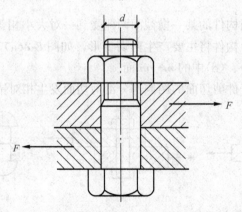

理论学习

工程中许多构件通常采用螺栓[图 8-1(a)]、铆钉[图 8-1(b)]、销钉[图 8-1(c)]和键[图 8-1(d)]等连接件进行连接。

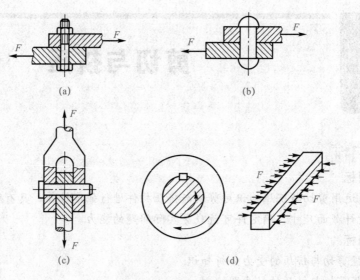

图 8-1　剪切和挤压实例

这些连接件主要承受剪切和挤压作用，可能发生剪切和挤压破坏，所以有必要进行剪切和挤压的强度分析。

8.1　剪切实用计算

8.1.1　剪切的概念

剪切的受力特点：当构件的某一横截面两侧受到一对大小相等、方向相反、作用线相距很近的横向力作用时，构件将主要产生剪切变形，如图 8-2(a)、(b) 所示，这个横截面称为剪切面，如图 8-2(c)、(d) 中的 $m-m$ 面。

剪切的变形特点：杆件剪切面的两侧部分沿剪切面发生相对错动，如图 8-2(e) 所示。

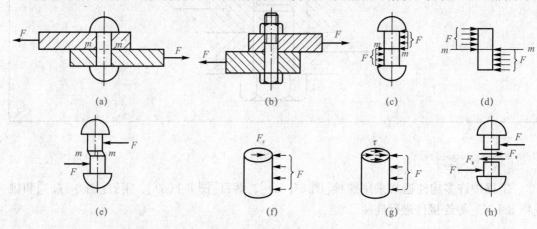

图 8-2　剪切受力特点

168

■ 8.1.2　剪切的实用计算

讨论剪切的内力和应力时。以剪切面 $m-m$ 将杆件分成两部分，并以下半部分为研究对象，如图 8-2(f)所示。$m-m$ 截面上的内力 F_s 与截面相切，称为剪力[图 8-2(g)]。剪切面中单位面积上的剪力称为切应力 τ，如图 8-2(h)所示。由平衡方程 $\sum F_x = 0$ 可以求出 $F_s = F$。

在实用计算中，假设剪切面上的切应力是均匀分布的，如图 8-2(h)所示。剪切面面积用 A_s 表示，所以切应力的实用计算公式为

$$\tau = \frac{F_s}{A_s} \tag{8-1}$$

螺栓、销、铆钉等圆柱零件剪切面积：

$$A_s = \frac{\pi d^2}{4}$$

式中，d 为螺栓、销、铆钉等零件直径。

键的剪切面积：

$$A_s = b \times l$$

式中，b 为键的宽度，l 为键的有效工作长度。

为保证构件正常使用，建立强度条件：

$$\tau \leqslant [\tau] \tag{8-2}$$

强度条件可以用于下面三类强度问题：

(1)强度校核。在已知构件的材料、尺寸及所受荷载的情况下，检验构件能否满足强度条件，称为强度校核。

$$\tau = \frac{F_s}{A_s} \leqslant [\tau] \tag{8-3}$$

(2)设计截面尺寸。在已知构件所受荷载及所用材料的情况下，可按强度条件设计构件的横截面面积或尺寸。为此，式(8-3)可改写为

$$A_s \geqslant \frac{F_s}{[\tau]} \tag{8-4}$$

(3)确定许可荷载。在已知构件的材料和尺寸的情况下，可根据强度条件计算出构件所能承受的剪力。为此，式(8-3)可改写为

$$F_s \leqslant [\tau] A_s \tag{8-5}$$

然后根据静力学平衡条件，确定构件所允许承受的荷载。

8.2　挤压强度计算

■ 8.2.1　挤压的概念

在外力作用下，连接件和被连接件的构件之间在接触面上相互压紧的现象，称为挤

压，如图 8-3 所示。接触面称为挤压面，接触面上的总压紧力称为挤压力，相应的应力称为挤压应力。当挤压力超过一定限度时，连接件或被连接件在接触面上将产生明显的塑性变形或被压溃，称为挤压破坏，所以应该对连接件进行挤压强度计算。

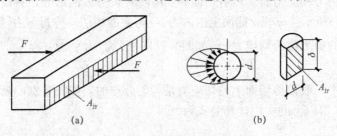

图 8-3　挤压的受力特点

■ 8.2.2　挤压的实用计算

在挤压面上，挤压应力的分布一般也比较复杂，工程上同样采用简化计算，即实用计算。以 F_{jy} 表示挤压力，A_{jy} 表示有效挤压面积，如图 8-3 所示。在实用计算中假设挤压力在挤压面上均匀分布，则挤压应力为

$$\sigma_{jy} = \frac{F_{jy}}{A_{jy}} \tag{8-6}$$

螺栓、销、铆钉等圆柱零件剪切面积：

$$A_{jy} = d\delta$$

式中，d 为螺栓、销、铆钉等零件直径，δ 为挤压面高度。

键的挤压面积：

$$A_{jy} = \frac{h}{2} \times l$$

式中，h 为键的高度，l 为键的有效工作长度。

为保证构件正常使用，建立强度条件：

$$\sigma_{jy} \leqslant [\sigma_{jy}] \tag{8-7}$$

强度条件可以用于下面三类强度问题：

（1）强度校核。在已知构件的材料、尺寸及所受荷载的情况下，检验构件能否满足强度条件，称为强度校核。

$$\sigma_{jy} = \frac{F_{jy}}{A_{jy}} \leqslant [\sigma_{jy}] \tag{8-8}$$

（2）设计截面尺寸。在已知构件所受荷载及所用材料的情况下，可按强度条件设计构件的横截面面积或尺寸。为此，式(8-8)可改写为

$$A_{jy} \geqslant \frac{F_{jy}}{[\sigma_{jy}]} \tag{8-9}$$

（3）确定许可荷载。在已知构件的材料和尺寸的情况下，可根据强度条件计算出构件所能承受的挤压力。为此，式(8-8)可改写为

$$F_{jy} \leqslant [\sigma_{jy}]A_{jy} \tag{8-10}$$

然后根据静力学平衡条件，确定构件所允许承受的荷载。

【例 8-1】　某型飞机挂钩由插销连接，如图 8-4(a)所示。牵引力 $F = 30$ kN，插销直径

$d=20$ mm，$\delta=10$ mm，插销材料的$[\tau]=80$ MPa、$[\sigma_{jy}]=120$ MPa，试校核插销的剪切和挤压强度。

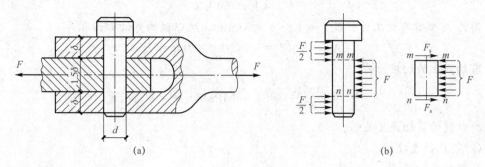

图 8-4　某型飞机挂钩插销

解：(1)剪切强度校核。

插销受力如图 8-4(b)所示。可以看出，插销有 $m-m$ 和 $n-n$ 两个剪切面，称为双剪切。根据平衡条件可以求出：

$$F_s=\frac{F}{2}=15\ \text{kN}$$

插销两个剪切面上的切应力相等，其数值为

$$\tau=\frac{F_s}{A_s}=\frac{15\times10^3}{\pi\times10^2}=47.8(\text{MPa})<[\tau]=80\ \text{MPa}$$

所以插销剪切强度足够。

(2)挤压强度校核。

由图 8-4(b)可以看出，插销挤压面总共有三个，两个是拉杆产生的，两者大小一样，另一个是连接板产生的 $m-m$ 和 $n-n$ 之间的挤压面。连接板产生的挤压力是 F，是拉杆产生的两倍，但挤压面积没有两倍，所以连接板处的挤压面是危险截面，只要校核该处即可。

$$\sigma_{jy}=\frac{F_{jy}}{A_{jy}}=\frac{F}{d\times1.5\delta}=\frac{30\times10^3}{20\times1.5\times10}=100(\text{MPa})<[\sigma_{jy}]=120\ \text{MPa}$$

所以插销挤压强度足够。

【例 8-2】　如图 8-5(a)所示，某型飞机上键连接，已知 A 型键，$b=10$ mm，$h=12$ mm，$L=100$ mm，$[\tau]=80$ MPa、$[\sigma_{jy}]=100$ MPa，荷载 $F=50$ kN，试校核键的剪切和挤压强度。

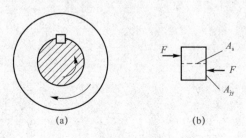

图 8-5　键连接

解： (1)剪切强度校核。

键的受力如图 8-5(b)所示，根据平衡条件可以求出：

$$F_s = F = 50 \text{ kN}$$

因为 A 型键有效工作长度 $l = L - b = 90 \text{ mm}$，所以键的剪切面面积为

$$A_s = b \times l = 10 \times 90 = 900 (\text{mm}^2)$$

剪切面上的切应力为

$$\tau = \frac{F_s}{A_s} = \frac{50 \times 10^3}{900} = 55.6 (\text{MPa}) < [\tau] = 80 \text{ MPa}$$

所以键的剪切强度足够。

(2)挤压强度校核。

如图 8-5(b)所示：

$$F_{jy} = F = 50 \text{ kN}$$

键的挤压面积为

$$A_{jy} = \frac{h}{2} \times l = 6 \times 90 = 540 (\text{mm}^2)$$

键的挤压应力为

$$\sigma_{jy} = \frac{F_{jy}}{A_{jy}} = \frac{50 \times 10^3}{540} = 92.6 (\text{MPa}) < [\sigma_{jy}] = 100 \text{ MPa}$$

所以键的挤压强度足够。

工作手册

【任务名称】 校核螺栓的强度	参考学时： 1 学时		
【项目团队】			

【任务实施关键点】

实施条件：

工序	工作步骤	实施方案（列关键作业点，详记在工作活页）	
1. 螺栓剪切强度校核	计算螺栓剪切力		
	计算螺栓剪切面积		
	校核螺栓剪切强度		
2. 螺栓挤压强度校核	计算螺栓挤压力		
	计算螺栓挤压面积		
	校核螺栓挤压强度		
工作小结			
评价			

习 题

8-1 试校核图 8-6 所示连接销钉的剪切强度。已知 $F=100$ kN，销钉直径 $d=30$ mm，材料的许用切应力 $[\tau]=60$ MPa。如果强度不够，应改用多大直径的销钉？

8-2 销钉连接，板厚如图 8-7 所示，单位为 mm，已知销钉直径 $d=20$ mm，$[\tau]=60$ MPa，$[\sigma_{jy}]=100$ MPa，试按销的剪切强度和挤压强度确定许可荷载 F。

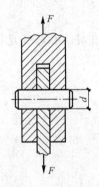

图 8-6 习题 8-1 图

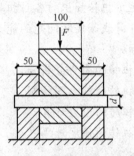

图 8-7 习题 8-2 图

8-3 一传动轴如图 8-8 所示，两段圆轴由凸缘和螺栓加以连接，其中有 8 个螺栓均匀分布在直径为 $D=200$ mm 的圆周上。已知圆轴所传递的力偶矩 $M=5$ kN·m，凸缘厚度 $h=10$ mm，螺栓许用应力 $[\tau]=60$ MPa，$[\sigma_{jy}]=200$ MPa，试根据强度要求设计螺栓直径。

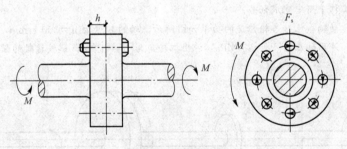

图 8-8 习题 8-3 图

8-4 木榫接头如图 8-9 所示，已知：$a=b=12$ cm，$c=4.5$ cm，$h=35$ cm，$F=40$ kN，求接头的剪切和挤压应力。

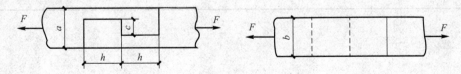

图 8-9 习题 8-4 图

圆轴扭转

▱▱ 下达任务

阅读任务，在工作手册中完成任务。

某一飞机中的传动轴，已知各轮传递的功率如图所示，轴的转速为 $n=300$ r/min，轴材料的切变模量为 $G=80$ GPa，许用切应力 $[\tau]=80$ MPa，许用扭转角为 $[\theta]=1°/m$，试校核轴的强度和刚度。

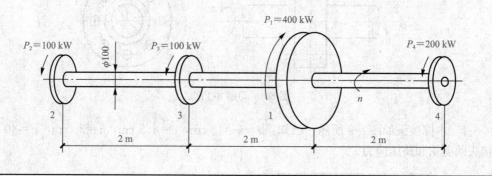

理论学习

在工程实际中，有很多构件承受扭转变形，如图 9-1(a)所示丝锥、图 9-1(b)所示方向盘下的 AB 轴等。一般将受扭转变形的杆件称为轴。

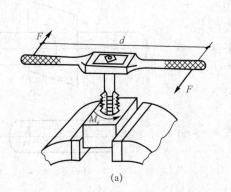
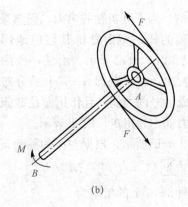

图 9-1　扭转实例

　　扭转变形的受力特点：受到一对大小相等、转向相反、作用面垂直于杆轴线的力偶作用。其变形特点是：反向力偶作用面间的各横截面都绕轴线发生相对转动，如图 9-2 所示。轴任意两个截面间相对转过的角度称为扭转角，用 φ 表示。

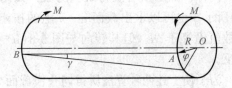

图 9-2　扭转变形示意图

9.1　外力偶矩、扭矩与扭矩图

9.1.1　外力偶矩的计算

　　为了计算轴在扭转时的内力，首先需要知道轴上作用的外力偶矩。作用在轴上的外力偶矩一般可由轴的整体平衡条件确定。但是，对于传动轴等转动构件，通常只知道它们的转速和所传递的功率，这就有必要将这些已知量换算为外力偶矩。

　　在工程实际中，功率的常用单位为 kW（千瓦），转速的常用单位为 r/min（转/分）。与这些常用单位相对应，外力偶矩有如下计算公式：

$$M(\mathrm{kN \cdot m}) = 9.55 \frac{P(\mathrm{kW})}{n(\mathrm{r/min})} \tag{9-1}$$

或

$$M(\mathrm{N \cdot m}) = 9\,550 \frac{P(\mathrm{kW})}{n(\mathrm{r/min})} \tag{9-2}$$

式中，M 为外力偶矩的大小（kN·m 或 N·m）；P 为轴所传递的功率（kW）；n 为轴的转速（r/min）。

9.1.2　扭矩与扭矩图

　　如图 9-3(a)所示的圆轴，在其两端垂直于轴线的平面内作用一对方向相反、大小相等

的外力偶 M。为了分析轴的内力，仍然采用截面法，在轴的任一截面处将其假想地切成两段，如图 9-3(b)、(c)所示。由任一段的平衡条件均可看出，在横截面 $n-n$ 上的分布内力系必可合成为一内力偶，且作用面在截面 $n-n$ 内。该内力偶称为扭矩，用 T 表示。

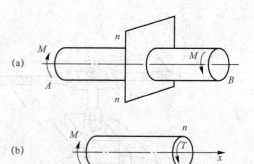

如图 9-3(b)所示，根据左段的平衡条件

$$\sum M_i = 0, \quad T - M = 0$$

得截面 $n-n$ 上的扭矩为

$$T = M$$

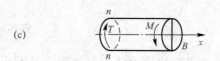

同样，如果以右段为研究对象，如图 9-3(c)所示，也可以求出截面 $n-n$ 上的扭矩 T，其数值仍等于 M，但其转向与图 9-3(b)所示相反。

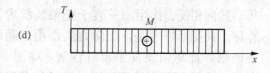

为了使上述两种算法所得同一横截面处的扭矩的正负号相同，扭矩的正负号按右手螺旋法则确定，如图 9-4 所示。右手四指的抓向为扭矩的转动方向，大拇指指向如果离开截面，则该扭矩为正，反之为负。按此规定，图 9-3 中无论取左段还是右段为研究对象，扭矩均为正。

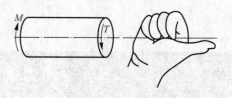

图 9-3　扭矩图

用截面法计算扭矩时，可将扭矩设为正值，如计算结果为负则说明该扭矩转向与所设的转向相反。

图 9-4　右手螺旋法则

在一般情况下，各横截面的扭矩不尽相同。为了形象地表示扭矩沿轴线的变化情况，可仿照作轴力图的方法绘制扭矩图。作图时，沿轴线方向取坐标表示横截面的位置，以垂直于轴线的另一坐标表示扭矩。例如，图 9-3(a)中圆轴的扭矩图如图 9-3(d)所示。

【例 9-1】 图 9-5(a)所示为传动轴，转速 $n = 500$ r/min，B 轮为主动轮，输入功率 $P_B = 10$ kW，A、C 轮为从动轮，输出功率分别为 $P_A = 4$ kW，$P_C = 6$ kW。试计算轴的扭矩，并作扭矩图。

解：(1)外力偶矩计算。由式(9-2)可知，作用在 A、B、C 轮上的外力偶矩分别为

$$M_A = 9\,550 \times \frac{P_A}{n} = 9\,550 \times \frac{4}{500} \approx 76 (\text{N} \cdot \text{m})$$

$$M_B = 9\,550 \times \frac{P_B}{n} = 9\,550 \times \frac{10}{500} = 191 (\text{N} \cdot \text{m})$$

$$M_C = 9\,550 \times \frac{P_C}{n} = 9\,550 \times \frac{6}{500} \approx 115 (\text{N} \cdot \text{m})$$

(2)扭矩计算。将轴分为 AB 和 BC 两段，逐段计算扭矩。设 AB 和 BC 段的扭矩均为正，并分别用 T_1 和 T_2 表示，则由图 9-5(b)、(c)可知：

$$T_1 = M_A = 76 \text{ N} \cdot \text{m}$$

$$T_2 = -M_C = -115\,\text{N} \cdot \text{m}$$

（3）作扭矩图。根据上述分析，作扭矩图如图 9-5(d)所示。

最大扭矩为

$$T_{\max} = |T_2| = 115\,\text{N} \cdot \text{m}$$

思考：如果将主动轮 B 与从动轮 C 位置对调，最大扭矩将变为多少？哪一种轴的布置合理？

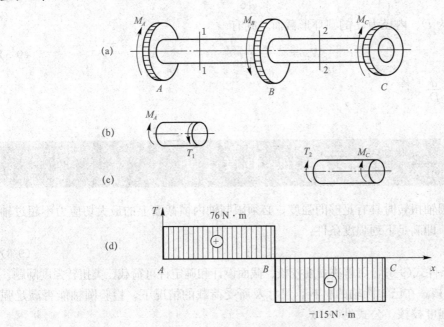

图 9-5　传动轴扭矩图

9.2　圆轴扭转时的应力

扭转变形发生在垂直于轴线的平面内，并与扭矩转向一致，横截面上任意点的切应力 τ_ρ 与该点到圆心的距离 ρ 成正比，即切应力沿半径呈线性分布，越往边缘越大。横截面上沿半径切应力的分布如图 9-6 所示。

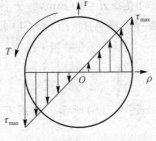

图 9-6　扭转应力分布

在横截面上 ρ 的最大值为 R，此处的切应力达到最大，为

$$\tau_{max} = \frac{T}{W_n} \tag{9-3}$$

式中，W_n 为抗扭截面系数。

对于直径为 D 的圆截面有

$$W_n = \frac{\pi D^3}{16} \tag{9-4}$$

对于外径为 D、内径为 d 的圆环形截面，则有

$$W_n = \frac{\pi D^3 (1 - \alpha^4)}{16} \tag{9-5}$$

其中：$\alpha = \dfrac{d}{D}$。

9.3 扭转强度计算

为了保证圆轴扭转时具有足够的强度，必须限制轴内横截面上的最大切应力不超过轴的许用切应力，即满足下列强度条件：

$$\tau_{max} \leqslant [\tau] \tag{9-6}$$

利用强度条件式(9-6)，可解决强度校核、截面设计和确定许可荷载三类扭转强度问题。

(1)强度校核。在已知圆轴的材料、尺寸及所受荷载的情况下，检验圆轴能否满足强度条件，称为强度校核。公式见(9-7)。

$$\tau_{max} = \frac{T_{max}}{W_n} \leqslant [\tau] \tag{9-7}$$

(2)设计截面尺寸。在已知圆轴所受荷载及所用材料的情况下，可按强度条件设计圆轴的横截面面积或尺寸。为此，式(9-7)可改写为

$$W_n \geqslant \frac{T_{max}}{[\tau]} \tag{9-8}$$

(3)确定许可荷载。在已知圆轴的材料和尺寸的情况下，可根据强度条件计算出圆轴所能承受的扭矩。为此，式(9-7)可改写为

$$T_{max} \leqslant [\tau] W_n \tag{9-9}$$

然后根据静力学平衡条件，确定构件所允许承受的荷载。

【例 9-2】 图 9-7(a)所示为传动轴，已知 $M_A = 1\,000\ \text{N·m}$，$M_B = 1\,800\ \text{N·m}$，$M_C = 300\ \text{N·m}$，$M_D = 500\ \text{N·m}$，轴的直径 $d = 40\ \text{mm}$，$[\tau] = 80\ \text{MPa}$，试校核轴的强度。

解：(1)作扭矩图。用截面法可求得 AB、BC 和 CD 段轴横截面上的扭矩分别为

$$T_1 = 1\,000\ \text{N·m}$$
$$T_2 = -800\ \text{N·m}$$
$$T_3 = -500\ \text{N·m}$$

由此可绘制出轴的扭矩图，如图 9-7(b)所示。由图可以看出轴的最大扭矩发生在 AB 段，大小为

$$T_{max} = 1\,000\ \text{N·m}$$

（2）强度校核。

轴的抗扭截面系数为

$$W_n = \frac{\pi d^3}{16} = \frac{3.14 \times 40^3}{16} = 12\ 560\ (\text{mm}^3)$$

由式（9-7）可得

$$\tau_{max} = \frac{T_{max}}{W_n} = \frac{1\ 000 \times 10^3}{12\ 560} = 79.6\ (\text{MPa}) < [\tau] = 80\ \text{MPa}$$

故该轴的扭转强度足够。

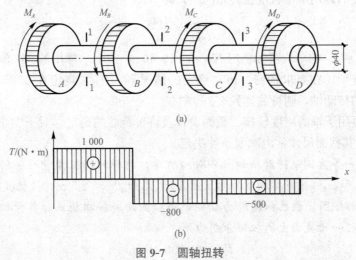

图 9-7 圆轴扭转

9.4 变形与刚度条件

轴在扭转力偶作用下，即使具有足够的强度，如果其变形过大，则也可能影响轴的正常工作。例如，车床丝杠的扭转变形过大会降低加工精度，磨床传动轴的扭转变形过大会引起扭转振动等。因此，对轴的扭转变形有时需要加以限制，使它满足刚度要求。为了解决这个问题，就需要研究轴在扭转时的变形。此外，在求解扭转超静定问题时，也必须考虑变形方面的问题。

对于扭矩沿杆长不变的等直圆轴，其扭转角 φ 的计算公式为（推导过程略）

$$\varphi = \frac{TL}{GI_P} \tag{9-10}$$

式中，GI_P 为圆轴的抗扭刚度，它反映轴抵抗扭转变形的能力；T 为扭矩；L 为杆长；φ 的单位为 rad。

对于直径为 D 的圆截面：

$$I_P = \frac{\pi D^4}{32} \tag{9-11}$$

对于外径为 D、内径为 d 的圆环形截面，则有

$$I_P = \frac{\pi D^4 (1 - \alpha^4)}{32} \tag{9-12}$$

基中，$\alpha = \frac{d}{D}$。

在工程中设计圆轴时，往往是通过单位长度扭转角来分析其刚度的。若用 θ 表示此扭转角，则可将式(9-10)改写成常用的形式：

$$\theta = \frac{T}{GI_P} \tag{9-13}$$

这里 θ 的单位是弧度每米或弧度每毫米，用 rad/m 或 rad/mm 表示。

为了保证轴在扭转时能正常工作，除了应使其满足强度要求外，有时还必须使它满足刚度要求。这就要求对轴的扭转变形加以限制。通常限制轴的最大单位长度扭转角 θ_{max}，使其不超过规定的许用单位长度扭转角 $[\theta]$，即

$$\theta_{max} = \frac{T_{max}}{GI_P} \times \frac{180}{\pi} \leqslant [\theta] \tag{9-14}$$

式中，T_{max}、G 和 I_P 的单位可分别用 N·m、Pa 和 m^4 表示。常用的 $[\theta]$ 值一般可从有关的设计规范中查到。在要求精密、传动稳定的情况下，$[\theta]$ 常规定在 $0.25 \sim 0.5°/m$ 范围内；对于一般的传动轴，则可放宽到 $2°/m$ 左右。

刚度条件可用于轴的刚度校核、截面设计及许可荷载的确定。对于要求精密的轴，其 $[\theta]$ 值较小，故其截面尺寸常由刚度条件决定。

【例 9-3】 一等直钢制传动轴如图 9-8(a)所示，材料的切变模量 $G = 80$ GPa。试计算扭转角 φ_{BC}、φ_{BA} 和 φ_{AC}，并将其相对转向用图表示，已知 $[\theta] = 2°/m$，校核其刚度。

解:（1）作扭矩图。由已知的外力偶矩，用截面法并按扭矩正、负号的规定，可算得 AB 段和 BC 段任一横截面上的扭矩分别为

$$T_{AB} = 1\,000 \text{ N·m}$$

$$T_{BC} = -500 \text{ N·m}$$

由此可作轴的扭矩图如图 9-8(b)所示。

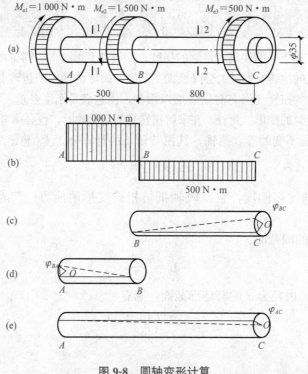

图9-8 圆轴变形计算

（2）计算扭转角 φ_{BC}、φ_{BA} 和 φ_{AC}。

由

$$I_P = \frac{\pi d^4}{32} = \frac{3.14 \times 35^4 \times 10^{-12}}{32} = 1.47 \times 10^{-7} (\text{m}^4)$$

可得

$$\varphi_{BC} = \frac{T_{BC} L_{BC}}{G I_P} = \frac{-500 \times 800 \times 10^{-3}}{8 \times 10^{10} \times 1.47 \times 10^{-7}} = -3.4 \times 10^{-2} (\text{rad})$$

$$\varphi_{BA} = \frac{T_{AB} L_{AB}}{G I_P} = \frac{1\,000 \times 500 \times 10^{-3}}{8 \times 10^{10} \times 1.47 \times 10^{-7}} = 4.25 \times 10^{-2} (\text{rad})$$

AB 与 BC 段的扭矩不等，B 轮相对于 A 轮转过角度 φ_{AB}，C 轮相对于 B 轮转过角度 φ_{BC}，两者之代数和即为 φ_{AC}。

$$\varphi_{AC} = \varphi_{AB} + \varphi_{BC} = 4.25 \times 10^{-2} - 3.4 \times 10^{-2} = 8.5 \times 10^{-3} (\text{rad})$$

（3）校核刚度。

$$\theta_{max} = \frac{T_{max}}{G I_P} \times \frac{180}{\pi} = \frac{1\,000 \times 180}{8 \times 10^{10} \times 1.47 \times 10^{-7} \times 3.14} = 4.87° \geqslant [\theta]$$

故轴的刚度不够。

【例 9-4】 图 9-9(a)所示为某型飞机局部传动系统第 4 轴。轴上有 Ⅱ、Ⅲ、Ⅳ 三个齿轮，动力由 5 轴经齿轮 Ⅲ 输送到 4 轴，再由齿轮 Ⅱ 和 Ⅳ 带动 1、2 和 3 轴。1 和 2 轴同时钻孔，共消耗功率 0.756 kW；3 轴扩孔，消耗功率 2.98 kW。若 4 轴转速为 183.5 r/min，材料为 45 钢，$G=80$ GPa。取 $[\tau]=40$ MPa，$[\theta]=1.5°/$m。试设计轴的直径。

解： 为了分析 4 轴的受力情况，先计算作用于齿轮 Ⅱ 和 Ⅳ 上的外力偶矩：

$$M_Ⅱ = 9.55 \times \frac{0.756}{183.5} = 39.3 (\text{N} \cdot \text{m})$$

$$M_Ⅳ = 9.55 \times \frac{2.98}{183.5} = 155 (\text{N} \cdot \text{m})$$

$M_Ⅱ$ 和 $M_Ⅳ$ 同为阻抗力偶矩，故转向相同。若 5 轴经齿轮 Ⅲ 传给 4 轴的主动力偶矩为 $M_Ⅲ$，则 $M_Ⅲ$ 的转向应该与阻抗力偶矩的转向相反[图 9-9(b)]，于是由平衡方程得

$$M_Ⅲ - M_Ⅱ - M_Ⅳ = 0$$

$$M_Ⅲ = M_Ⅱ + M_Ⅳ = 39.3 + 155 = 194.3 (\text{N} \cdot \text{m})$$

根据作用于 4 轴上的 $M_Ⅱ$、$M_Ⅳ$ 和 $M_Ⅲ$ 的数值，作扭矩图如图 9-9(c)所示。从扭矩图可以看出，在齿轮 Ⅲ 和 Ⅳ 之间，轴的任一横截面上的扭矩皆为最大值，且

$$T_{max} = 155 \text{ N} \cdot \text{m}$$

由强度条件得

$$\tau_{max} = \frac{T_{max}}{\frac{\pi}{16} D^3} \leqslant [\tau]$$

$$D \geqslant \sqrt[3]{\frac{16\ T_{max}}{\pi[\tau]}} = 0.027\,2 \text{ m} = 27.2 \text{ mm}$$

由刚度条件得

$$\theta_{max} = \frac{T_{max}}{G I_P} \times \frac{180}{\pi} = \frac{T_{max}}{G \times \frac{\pi}{32} D^4} \times \frac{180}{\pi} \leqslant [\theta]$$

$$D \geqslant \sqrt[4]{\frac{32\,T_{\max} \times 180}{G\pi^2[\theta]}} = 0.029\,5\ \text{m} = 29.5\ \text{mm}$$

根据以上计算结果，为了同时满足强度和刚度要求，选定轴的直径 $D=30$ mm。可见，刚度条件是 4 轴的控制因素。由于刚度是大多数机床的主要矛盾，因此用刚度作为控制因素的轴是相当普遍的。

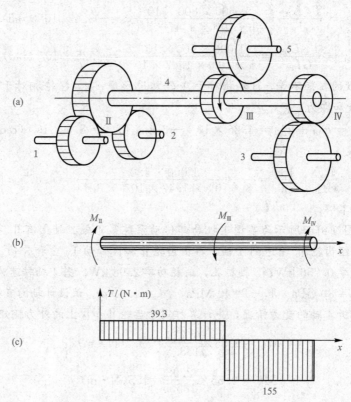

图 9-9　某型飞机局部传动系统第 4 轴

工作手册

【任务名称】 飞机传动轴强度和刚度校核		参考学时：　1　学时

【项目团队】

【任务实施关键点】

实施条件：

工序	工作步骤	实施方案(列关键作业点，详记在工作活页)
1. 校核轴的强度	计算轴上各轮的转矩	
	绘制轴的扭矩图	
	校核轴的强度	
2. 校核轴的刚度	计算轴上各段扭转角	
	校核轴的刚度	
工作小结		
评价		

习 题

9-1 已知，$L=200$ mm，$a=100$ mm，试绘制图 9-10 所示圆轴的扭矩图。

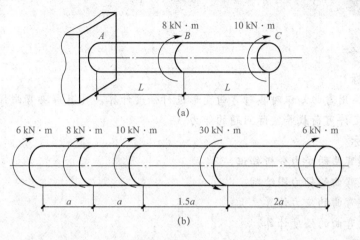

图 9-10 习题 9-1 图

9-2 图 9-11 所示传动轴，已知 $P_A=10$ kW，$P_B=6$ kW，$P_C=4$ kW，轴的转速 $n=400$ r/min，轴的直径 $d=30$ mm，$[\tau]=60$ MPa，试校核轴的强度。

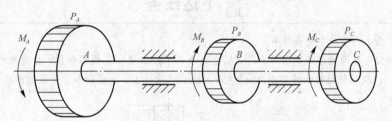

图 9-11 习题 9-2 图

9-3 如图 9-12 所示，已知作用在变截面钢轴上的外力偶矩 $M_1=1.8$ kN·m，$M_2=1.2$ kN·m，$G=80$ GPa，试求最大切应力和最大相对扭转角。

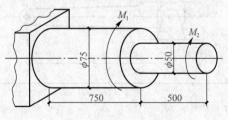

图 9-12 习题 9-3 图

9-4 一铝制实心轴的直径 $d=30$ mm，轴的横截面上扭矩 $T=10$ N·m，材料的切变模量 $G=26$ GPa，轴的许用单位长度扭转角 $[\theta]=0.3°/$m，试校核此轴刚度。

梁的弯曲

教学目标

能力目标

能熟练运用弯曲知识对各种弯曲变形进行强度计算，具有解决弯曲强度校核、设计截面尺寸、确定许可荷载等实际问题的能力。

知识目标

(1)掌握弯曲的受力分析知识。

(2)掌握弯曲的轴力图绘制。

(3)掌握弯曲的应力计算。

(4)掌握弯曲的强度计算。

素质目标

培养严谨、细心、全面、追求高效、精益求精的职业素质；沟通协调能力和团队合作精神、敬业精神。

下达任务

阅读任务，在工作手册中完成任务。

某型飞机的空气泵的操纵杆如图所示，右端受力为 8.5 kN，Ⅰ—Ⅰ截面和Ⅱ—Ⅱ截面均为矩形，高度比为 $h/b=3$，操纵杆材料的许用应力$[\sigma]=50$ MPa。试设计Ⅰ—Ⅰ截面和Ⅱ—Ⅱ截面尺寸。

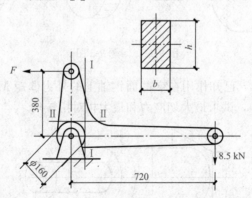

理论学习

10.1 平面弯曲简介

在工程实际中，存在大量的受弯曲构件，如火车轮轴[图 10-1(a)]、桥式起重机大梁

［图 10-1(b)］等。所谓弯曲变形，是指杆的轴线由直线变成曲线，以弯曲变形为主的构件称为梁。梁的受力特点是在轴线平面内受到力偶矩或垂直于轴线方向的外力的作用。

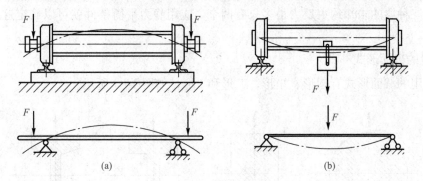

图 10-1　弯曲变形实例

1. 梁的荷载分类

作用在梁上的荷载通常可以简化为以下三种类型：

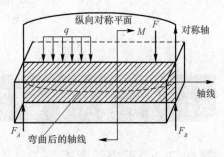

图 10-2　梁的荷载分类

(1)集中荷载。当荷载的作用范围和梁的长度相比较很小时，可以简化为作用于一点的力，称为集中荷载或集中力。图 10-1(b)中吊车梁承受吊索传递的起吊荷载便可视为集中力，以及图 10-2 中的集中力 F，其单位为牛(N)或千牛(kN)。

(2)集中力偶。当梁的某一小段内(其长度远远小于梁的长度)受到力偶的作用时，可简化为作用在某一截面上的力偶，称为集中力偶。如图 10-2 所示，梁在纵向对称平面内受到矩为 M 的集中力偶的作用，它的单位为牛·米(N·m)或千牛·米(kN·m)。

(3)分布荷载。梁的全长或部分长度上连续分布的荷载即为分布荷载。如梁的自重，水坝受水的侧向压力等，均可视为分布荷载。分布荷载的大小用荷载集度 q 表示。其单位为牛/米(N/m)或千牛/米(kN/m)。沿梁的长度均匀分布的荷载称为均布荷载，其均布集度 q 为常数。

2. 梁的类型

根据梁的支承情况，一般可把梁简化为以下三种基本形式，如图 10-3 所示。

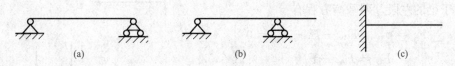

图 10-3　梁的类型

(a)简支梁；(b)外伸梁；(c)悬臂梁

(1)简支梁。一端为固定铰链支座，另一端为活动铰链支座的梁称为简支梁，如图 10-3(a)所示。

(2)外伸梁。外伸梁的支座与简支梁完全一样，所不同的是梁的一端或两端伸出支座以外，所以称为外伸梁。如图 10-3(b)所示。

（3)悬臂梁。一端为固定端约束，另一端自由的梁称为悬臂梁，如图 10-3(c)所示。

以上三种梁的未知约束反力最多只有两个，应用静力平衡条件就可以确定这三种形式梁的内力。

3. 梁的截面形式

梁常用的截面形式有圆形、矩形、T 形和 I 形，如图 10-4 所示。

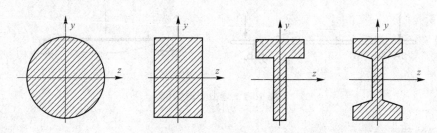

图 10-4　梁的截面形式

(a)圆形；(b)矩形；(c)T 形；(d)I 形

10.2　梁弯曲时横截面上的内力

■ 10.2.1　剪力和弯矩

为了对梁进行强度计算，首先必须确定梁在荷载作用下任一横截面上的内力。图 10-5 所示的简支梁，其上作用的荷载和约束力均为已知量，求指定 $m-m$ 截面上的内力。

现采用截面法，以横截面 $m-m$ 将梁切为左右两段。由平衡条件可知，在 $m-m$ 截面上存在一个集中力 F_Q 和一个集中力偶 M。集中力使梁产生剪切变形，故称为剪力；集中力偶使梁产生弯由变形，故称为弯矩。

对于梁的左段，列平衡方程有

$$\sum F_y = 0 \qquad F_{Ay} - F_1 - F_Q = 0$$

得
$$F_Q = F_{Ay} - F_1$$

可见，剪力 F_Q 等于截面以左梁上所有外力在 y 轴上投影的代数和。取代数和时，以与剪力同向的外力投影为负，反之为正。显然，按此法计算剪力较简便。

再以左段横截面形心 C 为矩心，列平衡方程有

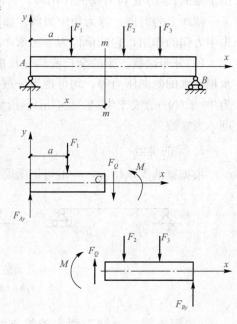

图 10-5　梁弯曲时的内力

190

$$\sum M_C(F) = 0 \qquad M + F_1(x-a) - F_{Ay}x = 0$$

得

$$M = F_{Ay}x - F_1(x-a)$$

可见，弯矩 M 等于横截面以左梁上所有外力对横截面形心 C 的矩的代数和。取代数和时，以与弯矩同向的外力的矩为负，反之为正。

对于横截面 $m-m$ 上的剪力 F_Q 和弯矩 M，也可以用同样的方法由梁的右段的平衡方程求得，但方向与由左段求得的相反。为了使由左段或右段求得的同一截面上的剪力和弯矩不但在数值上相等，而且在符号上也相同，故将剪力和弯矩的正负符号规定如下：

在所切横截面的内侧取一微段，若使该微段有顺时针转动趋势，则剪力为正，反之逆时针为负，如图 10-6(a)所示；若使该微段弯曲变形呈下凹趋势，则弯矩为正，反之上凸为负，如图 10-6(b)所示。

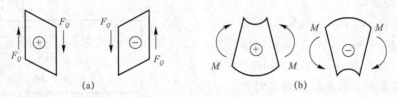

图 10-6　剪力与弯矩正负规定

综上所述，将弯曲梁的内力的求法归纳起来，即

(1)在欲求梁内力的横截面处将梁切开，任取一段作为研究对象；

(2)画出所取梁段的受力图，将横截面上的剪力 F_Q 和弯矩 M 均设为正；

(3)由平衡方程分别计算剪力 F_Q 和弯矩 M。在力矩方程中，矩心为该横截面的形心 C。

■ 10. 2. 2　剪力图和弯矩图

一般情形下，梁横截面上的剪力和弯矩随横截面位置的变化而变化。将横截面沿梁轴线的位置用坐标 x 表示，则各个横截面上的剪力和弯矩可以表示为坐标 x 的函数，即

$$F_Q = F_Q(x)$$
$$M = M(x)$$

以上两式分别称为剪力方程和弯矩方程。

为了直观表达剪力和弯矩沿梁轴线的变化情况，进而确定梁上最大剪力和最大弯矩的数值及其作用位置，最好的方法是绘出剪力图和弯矩图。通常以梁的左端为原点，以梁的轴线作为横坐标，表示梁横截面的位置，纵坐标为相应截面上的剪力或弯矩的数值。一般将正的剪力或弯矩画在 x 轴上方，负的剪力或弯矩画在 x 轴下方，这样得出的内力图分别称为剪力图和弯矩图。

下面举例说明剪力图和弯矩图的画法。

【例 10-1】　如图 10-7(a)所示，简支梁受集中力 $F = 12$ kN 作用，试写出该梁的剪力方程和弯矩方程，并画出剪力图和弯矩图。

解：(1)求 A、B 截面的约束力，受力图如图 10-7(b)所示。

以 B 点为矩心，列平衡方程：

$$\sum M_B = -F_A \times 3 + F \times 1 = 0$$

$$F_A = \frac{1}{3}F = 4 \text{ kN}$$

$$F_B = F - F_A = 8 \text{ kN}$$

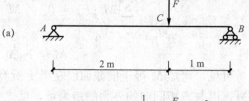

（2）建立剪力方程和弯矩方程。在 C 截面上作用有集中力 F，故应在 C 截面分段，分为 AC 和 BC 两段。分别建立剪力和弯矩方程。

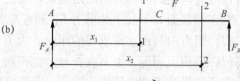

AC 段：从距离 A 点为 x_1 的地方用截面 1—1 将梁截开，取左段为研究对象，标出剪力和弯矩，如图 10-7(c)所示。

由平衡条件得

$$F_{Q1} = F_A = 4 \text{ kN}$$

$$M_1 = F_A x_1 = 4x_1 (0 \leqslant x_1 \leqslant 2)$$

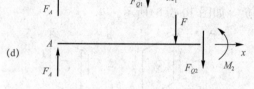

CB 段：从距离 A 点为 x_2 的地方用截面 2—2 将梁截开，取左段为研究对象，标出剪力和弯矩，如图 10-7(d)所示。

由平衡条件得

$$F_{Q2} = F_A - F = -8 \text{ kN}$$

$$M_2 = F_A x_2 - F(x_2 - 2)(2 \leqslant x_2 \leqslant 3)$$

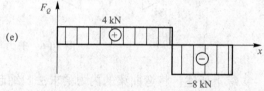

（3）画剪力图和弯矩图。由剪力方程可知，AC 段和 CB 段剪力均为常量，即剪力图为平行于 x 轴的直线。AC 段和 CB 段的剪力值分别为 4 kN 和 −8 kN，由此可在 $F_Q - x$ 坐标系中画出剪力图，如图 10-7(e)所示。

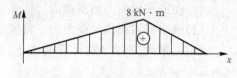

图 10-7　集中力的剪力及弯矩图

弯矩方程为一次方程，即弯矩图为斜线。将各点坐标值代入弯矩方程，分别确定两条斜线的起点和终点。

AC 段：$M_A = 0$，$M_{C左} = 8 \text{ kN} \cdot \text{m}$。

CB 段：$M_{C右} = 8 \text{ kN} \cdot \text{m}$，$M_B = 0$。

由此可在 $M - x$ 坐标系中绘制弯矩图，如图 10-7(f)所示。

观察剪力图和弯矩图可见，在集中力作用的截面 C 处，剪力值有突变，其突变值等于集中力的数值，突变的方向和集中力的方向一致；弯矩图斜率发生突变，即弯矩图发生转折，转折的方向和集中力的方向一致。

【例 10-2】　如图 10-8(a)所示，简支梁 AB 上作用一个集中力偶 m，写出此梁的剪力方程和弯矩方程，并画出剪力图和弯矩图。

解：（1）求支座反力。

$$F_A = -\frac{m}{l}, F_B = \frac{m}{l}$$

（2）建立剪力方程和弯矩方程。梁上 C 点作用有集中力偶，故截面 C 为分段点，应分两段建立剪力和弯矩方程。

AC 段：用截面法取截面 $1-1$ 可求得剪力方程和弯矩方程分别为

$$F_{Q1} = F_A = -\frac{m}{l}$$

$$M_1 = F_A x_1 = -\frac{m}{l}x_1 (0 \leqslant x_1 \leqslant a)$$

CB 段：用截面法取截面 $2-2$ 可求得剪力方程和弯矩方程分别为

$$F_{Q2} = -F_B = -\frac{m}{l}$$

$$M_2 = F_B(l - x_2) = \frac{m}{l}(l - x_2)(a \leqslant x_1 \leqslant l)$$

（3）画剪力图和弯矩图。由 AC 段和 CB 段的剪力方程可知，剪力相等，且为常量，故其图形为一水平直线，如图 10-8(b) 所示。

由弯矩方程可知，弯矩是 x 的一次函数，其图形为两条斜直线。将各点坐标值代入弯矩方程，分别确定两条斜线的起点和终点。

AC 段：$M_A = 0$，$M_{C左} = -\dfrac{ma}{l}$。

CB 段：$M_{C右} = \dfrac{mb}{l}$，$M_B = 0$。

由此可在 $M-x$ 坐标系中绘制弯矩图，如图 10-8(c) 所示。

由剪力图和弯矩图可以看出，集中力偶作用的截面 C 处，剪力值不发生变化而弯矩值有突变，其突变值等于外力偶矩的数值。

【例 10-3】 如图 10-9(a) 所示，简支梁 AB 上作用一个均布荷载 q，写出此梁的剪力方程和弯矩方程，并画出剪力图和弯矩图。

解：（1）求约束反力。由于梁的结构及受力的对称性，支座 A 与支座 B 的约束力相同，如图 10-9(b) 所示。由平衡条件得

$$F_A = F_B = \frac{1}{2}ql$$

（2）建立剪力方程和弯矩方程。作用在梁上的外力没有突然变化，故梁全长上的剪力或弯矩都可以用一个方程表示。

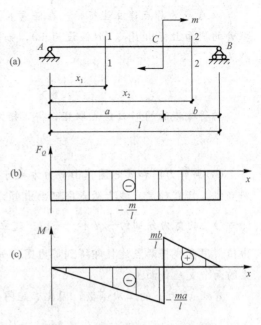

图 10-8　集中力偶剪力及弯矩图

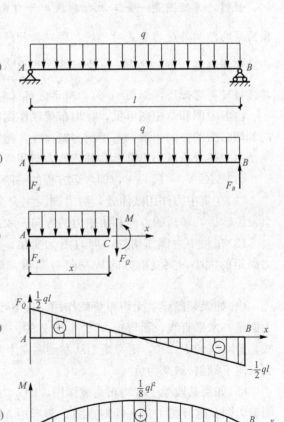

图 10-9　均布荷载剪力及弯矩图

以 A 点为原点建立坐标轴。在任意长度 x 截面处将梁截开，取左段为研究对象。在截开的截面上标出 F_Q、M（假设为正），如图 10-9(c) 所示。由梁左段的平衡条件得剪力方程为

$$F_Q = F_A - qx = \frac{1}{2}ql - qx$$

对所截截面的形心 C 点取矩，得弯矩方程为

$$M = F_A x - qx \cdot \frac{1}{2}x = \frac{1}{2}qlx - \frac{1}{2}qx^2$$

(3)画剪力图和弯矩图。由剪力方程可知，剪力 F_Q 是坐标 x 的一次函数，其图形为一斜直线。只需确定直线上两点即可画出剪力图。由剪力方程可求出截面 $A(x=0)$ 和截面 B $(x=l)$ 处的剪力分别为 $\frac{1}{2}ql$ 和 $-\frac{1}{2}ql$。建立 $F_Q - x$ 坐标系，并在其中标出 A、B 两点的剪力值。用直线将两点连接即得到剪力图，如图 10-9(d) 所示。由图可知。最大剪力发生在梁的两个支座截面上。

弯矩 M 为 x 的二次函数，因此弯矩图为抛物线。可将弯矩方程整理为

$$M = \frac{1}{8}ql^2 - \frac{1}{2}q\left(\frac{1}{2}l - x\right)^2$$

显然，弯矩图是一条二次抛物线，开口向下，梁的中点 $\left(x = \frac{l}{2}\right)$ 为最高点。实际上，因为梁的结构与受力都是对称的，所以抛物线的顶点一定在梁的中点，在梁的两个支座截面上弯矩取得 0 值。建 $M - x$ 坐标系，标出 A、B 及梁的中点弯矩值 $\frac{1}{8}ql^2$，用光滑曲线将其连接可得弯矩图，如图 10-9(e) 所示。标注时必须标注最高点数值。

由剪力图和弯矩图可见，在均布荷载作用区段内，剪力图为一条斜线，斜线倾斜的方向和均布力的方向一致；弯矩图为抛物线，抛物线的开口方向和均布力的方向一致。

由上述分析可得出梁上荷载、剪力图和弯矩图之间的关系如下：

(1) $M(x)' = F_Q(x)$，即弯矩方程的一阶导数等于剪力方程。

(2)在集中力作用截面处，剪力图发生突变，突变的大小等于集中力的大小；弯矩图会发生转折，转折的方向和集中力的方向一致。

(3)在集中力偶作用处，剪力图无变化。弯矩图将发生突变，突变的大小等于集中力偶矩的大小；突变的方向从左向右来看，如果外力偶矩为逆时针，则弯矩由上向下突变。

(4)如果某段梁上无均布荷载作用，即 $q=0$，则剪力 F_Q 为常量，说明这段梁上的剪力图是一水平直线，而弯矩 M 为坐标 x 的一次函数，说明这段梁上的弯矩图是一倾斜直线，若对应的 $F_Q > 0$，则弯矩图从左到右向上倾斜（斜率为正）；当 $F_Q < 0$ 时，弯矩图从左到右向下倾斜（斜率为负）。

(5)如果某段梁上有均布荷载作用，即 q 为常数，则剪力 F_Q 为坐标 x 的一次函数，说明剪力图在这段梁上为一倾斜直线，而弯矩 M 为坐标 x 的二次函数，说明弯矩图在这段梁上为一抛物线。当 $q > 0$（与所建立的 y 坐标正向一致）时，剪力图从左到右向上倾斜（斜率为正），弯矩图为开口向上的二次抛物线；反之，$q < 0$（向下）时，剪力图从左到右向下倾斜（斜率为负），弯矩图为开口向下的二次抛物线。

(6)若在梁的某截面上 $F_Q=0$，即弯矩图在该点的斜率为零，则在该截面处弯矩存在极值。绝对值最大的弯矩总是出现在下述截面：$F_Q=0$ 的截面上、集中力作用处、集中力偶作用处。

10.3　梁的弯曲应力

为了研究梁横截面上的正应力分布规律，取一矩形截面等直梁，在表面标示一些平行于梁轴线的纵线和垂直于梁轴线的横线，如图 10-10(a)所示。在梁的两端施加一对位于梁纵向对称面内的力偶，梁任意横截面上的内力只有弯矩而无剪力，此梁为纯弯曲梁。

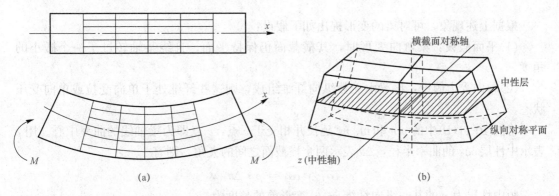

图 10-10　纯弯曲梁的变形

从图 10-10(b)中可以看出，梁下部的纵向纤维受拉伸长，上部的纵向纤维受压缩短，其间必有一层纤维既不伸长也不缩短，这层纤维称为中性层。中性层和横截面的交线称为中性轴，即图中的 z 轴。

■ 10.3.1　梁横截面上的正应力

通常从变形的几何关系、物理关系和静力平衡条件三个方面来推导出纯弯曲梁横截面上的正应力公式。

1. 变形的几何关系

为了观察梁的变形，先在未加载梁的侧面画上与梁轴线垂直的横线，mn 和 m_1n_1，如图 10-11(a)所示，表示梁的横截面，并画上与梁轴线平行的纵向线 aa_1 和 bb_1，表示梁的纵向纤维。

梁发生弯曲变形后，如图 10-11(b)所示，我们可以观察到以下现象：

(1)两条横向线 mn 和 m_1n_1 仍是直线且仍与梁的轴线正交，只是相互倾斜了一个角度。

(2)纵向线 aa_1 和 bb_1(包括轴线)都变成了弧线。

(3)梁横截面的宽度发生了微小变形，在压缩区变宽了些，在拉伸区则变窄了些，如图 10-11(c)所示。

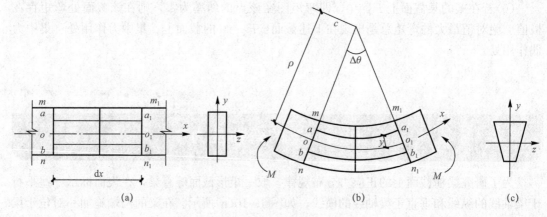

图 10-11 弯曲梁变形的几何关系

根据上述现象，可对梁的变形提出如下假设：

(1)平面假设：梁弯曲变形时，其横截面仍保持平面，且绕某轴转过了一个微小的角度。

(2)单向受力假设：设梁由无数纵向纤维组成，则这些纤维处于单向受拉或单向受压状态。

将图 10-11(b)中的 mn 和 $m_1 n_1$ 延长并相交于 c 点，c 点即为梁轴线的曲率中心。用 ρ 表示中性层 oo_1 的曲率半径，$\Delta\theta$ 表示两个横截面之间的夹角，则有

$$\overline{oo_1} \approx \widehat{oo_1} = \rho \cdot \Delta\theta$$

距中性层为 y 的某一纵向纤维 aa_1，变形前的长度为

$$\overline{aa_1} = \rho \cdot \Delta\theta = \overline{oo_1}$$

变形后为

$$\overline{aa_1} = (\rho - y) \cdot \Delta\theta$$

其线应变为

$$\varepsilon = \frac{\widehat{aa_1} - \widehat{oo_1}}{\widehat{aa_1}} = \frac{(\rho - y) \cdot \Delta\theta - \rho \cdot \Delta\theta}{\rho \cdot \Delta\theta} = -\frac{y}{\rho} \tag{10-1}$$

即梁内任一纵向纤维的线应变 ε 与它到中性层的距离 y 成正比。

2. 变形的物理关系

由单向受力假设，当正应力不超过材料的比例极限时，将胡克定律代入上式，得

$$\sigma = E\varepsilon = -E\frac{y}{\rho} \tag{10-2}$$

如图 10-12 所示，矩形截面梁在纯弯曲时的正应力的分布有如下特点：

(1)中性轴上的线应变为零，所以其正应力也为零。

(2)距中性轴距离相等的各点，其线应变相等。根据胡克定律，它们的正应力也相等。

(3)在图示的受力情况下，中性轴上部各点正应力为负值，中性轴下部各点正应力为正值。

(4)正应力沿 y 轴线性分布，最大正应力(绝对值)在离中性轴最远的上、下边缘处。

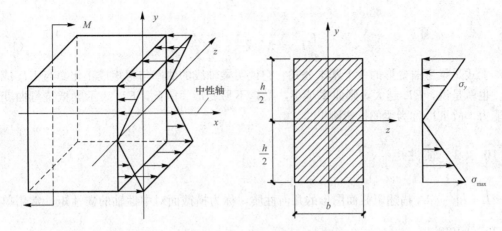

图 10-12 梁弯曲时的应力分布

3. 变形的静力学关系

在式(10-2)中，由于中性轴的位置和曲率半径 ρ 都还未定，故弯曲正应力还无法计算，这要用静力学关系来解决。

在梁的横截面上任取一微面积 $\mathrm{d}A$，如图 10-13 所示。

作用在该微面积上的微内力为 $\sigma \mathrm{d}A$，在整个横截面上有许多这样的微内力。因为横截面上轴向内力的和为零，所以作用在各微面积 $\mathrm{d}A$ 上的微内力 $\sigma \mathrm{d}A$ 在 x 轴上投影的代数和应等于零，即

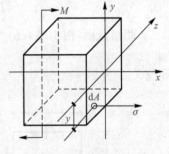

图 10-13 纯弯曲梁的变形

$$\sum F_x = 0$$

$$\int_A \sigma \mathrm{d}A = \int_A E \frac{-y}{\rho} \mathrm{d}A = 0$$

即

$$-\frac{E}{\rho} \int_A y \mathrm{d}A = 0$$

式中，$-\dfrac{E}{\rho} \neq 0$，只有

$$\int_A y \mathrm{d}A = y_c A = 0$$

以上积分式表示整个横截面面积对中性轴 z 的静矩，y_c 表示该截面的形心坐标。因 $A \neq 0$，说明 $y_c = 0$，即中性轴一定过横截面的形心。这就确定了中性轴的位置。

另外，微面积段的微内力 $\sigma \mathrm{d}A$ 对 z 轴之矩的总和，组成了截面上的弯矩。所以

$$-\int_A y \mathrm{d}A = M$$

可改写为

$$\int_A E \frac{y}{\rho} y \mathrm{d}A = M = \frac{E}{\rho} \int_A y^2 \mathrm{d}A$$

令

$$I_z = \int_A y^2 \mathrm{d}A$$

得

$$\frac{E}{\rho}I_z = M \text{ 或 } \frac{1}{\rho} = \frac{M}{EI_z} \tag{10-3}$$

上式是梁弯曲变形的一个基本公式。它说明梁轴线的曲率与弯矩成正比，与 EI_z 成反比。也就是说，EI_z 越大，则曲率越小，梁越不易变形。因此，EI_z 表示梁抵抗弯曲变形的能力，故 EI_z 称为梁的抗弯刚度。

■ 10.3.2 惯性矩

$I_z = \int_A y^2 \mathrm{d}A$ 描述了截面图形的几何性质，称为横截面对中性轴的惯性矩，常用单位为 cm^4 或 mm^4。

简单截面图形的惯性矩可以通过积分方法求得。例如，设矩形截面高为 h，宽为 b，如图 10-14(a)所示。取微面积 $\mathrm{d}A = b \cdot \mathrm{d}y$，则

$$I_z = \int_A y^2 \mathrm{d}A = \int_{-h/2}^{h/2} y^2\, b\mathrm{d}y = \frac{1}{12}bh^3 \tag{10-4}$$

圆形截面[图 10-14(b)]的惯性矩计算公式为

$$I_z = \frac{\pi D^4}{64} \tag{10-5}$$

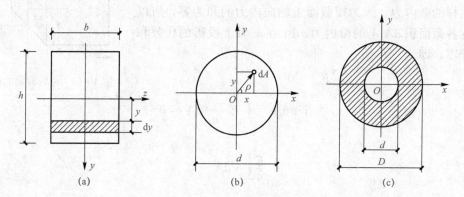

图 10-14　常用截面的惯性矩

若圆环形截面[图 10-14(c)]的内外径之比 $\alpha = d/D$，则其惯性矩计算公式为

$$I_z = \frac{\pi D^4}{64} - \frac{\pi d^4}{64} = \frac{\pi D^4}{64}(1 - \alpha^4) \tag{10-6}$$

■ 10.3.3 弯曲正应力计算

根据变形的物理关系得出结论 $\sigma = E\varepsilon = -E\dfrac{y}{\rho}$，式中的负号取决于计算中建立的坐标系。在实际计算中，去掉负号并将在静力学关系中导出的 $\dfrac{1}{\rho} = \dfrac{M}{EI_z}$ 代入，得

$$\sigma = \frac{My}{I_z} \tag{10-7}$$

198

式中，σ 为横截面上任一点处的正应力；M 为横截面上的弯矩；y 为计算正应力的点到中性轴的距离；I_z 为横截面对中性轴 z 的惯性矩。

式(10-7)是梁纯弯曲时横截面上任一点的正应力计算公式，应用时 M 及 y 均可用绝对值代入。至于所求点的正应力 σ 是拉应力还是压应力，可根据梁的变形情况确定：以中性轴为界，梁变形后靠凸的一侧受拉应力，靠凹的一侧受压应力。另外，弯矩为正，梁的下部受拉；弯矩为负，上部受拉。

横截面上最大正应力发生在距中性轴最远的各点处，即

$$\sigma_{\max} = \frac{My_{\max}}{I_z}$$

令

$$W_z = \frac{I_z}{y_{\max}}$$

则

$$\sigma_{\max} = \frac{M}{W_z} \tag{10-8}$$

式中，$M_{\max}$ 为最大弯矩，由弯矩图得到；W_z 为抗弯截面系数，是衡量截面抗弯强度的一个几何量，其值与横截面的形状和尺寸有关，单位为 cm^3 或 mm^3。常见截面的抗弯截面系数见表 10-1。

表 10-1　常用截面的抗弯截面系数

截面图形			
抗弯截面系数	$W_z = \dfrac{bh^2}{6}$	$W_z = \dfrac{\pi D^3}{32} \approx 0.1D^3$	$W_z = \dfrac{\pi D^3}{32}(1-\alpha^4)$ $\approx 0.1D^3(1-\alpha^4)$ 式中：$\alpha = \dfrac{d}{D}$

10.4　梁弯曲时的强度计算

为保证梁能够安全工作，要求梁具备足够的强度。对于等截面梁来说，最大弯曲正应力出现在梁危险截面的上下边缘处。由于上下边缘处各点处于单向受力状态，因此梁的弯曲强度条件为

$$\sigma_{\max} \leqslant [\sigma] \tag{10-9}$$

式中，$[\sigma]$ 为梁材料的许用应力。

梁弯曲强度条件可以解决三类问题：

（1）强度校核。

$$\sigma_{max} = \frac{M_{max}}{W_z} \leqslant [\sigma] \tag{10-10}$$

（2）截面设计。

$$W_z \geqslant \frac{M_{max}}{[\sigma]} \tag{10-11}$$

（3）确定许可荷载。

$$M_{max} \leqslant W_z \cdot [\sigma] \tag{10-12}$$

【例 10-4】 简支梁 AB 上作用了集中力、集中力偶及均布荷载，大小如图 10-15(a) 所示，梁采用圆形截面，$D=80$ mm，$[\sigma]=120$ MPa，试校核梁的强度。

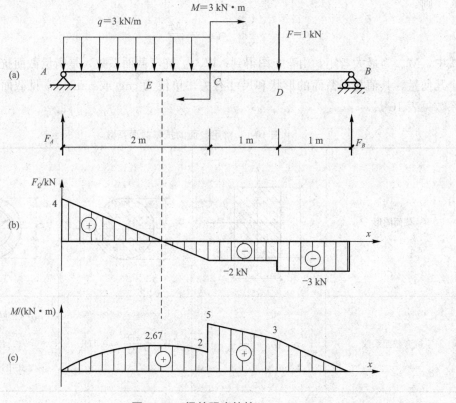

图 10-15 梁的强度校核

解：（1）求支座反力。

$$F_A = 4 \text{ kN}, F_B = -3 \text{ kN}$$

（2）利用微分关系绘制剪力及弯矩图。

分段：根据梁上作用的荷载，将梁分为 AC、CD、DB 段。

① 绘制剪力图。

AC 段：梁上有均布荷载作用，剪力图为向下倾斜的斜线。计算斜线的起点和终点的剪力值。

$$F_{QA} = 4 \text{ kN}, F_{QC左} = -2 \text{ kN}$$

按比例绘制两点，连起来即为 AC 段的剪力图。

CD 段：梁上没有其他荷载作用，所以剪力图为直线。C 截面没有集中力，故剪力图在 C 截面上是连续的。因此 CD 段的剪力值等于 2 kN。

D 截面上作用有集中力 F＝1 kN，故剪力图向下突变 1 kN，即 D 截面右侧的剪力值为 3 kN。

DB 段：梁上没有外荷载作用，故剪力图为直线，即剪力值等于 3 kN。

B 截面上作用有集中力 F_B＝3 kN，故剪力向上突变 3 kN 归零。

绘得剪力图如图 10-15(b)所示。

② 绘制弯矩图。

AC 段：段内作用有均布荷载，故弯矩图为抛物线，开口向下，由于 AE 段剪力图为正值，因此弯矩图向上延伸；EC 段剪力为负值，弯矩图向下延伸；E 截面为该段弯矩图的最高点。按比例确定 E 截面位置并取分离体，求得弯矩值为 2.67 kN·m。

A 截面为铰链支座，故弯矩值为零；将 C 截面左侧截开，求得弯矩值为 2 kN·m。

C 截面上作用有集中力偶，所以弯矩图发生突变，突变大小为外力偶矩的大小，即 3 kN·m，故 C 截面右侧弯矩值为 5 kN·m。

CD 段：剪力图为直线且剪力小于零，所以该段弯矩为一条下行斜线，起点为 5 kN·m，终点利用分离体求得弯矩值为 3 kN·m。

DB 段：没有外荷载作用，所以弯矩图为斜线，活动铰链支座处弯矩值为零。

因此可得弯矩图形状如图 10-15(c)所示。

（3）强度校核。从弯矩图可以看出，该梁最大弯矩 M_{max}＝5 kN·m。

抗弯截面系数为

$$W_z = \frac{\pi d^3}{32} = \frac{3.14 \times 80^3}{32} = 50\ 240 (\text{mm}^3)$$

用式(10-2)进行强度校核有

$$\sigma_{max} = \frac{M_{max}}{W_z} = \frac{5 \times 10^6}{50\ 240} \approx 99.5 (\text{MPa}) \leqslant [\sigma] = 120 \text{ MPa}$$

故该梁强度足够。

10.5 提高梁抗弯能力的措施

在工程实际中，杆件的设计原则就是从实际情况出发，在不增加或少增加材料的前提下，保证杆件能承受较大的荷载而不致出现破坏。这就要求提高杆件的承载能力。梁的设计应满足安全性好而材料消耗少的目的，即在保证安全的前提下尽可能经济。

等直梁上的最大弯曲正应力为

$$\sigma_{max} = \frac{M_{max}}{W_z}$$

σ_{max} 和梁上的最大弯矩 M_{max} 成正比，和抗弯截面模量 W_z 成反比。所以，要提高梁的抗弯能力，必须降低弯矩，增大抗弯截面模量。

■ 10.5.1　合理布置梁的支座

当梁的尺寸和截面形状已定时，合理安排梁的支座或增加约束，可以缩小梁的跨度、降低梁上的最大弯矩。如图 10-16 所示，受均布荷载的简支梁，若能改为两端外伸梁，则梁上的最大弯矩将大为降低。

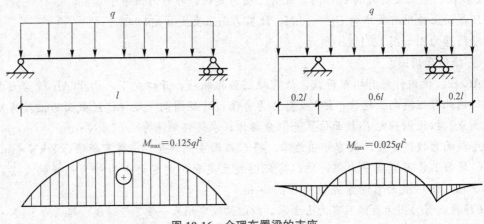

图 10-16　合理布置梁的支座

■ 10.5.2　合理布置荷载

当荷载已确定时，合理布置荷载可以减小梁上的最大弯矩，从而提高梁的承载能力。例如，图 10-17 所示为桥梁简化后的简支梁，其额定最大承载能力是指荷载在桥中间时的最大值。超出额定荷载的物体要过桥时，采用长平板车将集中荷载分为几个荷载，就能安全过桥。起重机采用副梁可以起吊更重的物体也是这个道理。

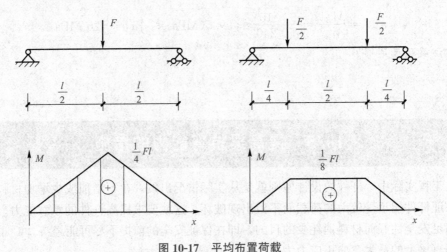

图 10-17　平均布置荷载

比较图 10-18 所示的最大弯矩可知，在结构允许的条件下，应尽可能把荷载安排得靠近支座，以降低弯矩的最大值。

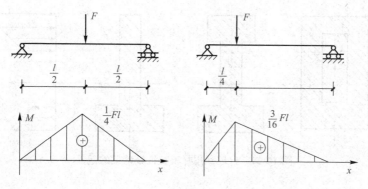

图 10-18　靠近支座布置荷载

■ 10.5.3　选择梁的合理截面

梁的抗弯截面系数 W_z 与截面的面积、形状有关，在满足 W_z 的情况下选择适当的截面形状，使其面积减小，可达到节约材料、减轻自重的目的。

由于横截面上的正应力和各点到中性轴的距离成正比，因此靠近中性轴的材料受正应力较小，未能充分发挥其潜力。故将靠近中性轴的材料移至横截面的边缘，必然使 W_z 增大。

（1）形状和面积相同的截面，采用不同的放置方式，则 W_z 值可能不相同。图 10-19 所示的矩形截面梁（$h>b$）竖放时抗弯截面模量大，承载能力强，不易弯曲；平放时抗弯截面模量小，承载能力差，易弯曲。工字钢、槽钢等梁的放置方式不同，其抗弯截面模量也不同，承载能力也不同。

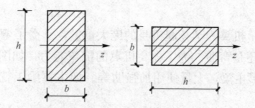

图 10-19　合理选择梁的截面

（2）面积相等而形状不同的截面，其抗弯截面模量不相同。在使用同样多的材料（横截面面积相等）时，工字钢和槽钢的抗弯截面模量最大，空心圆截面次之，实心圆截面的抗弯截面模量最小，承载能力最差。实际上，从弯曲正应力分布规律可知，当离中性轴最远处的 σ_{max} 达到许用应力时，中性轴上及其附近处的正应力分别为零和很小值，材料没有充分发挥作用。为了充分利用材料，应尽可能地把材料放置到离中性轴较远处，如将实心圆截面改成空心圆截面；对于矩形截面，则可把中性轴附近的材料移到上、下边缘处而形成 I 形截面；采用槽形或箱形截面也是同样的道理。

（3）截面形状应与材料特性相适应。对抗拉和抗压强度相等的塑性材料，宜采用中性轴对称的截面，如圆形、矩形、I 形等。对抗拉强度小于抗压强度的脆性材料，宜采用中性轴偏向受拉一侧的截面形状，如图 10-20 所示的一些截面。

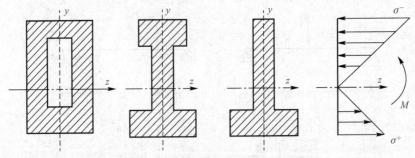

图 10-20　合理利用材料特性设计梁的截面

如能使 y_1 和 y_2 之比接近于关系：

$$\frac{\sigma_{l\max}}{\sigma_{y\max}} = \frac{y_1}{y_2} = \frac{\left[\sigma\right]_l}{\left[\sigma\right]_y}$$

则最大拉应力和最大压应力便可同时接近许用应力，使材料得到充分利用。

（4）采用等强度梁。等截面梁在弯曲时各截面的弯矩是不相等的。如果以最大弯矩来确定截面尺寸，则除弯矩最大的截面外，其余截面的应力均小于弯矩最大的截面的应力，这时材料就没有得到充分利用。为了减轻自重，充分发挥单位材料的抗弯能力，可使梁截面沿轴线变化，以达到各截面上的最大正应力都近似相等，这种梁称为等强度梁。但等强度梁形状复杂，不便于制造，所以工程实际中往往制成与等强度梁相近的变截面梁。例如，一些建筑中的外伸梁，做成了由固定端向外伸端截面逐渐减小的形状，较好地体现了等强度梁的概念；而机械中的多数圆轴制成变截面的阶梯轴。

■ 10.5.4　飞机上提高抗弯能力的结构设计

1. 采用 I 形主梁

飞机在飞行过程中，机翼为了托起机身的庞大重量，承受了弯曲、扭转、剪切等一系列的变形，但最主要的还是弯曲。为了提高机翼的抗弯能力，如图 10-21 所示，采用了一系列的措施，如利用 I 形主梁，大量使用加强肋等。如主翼梁 1 就是采用了 I 形结构，如图 10-22 所示。

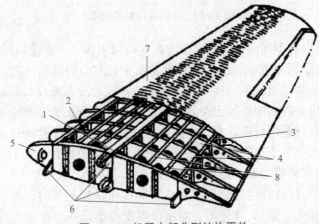

图 10-21　机翼内部典型结构零件

1—主翼梁；2—前纵墙；3—后纵墙；4—普通翼肋；5—加强翼肋；6—对接接头；7—硬铝蒙皮；8—长桁

204

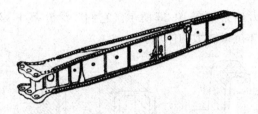

图 10-22　机翼主梁

2. 采用各式加强肋板等

为了提高机翼抗弯能力，在内部布置了大量的墙式翼肋及墙式加强翼肋，如图 10-23 和图 10-24 所示。

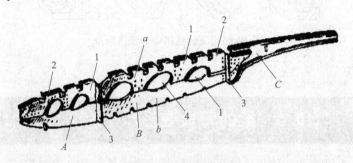

图 10-23　墙式翼肋

1—腹板；2—周缘弯边；3—与翼梁腹板连接的弯边；4—减轻孔；
A—前段；B—中段；C—后段；a—上部分；b—下部分

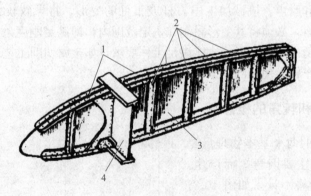

图 10-24　墙式加强翼肋

1—缘条；2—支柱；3—腹板；4—翼梁

为了提高飞机整体抗弯能力，在飞机的整体蒙皮下布置了大量的加强肋，如图 10-25 所示。

图 10-25　整体蒙皮加强肋

飞机中常用的肋板及桁条如图 10-26 所示。它们广泛分布在飞机机身及机翼等处，起到提高机身及机翼的整体抗弯能力的作用。

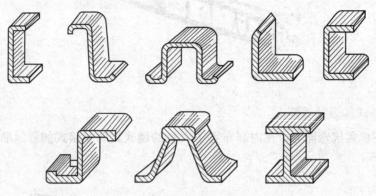

图 10-26　飞机结构中的常用桁条

10.6　梁的弯曲变形和刚度条件

工程上，许多受弯曲的构件，除了要满足强度要求外，在许多情况下，还要满足刚度要求。为此，梁的变形不能超过规定的许可值，否则会影响梁的正常工作。行车大梁起吊重物时变形过大，将使起重机移动困难，引起振动。齿轮轮轴变形过大，会使齿轮不能正常啮合，产生振动和噪声。机械加工中刀杆或工件的变形，将导致较大的制造误差。所以，对某些构件而言，必须将其变形限制在一定范围内，即满足刚度条件。当然，有些构件要有较大的或合适的弯曲变形，才能满足工作要求，如金属切削工艺试验中使用的悬臂梁式车削测力仪及车辆上使用的隔振板簧等。

10.6.1　挠度和转角的概念

度量梁的变形的两个基本物理量是挠度和转角。它们主要因弯矩而产生，剪力的影响可以忽略不计。如图 10-27 所示的悬臂梁，变形前梁的轴线为直线 AB，mn 是梁的一横截面，变形后 AB 变为光滑的连续曲线 AB_1，mn 转到了 $m_1 n_1$ 的位置。轴线上各点在 y 方向上的位移称为挠度，在 x 方向上的位移很小，可忽略不计。各横截面相对原来位置转过的角度称为转角。

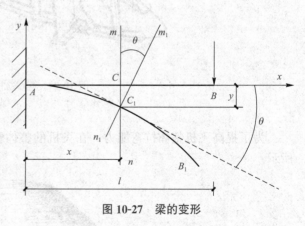

图 10-27　梁的变形

在图 10-27 中，CC_1 即为 C 点的挠度，如图所示建立坐标系，规定向上的挠度为正值，则 CC_1 为负值，图中 θ 为 mn 截面的转角，规定逆时针转向的转角为正，反之为负。

曲线 AB_1 表示了全梁各截面的挠度值，故称挠曲线。挠曲线显然是梁截面位置 x 的函数，记作

$$y = f(x)$$

可以看出，转角的大小与挠曲线上的 C_1 点的切线和 x 轴的夹角相等。由数学关系知道，C 点所在截面的转角也可用过 C_1 点的切线与 x 轴的夹角来表示。

因此，挠曲线上任一点的斜率与转角的关系为

$$\frac{\mathrm{d}y}{\mathrm{d}x} = \tan\theta$$

考虑到 θ 极小，故 $\theta = \tan\theta$，则

$$\theta = \frac{\mathrm{d}y}{\mathrm{d}x} = f'(x)$$

即梁任一横截面的转角 θ 等于挠曲线方程 $y = f(x)$ 在该处对 x 的一阶导数。由此可知，只要知道梁的挠曲线方程，则各截面的挠度和转角可求。

10.6.2 用积分法求梁的变形

由于剪力对梁弯曲变形的影响忽略不计，故可由纯弯曲梁变形基本公式建立梁的挠曲线方程。在推导弯曲正应力时得到梁弯曲后的曲率与抗弯刚度之间的关系

$$\frac{1}{\rho(x)} = \frac{M(x)}{EI_z}$$

由高等数学可得

$$\frac{1}{\rho} = \pm \frac{y''}{(1 + y'^2)^{3/2}}$$

且 y'' 和 $M(x)$ 始终同号，故上式取正号。

y' 为转角，是一个微量，所以 y'' 和 1 相比为高阶微量，即 $1 + y'' \approx 1$，则

$$y'' = \frac{1}{\rho(x)} = \frac{M(x)}{EI_z}$$

两边积分得

$$\theta = \frac{\mathrm{d}y}{\mathrm{d}x} = \frac{1}{EI_z}\int M(x)\mathrm{d}x + C \tag{10-13}$$

再次积分得

$$y = \frac{1}{EI_z}\iint M(x)\mathrm{d}x + Cx + D \tag{10-14}$$

积分常数 C、D 可根据变形的边界条件和光滑连续条件确定。在固定端约束处，挠度和转角均为 0；铰链约束处，挠度为 0。由变形的连续性知，梁变形时左、右截面的挠度和转角相等。

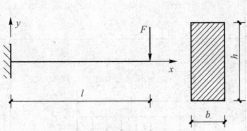

图 10-28 悬臂梁的弯曲变形

【例 10-5】 矩形截面悬臂梁作用有集中力，如图 10-28 所示，求梁的最大挠度和转角。

解：（1）建立弯矩方程。

$$M(x) = -F(l - x)$$

(2)列转角和挠度方程。

$$\theta = \frac{1}{EI_z}\int M(x)\mathrm{d}x + C = -\frac{1}{EI_z}\int F(l-x)\mathrm{d}x + C = \frac{F}{EI_z}\left(\frac{1}{2}x^2 - lx\right) + C$$

整理得

$$\theta = \frac{F(x^2 - 2lx)}{2EI_z} + C$$

在悬臂梁的固定端转角为零，即 $\theta\,|_{x=0} = 0$，代入转角方程得 $C=0$，即转角方程为

$$\theta = \frac{F(x^2 - 2lx)}{2\,EI_z}$$

$$y = \int \theta \mathrm{d}x + D = \frac{F}{2EI_z}\int (x^2 - 2lx)\mathrm{d}x + D = \frac{Fx^2}{6\,EI_z}(x - 3l) + D$$

在悬臂梁的固定端挠度为零，即 $y\,|_{x=0} = 0$，代入挠度方程得 $D=0$，即挠度方程为

$$y = \frac{Fx^2}{6EI_z}(2x - l)$$

(3)计算最大挠度和转角。由转角和挠度方程可知，在自由端 $x=l$ 处转角和挠度达到最大值，即

$$\theta = -\frac{F \cdot l^2}{2\,EI_z}$$

$$y = -\frac{F \cdot l^2}{3\,EI_z}$$

10.6.3　叠加法求梁的变形

由积分法公式可见，梁的挠度和转角是荷载的一次函数，当梁上作用有多个荷载时，梁的变形满足线性叠加原理，即可以分别求单个荷载作用下梁的挠度和转角，然后代数叠加求得所有荷载作用下梁的总变形。表 10-2 所示为几种常见梁在简单荷载作用下的变形。

表 10-2　梁在简单荷载作用下的变形

梁受力简图	转角	挠度
	$\theta = \dfrac{F(x^2 - 2lx)}{2\,EI_z}$ $\theta_B = -\dfrac{F \cdot l^2}{2\,EI_z}$	$y = \dfrac{Fx^2}{6\,EI_z}(2x - l)$ $y_B = \dfrac{F \cdot l^3}{3\,EI_z}$
	$\theta = -\dfrac{qx}{6\,EI_z}(3l^2 - 3lx + x^2)$ $\theta_B = -\dfrac{q \cdot l^3}{6\,EI_z}$	$y = -\dfrac{qx^2(6l^2 - 4lx + x^2)}{24\,EI_z}$ $y_B = -\dfrac{q \cdot l^4}{8\,EI_z}$

梁受力简图	转角	挠度
	$\theta = -\dfrac{Mx}{EI_z}$ $\theta_B = -\dfrac{M \cdot l}{EI_z}$	$y = -\dfrac{Mx^2}{2EI_z}$ $y_B = -\dfrac{M \cdot l^2}{2EI_z}$
	当 $x \leqslant l/2$ 时， $\theta = \dfrac{F(l^2 - 4x^2)}{16EI_z}$ $\theta_A = -\theta_B = -\dfrac{F \cdot l^2}{16EI_z}$	当 $x \leqslant l/2$ 时， $y = \dfrac{Fx}{48EI_z}(3l^2 - 4x^2)$ $y_{max} = -\dfrac{F \cdot l^3}{48EI_z}$
	$\theta = -\dfrac{q}{24EI_z}(l^3 - 6lx^2 + 4x^3)$ $\theta_A = -\theta_B = -\dfrac{q \cdot l^3}{24EI_z}$	$y = -\dfrac{qx}{24EI_z}(l^3 - 2lx^2 + x^3)$ $y_{max} = -\dfrac{5q \cdot l^4}{384 EI_z}$
	$\theta_A = \dfrac{M(l^2 - 3b^2)}{6EI_z l}$ $\theta_B = \dfrac{M(l^2 - 3a^2)}{6EI_z}$	当 $x \leqslant a$ 时， $y = -\dfrac{Mx^2}{6EI_z l}(l^2 - 3b^2 - x^2)$； 当 $a \leqslant x \leqslant l$ 时， $y = -\dfrac{M}{6EI_z l}[(l^2 - 3b^2)x - 3l$ $(x-a)^2 - x^3]$
	$\theta_A = -\dfrac{1}{2}\theta_B = \dfrac{M \cdot l}{6EI_z}$ $\theta_C = -\dfrac{M(l + 3a)}{3EI_z}$	当 $x \leqslant l$ 时， $y = -\dfrac{Mx}{6EI_z l}(x^2 - l^2)$ $y_C = -\dfrac{Ma}{6EI_z}(3a + 2l)$
	$\theta_A = -\dfrac{1}{2}\theta_B = \dfrac{Fal}{6EI_z}$ $\theta_C = -\dfrac{Fa(2l + 3a)}{6EI_z}$	$y = -\dfrac{Fax}{6EI_z l}(l^2 - x^2)$ $y_C = -\dfrac{Fa^2}{3EI_z}(a + l)$

10.6.4 梁的刚度条件

梁的弯曲变形过大，将影响正常工作。所以，梁弯曲时不仅要满足强度条件，而且还

要将其变形控制在一定的限度之内，即满足刚度条件。梁弯曲时的刚度条件：危险截面的挠度和转角不允许超过许用值，即

$$y_{max} \leqslant [y]$$
$$\theta_{max} \leqslant [\theta]$$

(10-15)

式中，$[y]$为许用挠度，$[\theta]$为许用转角。许用值可根据工作要求或参照有关手册确定。

在设计梁时，既要保证其强度，又要保证其刚度。一般应先满足强度条件，再校核刚度条件。如所选截面不能满足刚度条件，应考虑重新选择，再按强度条件校核。

10.6.5 提高梁弯曲刚度的措施

在工程实际中，在保证杆件不出现强度破坏的同时，还要保证梁不发生较大的变形。这就要求提高杆件的弯曲刚度。

弯曲变形的积分法：

$$y = \frac{1}{EI_z} \iint M(x) \mathrm{d}x + Cx + D$$

挠度表达式中，梁的变形和梁的跨度的高次方成正比，和梁的抗弯刚度 EI_z 成反比。同时，梁的变形与受力情况及支承情况有关。

因此，提高梁弯曲刚度的具体措施如下：

(1)降低弯矩值。降低弯矩值可以有效提高梁的弯曲刚度。减小弯矩值的方法可参考本项目10.5节相关内容。

(2)缩短跨度和增加支座。梁的挠度和转角与跨度 L 的高次方成正比，所以，缩小梁的跨度、合理安排梁的支承或增加约束对提高梁的刚度极为显著。

(3)增大抗弯刚度。增大惯性矩可以增大抗弯刚度，是提高梁抗弯刚度的有效措施。如选用 I 形、T 形、槽形等截面，其材料分别距中性轴更远，所以惯性矩更大。

提高 E 值可以提高梁的弯曲刚度，但不是一个合理的措施。由于优质钢和普通钢的 E 值相差不大，但价格相差较大，故一般情况下不以优质钢代替普通钢来提高梁的刚度。

工作手册

【任务名称】　飞机空气泵操纵杆截面设计　　参考学时：　1　学时

【项目团队】

【任务实施关键点】

实施条件：

工序	工作步骤	实施方案(列关键作业点，详记在工作活页)
1. 设计Ⅰ－Ⅰ截面	对Ⅰ－Ⅰ截面进行受力分析	
	计算Ⅰ－Ⅰ截面剪力与弯矩	
	设计Ⅰ－Ⅰ截面尺寸	
2. 设计Ⅱ－Ⅱ截面	对Ⅱ－Ⅱ截面进行受力分析	
	计算Ⅱ－Ⅱ截面剪力与弯矩	
	设计Ⅱ－Ⅱ截面尺寸	
工作小结		
评价		

习 题

10-1 试绘制图 10-29 所示各梁的剪力图和弯矩图。

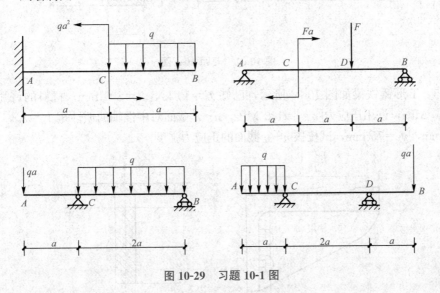

图 10-29 习题 10-1 图

10-2 梁的受力如图 10-30 所示，已知梁为圆形截面，$d = 65$ mm，$[\sigma] = 100$ MPa，试校核梁的强度。

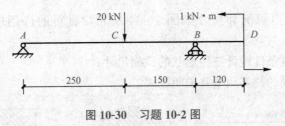

图 10-30 习题 10-2 图

10-3 矩形截面梁荷载如图 10-31 所示，已知$[\sigma] = 160$ MPa，$h/b = 3/2$，试确定梁的截面尺寸。

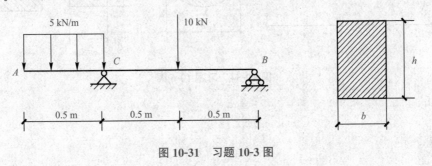

图 10-31 习题 10-3 图

10-4 如图 10-32 所示，制动装置的钢拉杆用销钉支承于 B 点，销钉孔中心通过梁的轴线，孔径为 30 mm，拉杆材料$[\sigma] = 140$ MPa，销钉$[\tau] = 100$ MPa。确定许可荷载 P_1 和 P_2。

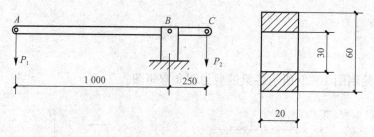

图 10-32 习题 10-4 图

10-5 T形铸铁梁如图 10-33 所示,已知 $F=10$ kN,$l=300$ mm,材料的许用拉应力$[\sigma^+]=40$ MPa,许用压应力$[\sigma^-]=120$ MPa,$n-n$ 截面对中性轴的惯性矩 $I_z=2\times10^6$ mm^4,$y_1=25$ mm,$y_2=75$ mm,试校核 $n-n$ 截面的正应力强度。

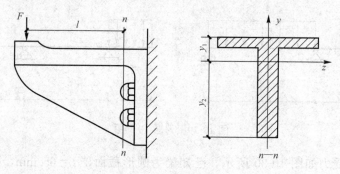

图 10-33 习题 10-5 图

10-6 简支梁受力情况和尺寸如图 10-34 所示,材料的许用应力$[\sigma]=160$ MPa,要求:

(1)按正应力强度条件设计三种形状的截面尺寸;

(2)比较三种截面的材料用量并说明原因。

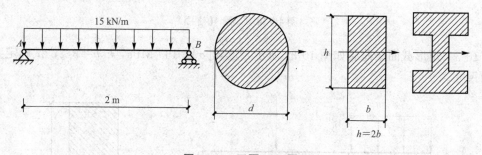

图 10-34 习题 10-6 图

214

11

组合变形

教学目标

能力目标

能熟练运用材料力学知识对各种变形进行强度计算，具有解决强度校核、设计截面尺寸、确定许可荷载等实际问题的能力。

知识目标

(1)掌握拉伸与压缩的强度计算。

(2)掌握剪切与挤压的强度计算。

(3)掌握扭转的强度计算。

(4)掌握弯曲的强度计算。

(5)掌握组合变形的强度计算。

素质目标

培养严谨、细心、全面、追求高效、精益求精的职业素质；沟通协调能力和团队合作精神、敬业精神。

下达任务

阅读任务，在工作手册中完成任务。

如图所示，已知减速器中轴I传递的功率 $P_I=10$ kW，转速 $n_I=300$ r/min，直径 $d_I=60$ mm，轴II传递的功率 $P_{II}=9.5$ kW，转速 $n_{II}=100$ r/min，直径 $d_{II}=65$ mm，减速器箱体宽 $l=150$ mm，小齿轮直径 $D_1=120$ mm，大齿轮直径 $D_2=360$ mm，斜齿轮螺旋角 $\beta=14°$，轴的许用应力 $[\sigma]=100$ MPa。试校核两轴的强度。

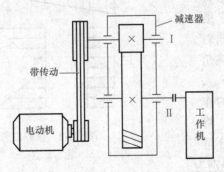

理论学习

在实际工程中，构件在受力后，往往同时产生两种或两种以上基本变形的组合，这种构件的变形称为组合变形。例如，图 11-1(a)所示支架中的 AB 梁，力 R_z、G 和 T_y 使梁弯曲，力 R_x 和 T_x 使梁压缩，梁 AB 发生压缩和弯曲组合变形。图 11-1(b)所示为机械中的齿轮传动轴，力 F_{rB}、F_{rC} 及支座的支承力使轴发生弯曲变形，力 F_{tB} 和 F_{tC} 使轴发生扭转变形，轴发生扭转与弯曲的组合变形。

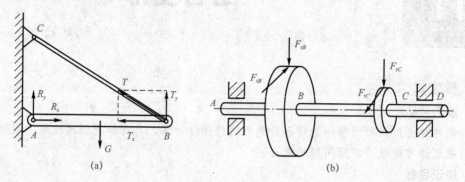

图 11-1　组合变形

11.1　拉伸(压缩)与弯曲的组合变形

　　若作用在构件对称平面内的外力既不与轴线重合也不与轴线垂直，如图 11-2(a)所示，则构件将产生拉伸(压缩)与弯曲的组合变形。现以矩形截面悬臂梁为例来说明拉伸(压缩)与弯曲组合变形的强度计算方法。

　　如图 11-2(a)所示，悬臂梁 AB 的自由端受集中力 F 的作用，F 力作用在梁的纵向对称平面内，并与梁轴线成夹角 α。固定端 A 受约束反力 F_{Ax}、F_{Ay} 以及约束反力偶 M_A 的作用。为了分析出梁的变形，将荷载 F 分解成两个正交分量 F_x 和 F_y，两分力的大小分别为

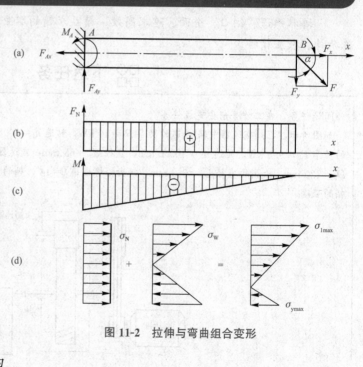

图 11-2　拉伸与弯曲组合变形

$$F_x = F\cos\alpha, F_y = F\sin\alpha$$

　　F_{Ax} 和 F_y 使杆件轴向拉伸，F_{Ay}、F_y 和 M_A 使杆件发生弯曲，因此，杆 AB 上发生拉伸与弯曲的组合变形。

　　为了确定杆的危险截面，可画出杆的轴力图和弯矩图，如图 11-2(b)、(c)所示。由内力图可知，固定端截面 A 为危险截面，该截面上的轴力 $F_N = F_x$，弯矩为 $M = F_y l$。危险

216

截面上的应力分布如图 11-2(d)所示。

由轴力引起的应力沿截面均匀分布，其值为

$$\sigma_N = \frac{F_N}{A} = \frac{F_x}{A}$$

由弯曲引起的弯曲正应力在截面上呈线性分布，其值为

$$\sigma_W = \frac{M_{max}}{W_z} = \frac{F_y l}{W_z}$$

由于轴力和弯矩引起的应力均为正应力，因此根据叠加原理知，危险点为截面的上、下边缘点。

当 $\sigma_N < \sigma_W$ 时，截面上边缘点的应力，即截面上的最大拉应力为

$$\sigma_{lmax} = \sigma_N + \sigma_W = \frac{F_N}{A} + \frac{M_{max}}{W_z} = \frac{F_x}{A} + \frac{F_y l}{W_z}$$

截面下边缘点的应力，即截面上的最大压应力为

$$\sigma_{ymax} = \sigma_N - \sigma_W = \frac{F_N}{A} - \frac{M_{max}}{W_z} = \frac{F_x}{A} - \frac{F_y l}{W_z}$$

若杆件材料为塑性材料，则只需按截面上的最大应力进行强度计算，其强度条件为

$$|\sigma|_{max} = \left|\frac{F_N}{A}\right| + \left|\frac{M_{max}}{W_z}\right| \leqslant [\sigma] \tag{11-1}$$

但对于抗拉、抗压强度不同的脆性材料，则要分别按最大拉应力和最大压应力进行强度计算，故强度条件分别为

$$\sigma_{lmax} = \frac{F_N}{A} + \frac{M_{max}}{W_z} \leqslant [\sigma_l] \tag{11-2}$$

$$\sigma_{ymax} = \left|\frac{F_N}{A} - \frac{M_{max}}{W_z}\right| \leqslant [\sigma_y] \tag{11-3}$$

【例 11-1】 如图 11-3(a)所示，钻床受压力 $P = 20$ kN 作用，已知偏心距 $e = 0.4$ m，铸铁立柱的许用拉应力$[\sigma_l] = 40$ MPa，许用压应力$[\sigma_y] = 160$ MPa，立柱直径 $D = 150$ mm。试校核立柱强度。

解：(1)分析立柱变形。将力 P 平移到立柱轴线上，同时附加一个力偶 $M_f = Pe$，在 P 和 M_f 的共同作用下，立柱发生拉伸和弯曲的组合变形。

(2)分析内力。假想地将立柱截开，取上端为研究对象，如图 11-3(b)所示。由平衡条件得

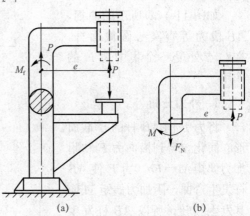

图 11-3 钻床的拉伸与弯曲组合变形

$$F_N = P = 20 \times 10^3 \text{ N}$$

$$M = Pe = 20 \times 10^3 \times 0.4 \times 10^3 = 8 \times 10^6 (\text{N} \cdot \text{mm})$$

(3)分析应力。轴力产生的拉应力在截面上均匀分布，其值为

$$\sigma_N = \frac{F_N}{A}$$

弯矩在横截面上产生弯曲应力，其最大值为

$$\sigma_{max} = \frac{M}{W_z} = \frac{Pe}{W_z}$$

立柱右侧边缘点的最大拉应力为

$$\sigma_{lmax} = \frac{F_N}{A} + \frac{Pe}{W_z}$$

立柱左侧边缘点的最大压应力为

$$\sigma_{ymax} = \frac{F_N}{A} - \frac{Pe}{W_z}$$

(4)强度校核。由于立柱的右侧拉应力大于左侧压应力，且铸铁材料抗压能力强于抗拉能力，故只需对立柱右侧受拉侧进行强度校核。即

$$\sigma_{lmax} = \frac{F_N}{A} + \frac{Pe}{W_z} = \frac{20 \times 10^3}{\pi \times 75^2} + \frac{20 \times 10^3 \times 400}{0.1 \times 150^3} \approx 24.8 (\text{MPa}) \leqslant [\sigma_l] = 40 \text{ MPa}$$

故该立柱强度足够。

11.2　弯曲与扭转的组合变形

弯曲与扭转的组合变形是工程实际中常见的情况，通常情况下发生纯扭转变形的轴很少见。下面来讨论圆截面杆在弯扭组合时的强度问题。

如图 11-4(a)所示的曲拐，AB 段为等直实心圆截面杆，在 C 点处受一个集中力 F 的作用。

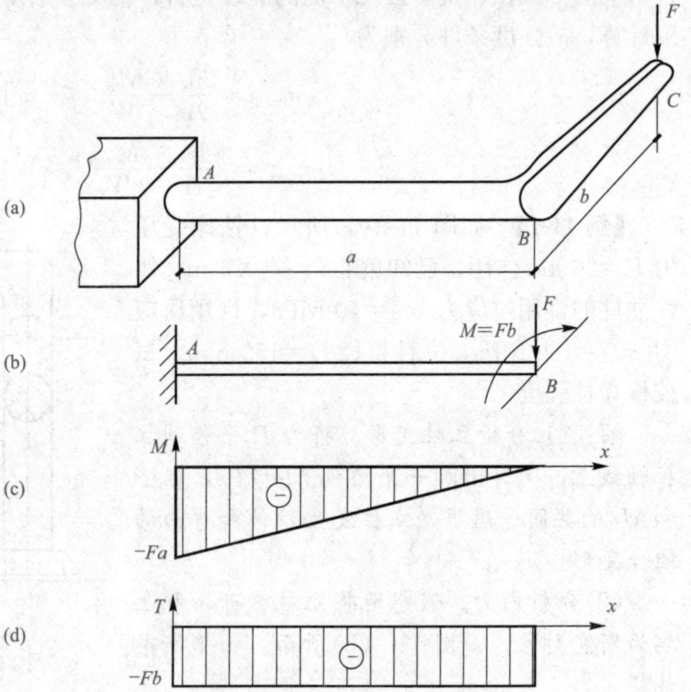

1. 外力分析

将力 F 向 AB 杆的 B 截面形心简化，得到横向力 F 和附加力偶矩 M=Fb。力 F 使 AB 杆发生弯曲，附加力偶矩 M 使其发生扭转，所以 AB 杆发生弯扭组合变形，其计算简图如图 11-4(b)所示。

图 11-4　弯扭组合变形

2. 内力分析

作出 AB 杆的弯矩图和扭矩图，如图 11-4(c)、(d)所示。由图可知，固定端 A 为危险截面，其上的弯矩值和扭矩值分别为

$$M = -Fa$$
$$T = -Fb$$

3. 应力分析

弯矩 M 引起垂直于横截面的弯曲正应力，扭矩 T 引起切于横截面的剪应力。固定端左侧截面上的正应力和剪应力分布如图 11-5(a)、(b)所示。

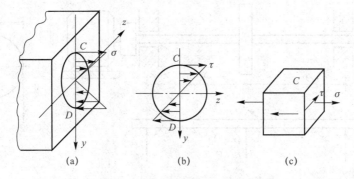

(a)　　　　　　　(b)　　　　　　　(c)

图 11-5　弯扭组合变形的应力分布

由图可见，该截面上 C、D 两点处的弯曲正应力和剪应力均分别达到了最大值，因此，C、D 两点均为危险点，该两点的弯曲正应力和扭转剪应力分别为

$$\sigma = \frac{M}{W_z}$$

$$\tau = \frac{T}{W_n}$$

取 C 点的单元体如图 11-5(c)所示，它处于二向应力状态，需用强度理论来建立强度条件。

4. 强度计算

对于塑性材料制成的转轴，因其抗拉、抗压强度相同，因此，应当采用第四强度理论或第三强度理论。单元体 C 的第三、第四强度理论的相应强度条件分别为

第三强度理论：

$$\sigma_{xd3} = \sqrt{\sigma^2 + 4\tau^2} \leqslant [\sigma] \tag{11-4}$$

第四强度理论：

$$\sigma_{xd4} = \sqrt{\sigma^2 + 3\tau^2} \leqslant [\sigma] \tag{11-5}$$

将 $\sigma = \dfrac{M_{max}}{W_z}$、$\tau = \dfrac{t_{max}}{W_n}$ 代入式(11-4)、式(11-5)，且因为 $W_n = 2W_z$，故可得到

第三强度理论：

$$\sigma_{xd3} = \frac{\sqrt{M^2 + T^2}}{W_z} \leqslant [\sigma] \tag{11-6}$$

第四强度理论：

$$\sigma_{xd4} = \frac{\sqrt{M^2 + 0.75\,T^2}}{W_z} \leqslant [\sigma] \tag{11-7}$$

以上的分析和计算公式同样适用空心截面杆的弯扭组合变形，因为空心截面的抗扭截面模量也是其抗弯截面模量的两倍。

对于拉伸(压缩)与扭转组合变形的圆杆，由于其危险截面上的应力情况及危险点的应力状态都与弯曲和扭转组合变形时相同，因此，式(11-4)和式(11-5)都可以使用。

【例 11-2】 如图 11-6(a)所示，已知轴 AB 的中点装有一重 $G=5$ kN、直径为 1 m 的皮带轮，其两边的拉力分别为 6 kN 和 3 kN，AB 轴通过联轴器和电动机连接，直径 $d=80$ mm，$[\sigma]=100$ MPa。试按第三强度理论校核轴的强度。

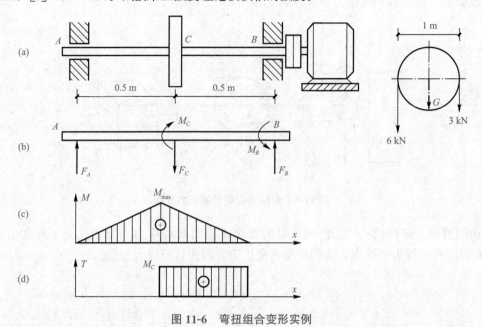

图 11-6　弯扭组合变形实例

解： (1)分析轴的受力及变形。

轴的受力分析如图 11-6(a)所示。轴的中点(即皮带轮中点 C 点)所受的力 F_C 为轮的自重与皮带拉力之和，其值为

$$F_C = 5+3+6 = 14(\text{kN})$$

轴 A、B 两点的支座反力平分 F_C，即

$$F_A = F_B = 7(\text{kN})$$

轴中点还受皮带拉力产生的力矩 M_C 作用，大小为

$$M_C = 6 \times 0.5 - 3 \times 0.5 = 1.5(\text{kN} \cdot \text{m})$$

轴 B 端作用有电动机输入的转矩 M_B，M_C 和 M_B 使轴产生扭转，力 F_A、F_B 和 F_C 使轴产生弯曲，故 AB 轴的变形为弯曲与扭转的组合变形。

(2)绘制弯矩图和扭矩图。画出轴的弯矩图和扭矩图，如图 11-6(c)、(d)所示。根据内力图，可知轴的危险截面为中点稍偏右的截面，则最大弯矩为

$$M_{\text{max}} = F_A \times 0.5 = 3.5(\text{kN} \cdot \text{m})$$

轴右半段各截面上的扭矩值均相等，其值为

$$T = M_C = 1.5(\text{kN} \cdot \text{m})$$

(3)按第三强度理论校核轴的强度。

由公式(11-6)得

$$\sigma_{xd3} = \frac{\sqrt{M^2+T^2}}{W_z} = \frac{\sqrt{(3.5 \times 10^6)^2+(1.5 \times 10^6)^2}}{0.1 \times 80^3} \approx 74.4(\text{MPa}) \leqslant [\sigma] = 100 \text{ MPa}$$

故轴的强度足够。

工作手册

【任务名称】　校核减速器轴的强度　　　参考学时：　1　学时
【项目团队】
【任务实施关键点】
实施条件：

工序	工作步骤	实施方案（列关键作业点，详记在工作活页）
1. 轴Ⅰ的强度校核	轴Ⅰ受力分析	
	绘制轴Ⅰ的轴力图	
	校核轴Ⅰ的强度	
2. 轴Ⅱ的强度校核	轴Ⅱ受力分析	
	绘制轴Ⅱ的轴力图	
	校核轴Ⅱ的强度	
工作小结		
评价		

习 题

11-1 单轨起重机起吊重物如图 11-7 所示。已知电葫芦与起重机重量总和 $G=15$ kN，横梁 AB 采用矩形截面梁，$b=60$ mm，$h=120$ mm，许用应力 $[\sigma]=90$ MPa，梁长 $l=3$ m。试校核梁 AB 的强度。

11-2 钻床如图 11-8 所示，工作压力 $F=15$ kN，$e=400$ mm，$[\sigma]=36$ MPa，试计算铸铁立柱所需的直径 d。

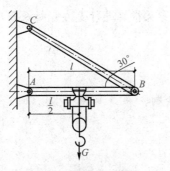

图 11-7 习题 11-1 图

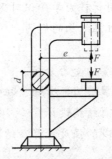

图 11-8 习题 11-2 图

11-3 如图 11-9 所示，长 $l=1$ m 的轴 AB 用联轴器和电动机连接，在 AB 轴的中点装有一直径 $D=1$ m 的带轮，两边的拉力各为 $F_1=4$ kN，$F_2=2$ kN，带轮重量不计。若轴材料的许用应力 $[\sigma]=140$ MPa，轴的直径为 62 mm，试按第三强度理论校核此轴的强度。

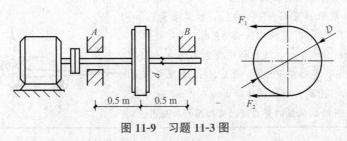

图 11-9 习题 11-3 图

11-4 如图 11-10 所示，轴 AB 上装有两个轮子，大轮轮缘上受力 F 作用，小轮上绕一绳，绳端悬挂一重 $G=5$ kN 的物体。若此轴在力 F 和 G 的作用下处于平衡状态，轴的直径 $d=55$ mm，许用应力 $[\sigma]=100$ MPa，试按第三强度理论校核轴的强度。

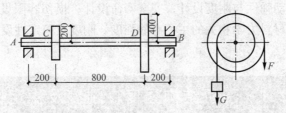

图 11-10 习题 11-4 图

材料力学在飞机结构设计中的应用

教学目标

能力目标

能熟练运用材料力学知识对飞机的机身及机翼进行受力分析及强度计算，具有初步设计飞机机身、机翼结构的能力。

知识目标

(1)掌握机翼的受力分析。

(2)掌握机翼剪力、弯矩、扭矩图的绘制。

(3)掌握机翼结构设计。

(4)掌握机身的强度计算及结构设计。

素质目标

培养严谨、细心、全面、追求高效、精益求精的职业素质；沟通协调能力和团队合作精神、敬业精神。

🔲 下达任务

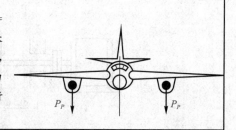

阅读任务，在工作手册中完成任务。

如图所示，已知飞机质量 $G=50\ 000$ kg，机翼质量 $G_1=3\ 000$ kg，半翼长 $l=10$ m，翼根处弦长为 3 m，翼尖处弦长为 0.5 m，机翼面积 $S=15$ m²，飞机部件质量力 $P_P=10$ kN，距离飞机中心为 2 m，气动分布力 $q_b=3$ kN/m，机翼分布力 $q_w=1$ kN/m，合力作用线与刚性轴的距离为 0.2 m，试分析飞机机翼的受力，并绘制机翼的剪力图、弯矩图和扭矩图。

理论学习

飞机的结构设计直接关系到飞机的使用安全和使用寿命，现代飞机结构设计包括静强度、稳定性设计；气动弹性与刚度设计；安全寿命设计；损伤容限设计；耐久性设计；可靠性设计等。其中与材料力学相关的主要有静强度、刚度及稳定性设计。

12.1　飞机结构强度、刚度及稳定性

飞机在各种气动荷载、惯性荷载作用下，要能安全地进行各种飞行，这就要求飞机结构有一定的承载能力。首先，在允许的各种荷载作用下飞机结构不得产生任何形式的破坏

和显著的永久变形，这就是飞机结构的强度问题；其次，飞机结构承载时不能产生过大的弹性变形，否则会影响飞行性能和安全，这是飞机结构的刚度问题；此外，飞机结构在各种外荷载作用下，要能保持原来的平衡状态，这是飞机结构稳定性的问题。

■ 12.1.1 飞机结构强度

12.1.1.1 结构强度与安全系数

1. 强度条件

由材料力学知识可知，工作中要求材料的内应力不得超过许用应力，这就是强度条件，如

拉压时

$$\sigma = \frac{F_N}{A} \leqslant [\sigma] \tag{12-1}$$

剪切、挤压时

$$\tau = \frac{F_s}{A_s} \leqslant [\tau], \sigma_{jy} = \frac{F_{jy}}{A_{jy}} \leqslant [\sigma_{jy}] \tag{12-2}$$

扭转时

$$\tau_{max} = \frac{T_{max}}{W_n} \leqslant [\tau] \tag{12-3}$$

弯曲时

$$\sigma_{max} = \frac{M_{max}}{W_z} \leqslant [\sigma] \tag{12-4}$$

当多种力作用在材料上时，材料处于复杂应力状态，对此有各种强度理论。如最大正应力理论、最大正应变理论、最大剪应力理论和能量强度理论，分别称为第一、第二、第三和第四强度理论。

飞机结构的强度，也是用结构材料的机械性能来衡量的。影响结构强度的主要因素有荷载形式、工作环境、结构布局关系、几何尺寸、材料性能、工艺质量以及破坏形式等。结构丧失工作能力或受到破坏的主要形式有结构材料及其连接部位的拉断、剪断、挤坏、失稳、损伤、疲劳、断裂等。

飞机结构强度通常分为静强度、动强度、疲劳强度、断裂强度和热强度等。

静强度即结构在静荷载作用下，抵抗破坏的能力。静强度问题包括结构应力分析、稳定性和刚度分析等。本书主要讨论静强度计算。

动强度指结构在冲击、振动荷载作用下的承载能力。通常要考虑结构材料的冲击韧性、结构的振动、动力响应等问题。

疲劳强度是指结构在无限多次交变载荷作用下而不破坏的最大应力。断裂强度指含一定裂纹或夹有缺陷的结构材料，在一定的荷载作用下，抵抗裂纹扩张的能力。主要由断裂力学专门讨论。

热强度指结构在受热的同时又受各种荷载作用的情况下，抵抗破坏和保持安全的能力。这一问题包括热应力、热稳定性、热疲劳等。

2. 安全系数、剩余强度

(1)使用荷载、设计荷载和安全系数。

为使飞机安全地飞行，飞机上的荷载不得超过某一规定值。飞行过程中飞机上允许达到的最大荷载为最大使用荷载，通常就称为使用荷载，它等于最大使用过载与飞机设计重量的乘积。即

$$P_{\mathrm{e}} = n_{\max}G \tag{12-5}$$

式中，P_{e} 为使用荷载；$n_{\max}$ 为最大使用过载；G 为飞机设计重量。

在使用荷载作用下，任何结构材料的应力不得超过屈服应力，不得产生妨碍飞机正常飞行的变形。卸荷后，不得遗留有害的残余变形。

在实际飞行中，可能会因某些特殊情况，而使飞机上的荷载偶尔超过了使用荷载，这势必会危及飞机的安全，设计时就得考虑这一因素，这就引出了设计荷载的概念。在设计飞机时，把作为计算用的最大荷载取得比使用荷载稍大一些。认为结构在这个放大的荷载作用下才破坏。这一用作设计的最大荷载就叫设计荷载，用 P_{d} 表示。和设计荷载对应的过载称为设计过载，用 n_{d} 表示。设计荷载比使用荷载所放大的倍数为安全系数，用 f 表示。即

$$P_{\mathrm{d}} = fP_{\mathrm{e}}, n_{\mathrm{d}} = fn_{\mathrm{e}} \tag{12-6}$$

或

$$f = \frac{P_{\mathrm{d}}}{P_{\mathrm{e}}} = \frac{n_{\mathrm{d}}}{n_{\mathrm{e}}} \tag{12-7}$$

安全系数 f 的选取要考虑结构材料的缺陷、疲劳、腐蚀老化、飞行中偶尔过载、飞行环境、计算误差等因素的影响。安全系数越大，结构越安全。但安全系数过大，就难免要加大结构重量，这既影响飞行性能，又很不经济。因此选取要适当。各国都规定一般情况下安全系数 f 取 1.5 左右。我国现有的飞机结构的安全系数大致规定如下：

①在经常重复而且作用时间较长的荷载下，取 $f=2$；

②在经常重复但作用时间较短的荷载下，取 $f=1.65\sim1.8$（如着陆时的冲击荷载）；

③使用中不经常重复而且作用时间较短的荷载下，取 $f=1.5$；

④对其他个别结构也有取 2.5 或 1.25 的情况（如对整体油箱的局部强度，取 $f=2.5$；对弹射座椅及其他一次性使用的零件，取 $f=1.25$）。

安全系数设计只是一种方法，现在很多情况下已不这样设计了。如有关疲劳、颤振、振动等情况，已另用其他设计准则。

（2）剩余强度系数。虽然设计时假想结构在设计荷载下破坏，但是具体构件破坏的应力不一定就是按设计荷载计算出来的应力，往往会有偏差。我们把实际破坏时的极限应力 σ_{b} 与设计破坏应力 σ_{d} 之比称为剩余强度系数，用 η 表示，即

$$\eta = \frac{\sigma_{\mathrm{b}}}{\sigma_{\mathrm{d}}} \tag{12-8}$$

η 表示飞机结构的强度的实际富裕程度。如果 $\eta < 1$，表示结构强度不足；当 $\eta > 1$ 说明结构强度还有裕量。一般 η 不应太大，大了重量偏大，成本高，通常控制在 1.05 左右。

12.1.1.2　飞机强度规范

飞机结构既要安全可靠，又要重量轻，这就要求飞机有合理的结构强度和刚度。如何才能合理呢？必须有一个标准的要求，这个要求就是飞机强度规范。可以这样说，强度规

范就是为保证飞机性能和使用安全可靠，而对设计、制造、试验、使用维护等方面提出的必须遵循的强度、刚度等准则。

规范内容一般包括各种强度、刚度、变形、安全系数的要求，包括各种飞行、着陆荷载的分布及大小，飞行和地面试验要求，还包括颤振、振动等方面的要求。

飞机强度规范是相当复杂的，涉及的范围也相当广，它是在设计使用过程中不断完善的。早在 20 世纪 30 年代以前就有了强度要求，那时只考虑静强度。美国在 1943 年就提出安全系数取 $f=1.5$。按照静强度要求，结构强度准则是：

$$\sigma_d = f\sigma_e \leqslant \sigma_b \tag{12-9}$$

式中，σ_d 为设计应力；σ_e 为使用应力；σ_b 为极限应力。

当时就根据这一准则对飞机强度进行控制，并且用地面静力试验进行验证。这一准则现在仍然采用。

1975 年，美国又采用了经济寿命的概念。因为结构疲劳断裂破坏，需要对飞机经常检查维修，使用期短，这样很不经济。所以要求结构要有耐久性，这样才能经济。这一要求用公式表示为

$$l_{经济} = l_{设计} = l_{耐久试验}/n' \tag{12-10}$$

式中，$l_{经济}$ 为经济寿命；$l_{设计}$ 为设计寿命；$l_{耐久试验}$ 为耐久性试验寿命；n' 为分散系数，通常取 2。

■ 12.1.2 飞机结构刚度

飞机结构在最大使用荷载作用下，除了要有足够的强度外，还必须有足够的刚度。也就是说，不但不应破坏或有显著的永久变形，而且结构弹性变形也是有一定限度的。飞机结构刚度不足，飞行中就可能产生超过允许的弹性变形，从而影响飞机的气动性能，使操纵机构卡滞，甚至产生危险的颤振等事故。早期的飞行中，许多飞机的失事和破坏并不是由于它们的强度不够，而是由于结构刚度不足所引起的。经过长期的实践，人们逐渐认识到保证飞机结构刚度和结构强度同样重要。随着飞行速度的提高，对飞机外形的要求也越来越高了，为了适应高速飞行，现代飞机采用了后掠翼、三角翼，并且机翼做得越来越薄。这就使飞机结构刚度的地位与强度相比显得更为突出了。由于刚度问题比强度问题更为复杂，这里只做初步的定性介绍。

12.1.2.1 刚度的基本概念

在飞机使用中，对结构刚度影响较大的是温度、外载、结构损伤和连接情况等因素。

温度过高会使结构材料变软。在长时间高温和荷载作用下，结构还会产生缓慢的塑性变形——蠕变。此时结构材料的弹性模量会变小，因此结构刚度也就下降很多。在一定的温度下，不同结构材料变形不一致会产生热应力；同种材料的结构，若各部分受热不均匀，也会产生温差应力。这就使得结构内力增大，相对地刚度也就降低了。

荷载的作用方式不同，结构刚度也不同。图 12-1 所示大梁的腹板，若受腹板平面内的力，变形就小，刚度大[图 12-1(a)]；若受垂直于腹板的力，变形就很大[图 12-1(b)]。此外，荷载还会使结构变形，改变剖面形状，使结构刚度降低，如图 12-2 所示。

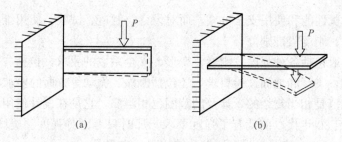

图 12-1　受力方向不同刚度不同

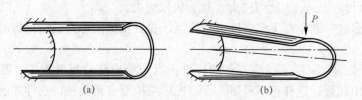

图 12-2　外荷载作用下改变截面形状

结构支持情况对刚度影响也很大，四周约束的固定板受载时，就会比四周铰接的板变形小。结构连接松动，支持就被削弱，就容易变形。如飞机蒙皮上铆钉松动，蒙皮就容易鼓胀、下陷或剪切变形。

因此，在使用维护中要特别注意保护高温、大荷载作用下的结构的刚度，切勿损伤结构，要随时查看，谨防连接不牢。

12. 1. 2. 2　结构刚度对飞机的影响

1. 刚度对飞机结构受力的影响

如果飞机结构中各受力构件的刚度差异很大，荷载就会大部分集中地作用于刚度很大的构件上，出现应力集中现象，这样该构件受力就严重，易被破坏。因此，飞机设计要求"结构中不允许有刚度的突然变化"。在使用中，不能随意将结构刚度某处加强，某处削弱。修换附件和构件时也应使刚度变化均匀，和原结构刚度协调一致。

对直机翼，如果扭转刚度不足，在外力作用下，机翼的扭角就很大，且翼尖的扭角比翼根处大，扭角由翼根向翼尖，从小到大变化。迎角也就由根部向尖部逐渐增大，由扭角而产生的升力增量也由里向外渐渐增大。这样外翼的荷载就增大了，机翼上的压力中心就外移了，机翼根部所受弯矩也加大了，如图 12-3 所示。

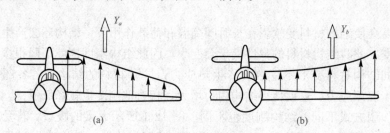

图 12-3　变形前后的荷载分布
（a）变形前；（b）变形后

2. 刚度对飞机稳定性和操纵性的影响

（1）对飞机稳定性的影响。如图 12-4 所示，飞机正常飞行时是稳定的。由飞行原理可知，纵向稳定性是由水平安定面来保证的。假设有一扰动使飞机迎角增大 $\Delta\alpha$，如果机身没有变形，机翼和平尾的迎角就同时增大 $\Delta\alpha$，机翼和平尾上增加的升力分别为 ΔY 和 Δp。平尾上升力增量 Δp 对飞机重心有一力矩，称安定力矩或恢复力矩，这个力矩有使飞机回到原来迎角位置的作用。

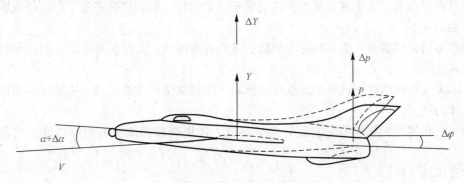

图 12-4　刚度对稳定性的影响

在一定的范围内，Δp 越大，恢复力矩也越大，飞机纵向稳定性越强。但是机身是弹性的，如果机身刚度不足，机身后部在 Δp 作用下要向上弯曲变形（图 12-4 中的虚线），平尾的实际迎角增量就比 $\Delta\alpha$ 小，平尾所产生的升力增量 Δp 也会减小，恢复力矩就减小了，所以使飞机的纵向稳定性变差。结构刚度不足对其他方向稳定性的影响也是如此。

（2）对飞机操纵性的影响。以副翼操纵效率为例来说明，如图 12-5 中所示。

向右压杆时，左副翼下偏，产生向上的附加升力 $\Delta Y_{副}$，右副翼上偏产生向下的附加升力 $\Delta Y_{副}$。这两个 $\Delta Y_{副}$ 组成

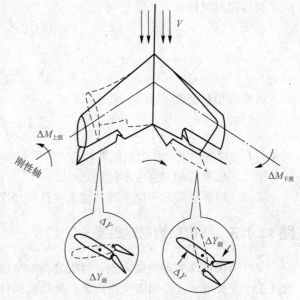

图 12-5　刚度不足对副翼操纵的影响

的力偶使飞机右倾，达到操纵飞机转弯的目的。但是与此同时，左副翼产生的 $\Delta Y_{副}$ 对左机翼刚性轴有一使左翼前缘向下的力矩，使左翼迎角减小，产生向下的升力增量 ΔY；同样右翼有一向上的升力增量 ΔY。这两个力组成的力偶与副翼偏转形成的力偶方向相反，副翼效率就会降低一些。如果机翼扭转刚度不足，变形就会很大，效率就降低很多。当飞机速度增大时，ΔY 也增大以致完全抵消了副翼偏转的作用，这称为副翼失效。甚至速度再大，或刚度严重不足时，还会导致相反的效果，称"副翼反效"。结构刚度不足，受载后变形较大时，会造成操纵元件、舱面卡滞等现象。这直接影响着飞机的操纵性，甚至导致

飞行事故。

操纵系统本身刚度不足，在荷载作用下，操纵杆、摇臂都会变形，从而改变系统的传动比，使操纵性变差。

(3)对飞机振动的影响。在飞机飞行中，很多因素会引起飞机振动。例如，发动机高速转动、飞机以大迎角飞行时在机翼和尾翼后缘产生不规则涡流、急剧偏转舵面、飞机受到不稳定气流干扰等，都会引起飞机振动。如果飞机结构刚度不足，不仅会使飞机振幅加大，而且在某些部位发生共振现象。这会影响正常驾驶，影响仪表正常工作，严重时还会损坏飞机结构。

更严重的是机翼会发生一种称为颤振的强烈自激振动，其振幅迅速增长，几秒钟内结构就破坏。

正因为飞机刚度对飞机有如此重要的影响，飞机刚度相关规范对飞机结构的刚度作了明确具体的规定。

第一，机翼翼尖和水平安定面的尖端在最大使用荷载作用下的相对挠度应满足下列条件：

对直机翼飞机：

$$\bar{f} \leqslant 0.07$$

对后掠翼飞机：

$$\bar{f} \leqslant \begin{cases} 0.08(x < 45°) \\ 0.09(x = 45°) \\ 0.08(x > 45°) \end{cases}$$

这里的相对挠度 $\bar{f}$ 为

$$\bar{f} = \frac{f\cos x}{L/2} \tag{12-11}$$

式中，f 为翼尖挠度；L 为机翼展长；x 为后掠角。

第二，机身的相对挠度不超过 0.04。

第三，机翼翼尖和平尾尖部的扭角在任何情况下不超过 $2°$。

12.1.3 飞机结构稳定性简介

飞机结构构件大多数是蒙皮、腹板之类的薄板薄壳和梁缘条、桁条之类的杆件。这些构件受压或受剪时，会出现失稳现象。失稳后构件不能正常承载，甚至引起结构破坏。因此我们有必要对结构失稳现象做一些介绍。

12.1.3.1 结构稳定性及失稳的概念

结构在一定的荷载或其他条件下，维持其平衡状态的能力称为结构稳定性。

在此我们只讨论结构的静稳定性。一个承载结构在受到小的扰动后，如果能够恢复到初始平衡状态，则结构的初始平衡为稳定平衡；如果保持在扰动后的位置，则结构是中立稳定的；如果变形加大，并转向另一种状态的平衡，则结构初始平衡为不稳定平衡。这可用图 12-6 中小球平衡比拟。

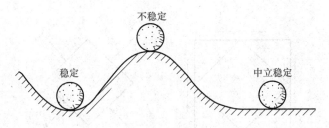

图 12-6　稳定情况

　　飞机结构的平衡是否为稳定的，与其受载有关。当荷载达某一值时结构就会由其稳定平衡变为不稳定平衡。结构丧失其初始的稳定平衡状态而出现其他形式的现象称为结构失稳。使结构刚开始失稳时的外荷载称为临界荷载，此时结构的内应力称为临界应力。弹性失稳的临界应力比结构材料的比例极限还小，因此常会出现在静强度方面有足够余量的结构，却满足不了稳定性要求的现象，这使得失稳问题十分突出。

　　影响结构稳定性的主要因素有结构材料性质、材料分布、几何尺寸、荷载特性、连接形式和支持条件等。下面就几种常见的失稳情况，介绍影响结构稳定性的各因素。

12.1.3.2　几种常见的结构失稳情况

1. 薄板稳定性

　　机体蒙皮都比较薄，我们把相邻桁条、肋之间的蒙皮看成一块薄板。薄板在两端受压情况下，当压力达到临界值时就会出现横向的波纹(图 12-7)，这就是受压失稳。当压力继续增大时蒙皮将迅速破坏。机翼受载时蒙皮参与承受弯矩，这时上表面蒙皮经常受压就容易失稳。

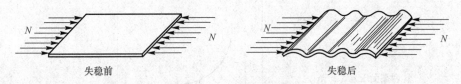

图 12-7　薄板受压失稳

　　机翼承受扭矩时，蒙皮各截面都有剪力作用，当剪切应力达到临界值时，蒙皮会产生对角线斜向的波纹。这就是蒙皮剪切失稳，如图 12-8 所示。

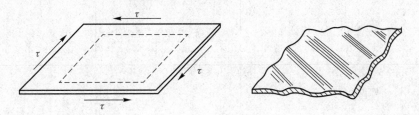

图 12-8　薄板受剪失稳

　　剪切力作用于薄板时，在薄板的一条对角线方向要产生压应力。如图 12-9 所示，在薄板中取一小块分离体，得出一对拉应力 σ_1 和一对压应力 σ_2，所以波纹是对角线方向的。

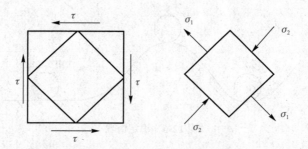

图 12-9　剪应力产生压应力

如果知道结构失稳的临界应力，我们就可以对失稳加以预防。临界应力的计算和推导是相当复杂的，这里只给出通用的结论，主要目的在于了解影响临界应力的诸因素。各种情况下的薄板的临界应力可用一个形式的公式表示，即

$$\sigma_{临界}(\tau_{临界}) = \frac{0.9\ KE}{\left(\dfrac{b}{\delta}\right)^2} \tag{12-12}$$

式中，E 为材料的弹性模量；b 为板的宽度；δ 为板的厚度；K 为失稳系数。

K 值由板的几何尺寸、边界支持情况和荷载条件确定。下面简单列出两端受压和受剪时薄板的几种特殊情况下的 K 值（表 12-1），详细可查有关手册。

表 12-1　几种情况下 K 的取值

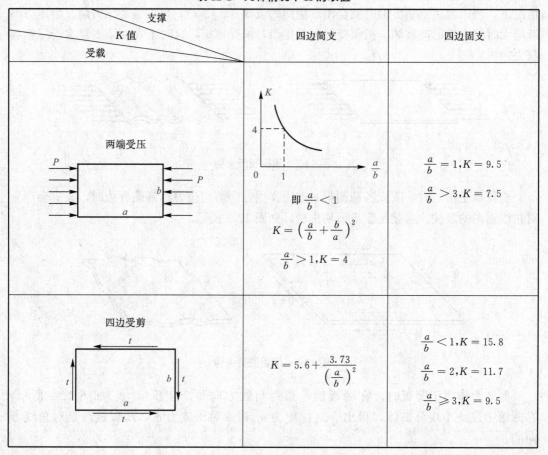

支撑 K 值 受载	四边简支	四边固支
两端受压	即 $\dfrac{a}{b} < 1$ $K = \left(\dfrac{a}{b} + \dfrac{b}{a}\right)^2$ $\dfrac{a}{b} > 1, K = 4$	$\dfrac{a}{b} = 1, K = 9.5$ $\dfrac{a}{b} > 3, K = 7.5$
四边受剪	$K = 5.6 + \dfrac{3.73}{\left(\dfrac{a}{b}\right)^2}$	$\dfrac{a}{b} < 1, K = 15.8$ $\dfrac{a}{b} = 2, K = 11.7$ $\dfrac{a}{b} \geqslant 3, K = 9.5$

由上述公式及表 12-1 可知：

(1)临界应力与材料的弹性模量成正比，与薄板厚度的平方成正比，板的厚度越大，受压受剪时越不容易失稳。

(2)薄板四周支持越牢靠，临界应力越大，越不容易失稳，因此维护时我们应注意蒙皮等薄板周围的连接情况，防止螺钉、铆钉松动。

(3)临界应力与薄板的长宽比(a/b)有关，长宽比越小，K 越大，临界应力越高，这说明短的板件不易失稳。但若 a/b 较大时，长宽比对临界应力影响较小，而临界应力与板宽 b 的平方是成反比的，宽度越小，临界应力越大。因此桁条布置得较密就可以增强蒙皮的稳定性。

2. 薄壁杆件的稳定性

飞机上的桁条、梁缘条等相当于一个杆件，一般都是由薄壁板弯曲而成的板弯型材或挤压型材，通常称为薄壁杆件，薄壁杆件受压时，若杆的支持点间距过大，会发生整个轴线弯曲的总体失稳，如图 12-10(a)所示；如果杆的支持点间距很小，则杆件局部可能曲皱产生局部失稳，杆的轴线仍为直线，如图 12-10(b)所示。

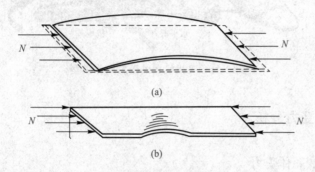

图 12-10 薄壁杆件失稳

总体失稳的临界应力及其主要影响因素可由材料力学中欧拉公式给出

$$\sigma_{临界} = \frac{C\pi^2 E}{(L/r)^2} \tag{12-13}$$

式中，L 为杆两支持点间的长度；C 为支持系数，取决于支持的强弱，支持越强 C 值越大，对机翼、机身的桁条，通常可取 $C=1.5\sim2$；r 为杆截面最小惯性半径，因 $J=r^2F$，所以取 $r=\sqrt{J/F}$(F 为杆截面面积)。

由此可见，杆越长越易失稳，支持越强越不易失稳。材料离截面形心越远，J 越大，r 也越大，临界应力也越高。

局部失稳只是在杆件某一局部发生的。这种失稳造成破坏的主要特点是，杆件横截面的局部在荷载还低于破坏荷载很多时就开始变形，然后截面的比较稳定的部分一面支承已经压屈的部分，一面继续承受由压屈部分卸过来的荷载，又会被压屈，导致结构破坏。

局部失稳临界应力的计算相当复杂，目前尚没有十分有效的分析和计算方法，通常是通过试验而得到。通常认为局部失稳临界应力与板的长度无关。材料的弹性模量越大，杆件越厚，截面越窄，局部失稳临界应力就越高。杆件各组成部分有相互支持作用，一部分的邻边较强，临界应力就较高。自由边没有支持，最容易局部失稳。如果将自由边再做一个很小的弯边，稳定性就会提高。因此有些翼肋减轻孔上有弯边，桁条上的凸角用来提高其稳定性。

12.2　飞机机翼的荷载

飞机在飞行过程中，机翼起着非常重要的作用，它不仅要给飞机提供升力，还要操控机身，同时挂载发动机、油箱等。所以机翼的设计除了能满足使用性要求外，还要满足强度、刚度等各方面的要求。飞机机翼的受力简化模型如图 12-11 所示。

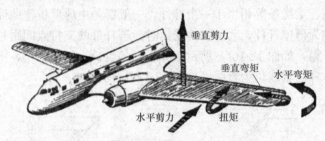

图 12-11　飞机机翼的受力简化模型

■ 12.2.1　机翼受力分析

12.2.1.1　机翼总体受力

机翼受力的简化模型，可以看成如下部分：

(1)悬臂梁——两半机翼侧面固定在机身两侧；

(2)双支点外伸梁——全机翼固定在机身上(可以是中、上、下单翼)。

飞机做各种飞行时飞机的荷载分为两种状态：

(1)等速直线水平飞行为静平衡状态；

(2)机动飞行时为动平衡、静不平衡状态，包括非对称荷载情况的平衡。

对机翼本身进行受力分析时可使用静力学进行分析；因为当飞机上升时，机翼升力传到机身上，再由机身带起全身。所以把机翼拿出来进行受力分析，研究对象就是机翼和机身之间的关系。机身作为支持，而它们相互之间固定不动，故研究它们之间力的传递时，可用静力平衡法分析。

机翼是一个薄壁盒段，当机翼受载时，一般升力 Y 不在其刚心上，有垂直向上的趋势，且有弯曲和扭转趋势。其之所以没有动是因为机身限制了它，也即提供了约束反力。所以可认为机身是机翼的支持。机翼把荷载传给机身，最后达到总体平衡。

机翼的总体荷载如图 12-12 所示，建立坐标系：x 为沿航向的飞机轴线；y 为垂直飞机平面向上；z 为飞机侧向，总体荷载如下：

Q_z 为垂直方向剪力；M_z 为沿航向的弯矩；T 为绕机翼展向的扭矩；Q_y 为沿航向的剪力；M_y 为沿垂直轴 y 向的弯矩。

234

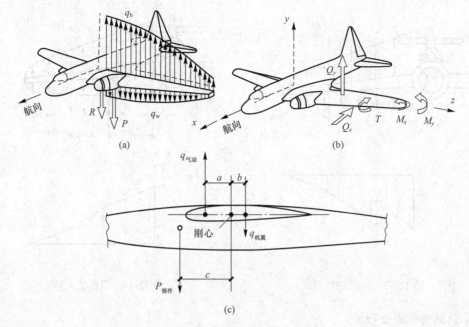

图 12-12 飞机机翼的荷载分析

(a)机翼受的各种荷载；(b)机翼所受力矩与剪力；(c)荷载力臂示意

1. 机翼各截面处剪力

因为飞行中机翼上的升力，不仅要平衡机翼的结构质量力，而且要平衡机身上的荷载，所以各段机翼的空气动力 $q_{气动}$（或 q_b）比各段机翼的结构质量 $q_{机翼}$（或 q_w）大得多，也就是截面外侧机翼的升力 $Y_{截面外}$ 比截面外侧机翼的结构质量力 $P_{截面外}$ 大得多。越是靠近机翼根部的截面，它们的差值越大，即截面承受的剪力越大，如图 12-13(a)所示。

如果在机翼固定有部件（质量力为 $P_{部件}$），则部件外侧和内侧的剪力是不一样的。

部件外侧机翼各截面承受的剪力为

$$Q = Y_{截面外} - P_{截面外} \tag{12-14}$$

部件内侧机翼各截面承受的剪力为

$$Q = Y_{截面外} - P_{截面外} - P_{部件} \tag{12-15}$$

机翼的剪力图如图 12-13(b)所示。

2. 机翼各截面处弯矩

如图 12-14(a)所示，如果在机翼固定有部件（质量力为 $P_{部件}$），则部件外侧和内侧的弯矩是不一样的。

部件外侧机翼各截面承受的弯矩为

$$M_弯 = (Y_{截面外} - P_{截面外}) \cdot l_{截面外} \tag{12-16}$$

部件内侧机翼各截面承受的弯矩为

$$M_弯 = (Y_{截面外} - P_{截面外}) l_{截面外} - P_{部件} l_{部件} \tag{12-17}$$

式中，$l_{截面外}$ 为结构质量力的合力作用点到截面的距离；$l_{部件}$ 为部件质量力作用点到截面的距离。

机翼的弯矩图如图 12-14(b)所示。

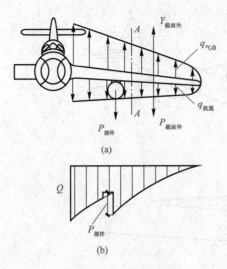

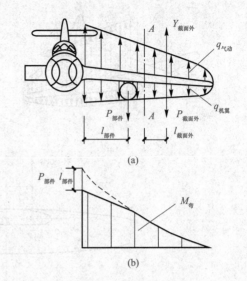

图 12-13　机翼的剪力

图 12-14　机翼的弯矩

3. 机翼各截面处扭矩

机翼各截面上之所以会产生扭矩，是因为各截面上空气动力、质量力、部件力的合力都不通过机翼的截面的刚心。那么什么是刚心呢？结构截面上有这样的一个点，当外力通过这点时，结构只弯曲不扭转，如图 12-15(a) 所示，这个点就称为截面的刚心。如果外力不通过这个点（与这一点有一段距离），那么结构不但要弯曲，而且还要绕着这点扭转，如图 12-15(b) 所示。机翼各截面上刚心的连线叫刚性轴，它的位置取决于具体结构，制成的机翼，刚性轴是不变的。

图 12-15(c) 中：$c.g$ 为剖面刚心，$c.p$ 为压心。由于气动力 q_b 不通过刚性轴，所以在机翼上会产生两种变形——弯曲（变形量可用挠度 y 表示）和扭转（变形量可用扭转角 φ 表示）。此时合力会相对于 z 轴产生扭矩 T。

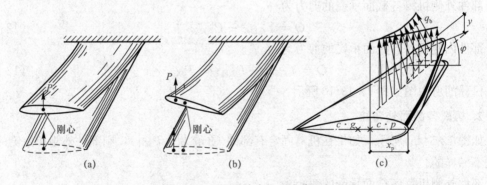

图 12-15　机翼的弯扭组合变形

机翼上空气动力是作用在压力中心线上的，质量力作用于重心线上，部件力作用于部件重心。它们离刚性轴都会有距离，因而要产生扭矩。这些力的大小和方向，在飞行中会改变的。压力中心也是改变的。因此，飞行状态不同，扭矩也不同。例如大迎角、大过载时，压力中心在刚性轴前面，机翼要受到较大的前缘向上的扭矩；而在大表速、小迎角状态飞行时，特别是高速飞行时，压力中心后移，机翼可能又会受到前缘向下的扭矩。

在这里分析俯冲拉起时的情况，这时压力中心在刚心前面。在图 12-16 的情况下，机翼某截面处的扭矩为

$$T = Y_{截面外} \cdot c + P_{截面外} \cdot d - P_{部件} \cdot e \qquad (12\text{-}18)$$

机翼的扭矩图如图 12-16(c) 所示。

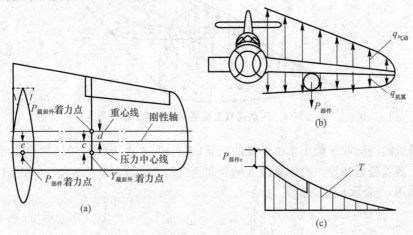

图 12-16　机翼的扭矩图

图 12-7 所示为半侧机翼的剪力图、弯矩图和扭矩图。

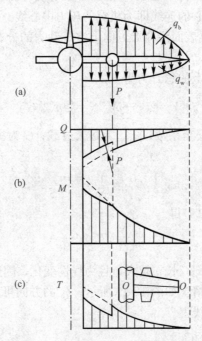

图 12-17　机翼的剪力、弯矩、扭矩图

12. 2. 1. 2　空气动力

空气动力是分布于整个机翼表面的，而且随着飞行状态的变化，空气动力沿机翼展向和弦向的分布也是变化的。俯冲拉起时弦向空气动力分布如图 12-18 所示。

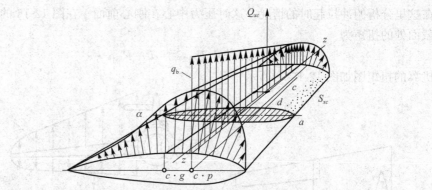

图 12-18　气动荷载沿翼展和翼弦方向的分布

现在沿机翼展向取一微小单位长度的机翼(微翼段),由于所截展长很小,可近似地认为该翼段上翼长处处相等。将该翼段上的分布空气动力合成起来为 $q_{气动}$,如图 12-12(c)所示。该力可用 q_b 表示,计算公式为

$$q_b = c_r \frac{1}{2} \rho V^2 \, b \tag{12-19}$$

式中,c_r 为升力系数;ρ 为空气密度;V 为翼段上相对气流速度(可近似为飞行速度);b 为翼段张长。

这个合力作用在翼段的压力中心上,如图 12-13 所示。如果将机翼沿展向分成很多小单位翼段,各翼段的压力中心的连线即为机翼的压力中心线。每一翼段的压力中心上都作用有 q_b,这些 q_b 即组成机翼表面沿翼展方向上空气动力的分布情况。显然 q_b 即为机翼单位展长上的空气动力的大小。

由此我们可以算得机翼上的总升力为

$$Y = c_r \frac{1}{2} \rho V^2 \, S = f n_{ymax} G \tag{12-20}$$

式中,S 为机翼面积;f 为安全系数;n_{ymax} 为最大过载;G 为机身重量;
即

$$c_r \frac{1}{2} \rho V^2 = \frac{Y}{S} = \frac{f n_{ymax} G}{S} \tag{12-21}$$

将式(12-21)代入式(12-19)得

$$q_b = \frac{f n_{ymax} G}{S} b \tag{12-22}$$

对于一般机翼,越到根部弦长 b 越大,且为线性变化,因此越到根部空气动力 q_b 也越大,也为线性变化,其分布情况如图 12-13 所示。q_b 的方向可以近似地看成垂直于机翼弦线,它作用在机翼压力中心线上。

12.2.1.3　机翼结构质量

机翼结构质量力的大小和分布取决于结构重量的大小和分布,以及机翼本身的加速度。机翼重心距飞机重心较近,质量力的合力可写为

$$P_{机翼} = f n_{ymax} G_{机翼} \tag{12-23}$$

式中,$G_{机翼}$ 为机翼的重量。

一般机翼根部结构都很强,其重量也很大,越到外边结构越轻。因此,可以近似地认

为结构质量力沿展向的分布与空气动力相同，即与翼弦长度成正比。类似地，沿展向单位长度的结构质量力可以写成

$$q_{机翼} = \frac{fn_{y\max}G_{机翼}}{S}b \tag{12-24}$$

俯冲拉起时，机翼的结构质量力可认为是与空气动力方向相反的。它作用在机翼的重心线上，也可用 q_w 表示。

12.2.1.4 部件质量力

部件质量力，是集中力。它作用于部件的重心，由部件的固定点传给机翼。它的方向也可以认为与空气动力方向相反。如果飞机不绕重心旋转，则

$$P_{部件} = fn_{y\max}G_{部件} \tag{12-25}$$

式中，$G_{部件}$ 为部件的重量。

综合上述三种力的作用情况，机翼上的荷载分布如图 12-12(c)所示。

■ 12.2.2 机翼剖面上的 Q、M 和 T 值的近似求法

由于机翼的 $M_x \gg M_y$，且机翼的弦长 B 与厚度 H 比（B/H）为 $10:1$，因此 M_x 引起的应力远高于 M_y 引起的应力，所以一般只讨论 Q_x、M_x、T，在承受和传递 Q_x、M_x、T 中起作用的受力元件称为主要构件(研究重点)，只承受局部气动荷载的为非主要构件。

图 12-19 所示是机翼空气动力 q_b 与结构质量力 q_w 沿展向的变化情况，我们以翼根为原点，沿翼展方向取坐标轴 z 如图所示，那么 q_b 和 q_w 都是 z 的一次函数，机翼上沿展向分布的合外力为两者之差。

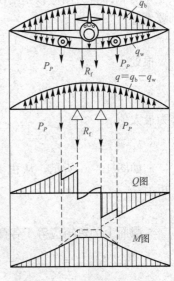

图 12-19 机翼的 Q 和 M 图

$$q = q_b - q_w = \frac{fn_{y\max}G}{S}b - \frac{fn_{y\max}G_{机翼}}{S}b$$

$$= \frac{fn_{y\max}(G - G_{机翼})b}{S}$$

对于一般的梯形、三角形机翼来说，弦长 b 也是坐标轴 z 的一次函数，可表示为

$$b = Kz + b_0$$

式中，K 为系数，b_0 为翼尖部的弦长。于是有

$$q = \frac{fn_{y\max}(G - G_{机翼})}{S}Kz + \frac{fn_{y\max}(G - G_{机翼})}{S}b_0$$

令

$$m = \frac{fn_{y\max}(G - G_{机翼})}{S}K$$

$$n = \frac{fn_{y\max}(G - G_{机翼})}{S}b_0$$

则

$$q = mz + n \tag{12-26}$$

1. 剪力

若求某截面的剪力，就将机翼假想沿该截面截开，如图 12-20 中的 z_1 截面。截面 1 上的剪力 $Q_{(1)}$ 必须与该截面外所有外力的合力相平衡。

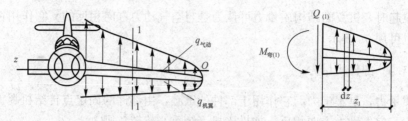

图 12-20　机翼 1 截面的剪力 Q 和弯矩 M

合外力就等于 q 沿翼展方向从翼尖到该截面的积分。即

$$Q_{(1)} = \int_0^{z_1} q\mathrm{d}z = \int_0^{z_1} (mz + n)\mathrm{d}z = \frac{1}{2}mz_1^2 + nz_1 \tag{12-27}$$

将 m、n 值代入上式就可得 1 截面的剪力 $Q_{(1)}$ 值。可见剪力 Q 沿展向是按二次方规律变化的。即剪力图应该是二次曲线（抛物线）。

翼尖处

$$Q = 0$$

翼根处

$$Q = \frac{1}{2}ml^2 + nl$$

为最大值。

2. 弯矩

如图 12-20 所示，从机翼取一微段 $\mathrm{d}z$，该微段上的外力为 $q\mathrm{d}z$，该力对 1 截面的弯矩为

$$\mathrm{d}M_{弯(1)} = (z_1 - z)q\mathrm{d}z$$

截面上的弯矩应等于各微段对 1 截面弯矩的积分

$$M_{弯(1)} = \int_0^{z_1} (z_1 - z)q\mathrm{d}z = \int_0^{z_1} (z_1 - z)(mz + n)\mathrm{d}z = \frac{1}{6}mz_1^3 + \frac{1}{2}nz_1^2 \tag{12-28}$$

将 m、n 的值代入上式，就得 1 截面的弯矩 $M_{弯(1)}$ 值。可见弯矩 $M_弯$ 沿展向是按三次方规律变化的。弯矩图应该是个三次曲线。

翼尖处

$$M_弯 = 0$$

翼根处

$$M_弯 = \frac{1}{6}ml^3 + \frac{1}{2}nl^2$$

为最大值。

3. 扭矩

为了简便，先假定机翼上压力中心线和重心线都为直线，取 z 坐标轴与刚性轴重合（图 12-21）。

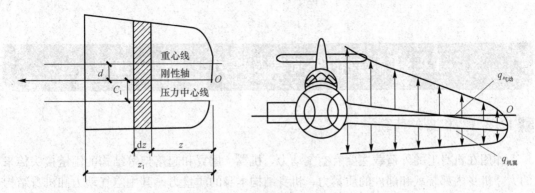

图 12-21　机翼截面的扭矩 T

由图知微段 dz 上外力对刚性轴的扭矩为

$$dT = q_b \cdot c_i dz + q_w \cdot d_i dz = (q_b \cdot c_i + q_w \cdot d_i)dz$$

c_i 是刚性轴到压力中心的距离，它是 z 的函数，可表示为 $c_i = K_1 z + c_0$，其中 c_0 为翼尖部刚性轴到压力中心的距离；d_i 是刚性轴到重心的距离，也是 z 的函数，可表示为 $d_i = K_2 z + d_0$，其中 d_0 为翼尖部刚性轴到重心的距离。外段机翼对 z_1 截面的扭矩为

$$T_{(1)} = \int_0^{z_1} (q_b \cdot c_i + q_w \cdot d_i)dz \tag{12-29}$$

由前面可知，q_b 和 q_w 都是沿展向线性变化的，即都是 z 的一次函数。这里分别简略地表示为

$$q_b = m_1 z + n_1$$
$$q_w = m_2 z + n_2$$

则

$$T_{(1)} = \int_0^{z_1} \left[(m_1 z + n_1)(K_1 z + c_0) + (m_2 z + n_2)(K_2 z + d_0)dz \right]$$

$$= \frac{1}{3}(m_1 K_1 + m_2 K_2)z_1^3 + \frac{1}{2}(K_1 n_1 + m_1 c_0 + K_2 n_2 + m_2 d_0)z_1^3 + (n_1 c_0 + n_2 d_0)z_1$$

可见扭矩沿展向也是按三次方规律变化的，扭矩图应为三次曲线。

翼尖部

$$T = 0$$

翼根部扭矩 T 达到最大，其值为

$$T = \frac{1}{3}(m_1 K_1 + m_2 K_2)l^3 + \frac{1}{2}(K_1 n_1 + m_1 c_0 + K_2 n_2 + m_2 d_0)l^2 + (n_1 c_0 + n_2 d_0)l$$

以上所述的剪力、弯矩和扭矩的求法中，都未考虑集中力。当 1 截面外有集中力作用时，在剪力、弯矩、扭矩表达式后面应分别加入集中力引进的剪力、弯矩和扭矩。

$$Q_{(1)} = \int_0^{z_1} q dz - \sum P_i \tag{12-30}$$

$$M_{\text{弯}(1)} = \int_0^{z_1} q dz - \sum P_i(z_1 - z_i) \tag{12-31}$$

$$T_{(1)} = \int_0^{z_1} (q_b \cdot c_i + q_w \cdot d_i)dz + \sum Pe_i \tag{12-32}$$

式中，P_i 表示第 i 部件的质量力；z_i 为 P_i 作用点的 z 的坐标；e_i 表示 P_i 至刚性轴的距离。

241

12.3.1 机身外荷载

作用在机身上的外荷载主要有空气动力，机翼、尾翼和起落架等结构的固定接头传来的力，机身内部装载和部件的质量力，机身结构本身的质量力。其中空气动力和机身结构质量力为分布力，其余为集中力。这和机翼外载相似。但对于机身来说还有两个特点：

(1)机身上起主要作用的是集中荷载，由机翼、尾翼以及其他部件给机身的集中力特别大。相比之下机身上分布的空气动力就很小，而且一般机身截面接近圆形，其上空气动力分布也大致是对称的，基本上能在机身局部自相平衡而不再传给机身的其他部分(图 12-22)。可以说空气动力对机身总体受力影响不大(座舱等突出部位除外)。机身本身结构质量力也很小，计算时通常把它折算到结构附近的集中荷载上去。因此，分析机身受载时，主要考虑集中力。

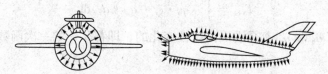

图 12-22 机身上局部空气动力的分布

(2)侧向作用于机身的荷载，对机身结构受力也十分重要。这是因为：一方面机身剖面近于圆形，各方向抗弯刚度差不多，不像机翼水平方向抗弯刚度比垂直方向大得多。另一方面机身所受的侧向荷载与垂直方向的荷载相差也不大。而且侧向荷载要使机身严重受扭。

机身荷载通常可以分为对称荷载和非对称荷载两种。与机身纵对称面对称的荷载叫对称荷载，如飞机平飞和垂直面内曲线飞行等情况下，由机翼、尾翼固定接头传给机身的荷载。与机身纵对称面不对称的荷载叫非对称的荷载，如飞机做水平盘旋、滚转、侧滑等非垂直平面内曲线飞行时，机翼、尾翼传给机身的荷载。

12.3.2 机身截面的剪力、弯矩、扭矩

下面分别以歼-6 飞机受对称荷载和非对称荷载为例来说明机身结构内部的剪力、弯矩和扭矩。

1. 对称荷载作用

图 12-23 表示歼-6 飞机俯冲拉起时，机身上所受对称荷载情况。R_1、R_2 分别为机翼主接头和前接头传给机身的力。$Y_尾$ 是水平尾翼传给机身的力。此外 $P_前$、$P_椅$、$P_炮$、$P_油$、$P_发$ 等，分别表示前起落架、座椅、机关炮、油箱、发动机等部件的质量力。如果把机身认为是支于机翼前、主两接头上的双支点外伸梁的话，那么 R_1、R_2 就是两支反力。在这些外载作用下机身上的剪力和弯矩变化如图 12-23 所示。

由图 12-23 可见剪力和弯矩都在主接头处最大。而且剪力在主接头处有一很大突变。对称荷载在机身上不产生扭矩。

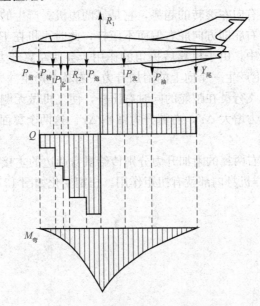

图 12-23　机身的剪力、弯矩图

2. 非对称荷载作用下

图 12-24 表示歼-6 飞机方向舵向右偏转时垂直尾翼上作用有向左的侧向力 $P_{侧}$。这个力要使机身受到侧向的剪切和弯曲，更重要的是机身受到向左的扭矩，扭矩为

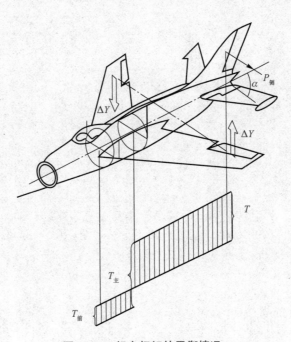

图 12-24　机身扭矩的平衡情况

$$T = P_{侧} \cdot h \tag{12-33}$$

式中，h 为 $P_{侧}$ 作用中心到机身轴线的距离。

　　飞机在扭矩作用下有向左滚转的趋势，它是靠两边机翼产生的附加升力来平衡的。例如，飞行中飞行员只蹬右舵即方向舵右偏而不压杆，此时飞机在 $P_{侧}$ 作用下使机头向右偏转而形成左侧滑。侧滑中，由于机翼后掠角的作用，会使左翼升力增大 ΔY，右翼升力减小 ΔY，即可看成左翼上产生一个向上的附加升力，右翼上产生一个向下的附加升力。

　　再如，在飞行中，飞行员在蹬舵的同时右压杆，使飞机做无侧滑转弯时，由于副翼偏滑转，同样会使左翼升力增大 ΔY，右翼升力减小 ΔY。这两个翼面上生产的附加升力组成力偶与 T 平衡。

　　对于机身来说，左右两翼的附加升力分别传给机身两边的主接头和前接头，作用在两隔框上(图 12-24)，这样机身内部就有扭矩作用。扭矩变化如图 12-24 所示。

工作手册

【任务名称】 绘制机翼剪力、弯矩和扭矩图	参考学时： 2 学时

【项目团队】

【任务实施关键点】

实施条件：

工序	工作步骤		实施方案(列关键作业点，详记在工作活页)
1. 绘制机翼剪力图	受力分析		
	列平衡方程		
	绘制剪力图		
2. 绘制机翼弯矩图	受力分析		
	列平衡方程		
	绘制弯矩图		
3. 绘制机翼扭矩图	受力分析		
	列平衡方程		
	绘制扭矩图		
工作小结			
评价			

习 题

12-1 机翼上剪力、弯矩和扭矩是怎么变化的？为什么如此变化？

12-2 已知机翼上空气动力分布为 $q_b = 2\,000z + 5\,000$，半翼展长为 5 m，结构质量分布力为 $q_w = 400z + 800$，在距离翼尖 2 m 处挂一个 6 kN 的副油箱，试求翼根处的剪力和弯矩。

参 考 文 献

[1]王远达．飞机结构与系统[M]．北京：航空工业出版社，2019.

[2]杨华保．飞机原理与构造[M]．2版．西安：西北工业大学出版社，2011.

[3]宋静波．飞机构造基础[M]．2版．北京：航空工业出版社，2011.

[4]郭谆钦．工程力学[M]．西安：西安电子科技大学出版社，2014.

[5]张秉荣．工程力学[M]．4版．北京：机械工业出版社，2011.

[6]史艺农．工程力学[M]．西安：西安电子科技大学出版社，2006.

[7]张光伟．工程力学[M]．西安：西安电子科技大学出版社，2007.

[8]皮智谋．工程力学[M]．2版．西安：西安电子科技大学出版社，2011.

[9]严丽，孙永红．工程力学[M]．3版．北京：北京理工大学出版社，2018.

[10]梁春光，庄严．工程力学[M]．北京：北京理工大学出版社，2008.

[11]禹加宽．工程力学[M]．3版．北京：北京理工大学出版社，2016.

[12]龚良贵．工程力学[M]．北京：清华大学出版社，2004.

[13]穆能伶．工程力学[M]．2版．北京：机械工业出版社，2011.

[14]李立，张祥兰．工程力学[M]．北京：机械工业出版社，2008.

[15]张向阳，李立新．工程力学[M]．哈尔滨：哈尔滨工程大学出版社，2007.

[16]张百新．工程力学[M]．北京：冶金工业出版社，2008.

[17]刘小群．工程力学[M]．长沙：湖南大学出版社，2007.